KB151328

PARTY&
PARTY PLANNER
파티&파티플래너

대한민국 파티 10년의 기록

이우용 | 이동환 | 김성환 지음

실전편

프롤로그

파티는 더 이상 남의 나라 이야기가 아니다. 대한민국에 파티문화가 본격적으로 자리잡은 지 10년 만에 당당한 사교 문화로 정착했고 시장은 매해마다 뚜렷한 성장세를 보이며 탄탄한 시장을 형성하고 있다. 이벤트 산업과의 교류와 협력을 통해 파티시장의 바운더리는 우리가 생각하는 것보다 훨씬 넓고 다양해졌다.

우리나라에서는 최초로 파티와 파티플래너에 대한 전문 서적인 '파티&파티플래너(눈과마음)'를 집필한지도 어느새 7년이 되었다. 이 책 이후 많은 전문서적들이 출판되었고 학술적으로도 심도 있는 연구가 진행되어 체계적으로 정리하고 좀 더 실질적인 정보를 전달할 때가 된 것이다.

추가 출판에 대한 많은 문의와 요청이 있었지만 지금을 위해 아껴두었다. 파티를 사랑하고 파티플래너에 관심이 있는 분들을 위해 지난 10년의 역사를 펼치려 한다.

이 책은 누구에게는 교재가 될 것이고 누구에게는 교양도서가 될 것이다. 그리고 나에게는 회고록과 같은 의미도 담겨 있다.

최대한 현장감 있는 글과 사진자료를 통해 이해와 공감을 끌어 낼 것이고 리얼플랜 광주와 제주의 이야기도 담아 지방의 파티문화와 이벤트 산업과의 융화를 소개하게 된다. 또한 실질적으로 파티를 제작할 수 있는 실무적인 내용을 대폭 강화하여 파티플래너를 꿈꾸는 이들의 지적욕구를 충족시키려고 한다.

전작 '파티&파티플래너'가 읽는 이로 하여금 '편안함'을 주려 노력했다면 이 책은 깊이 있고 실전적인 내용으로 10년의 발자취를 통한 '현실감각'과 미래를 위한 '통찰력'에 주안점을 두었다.

이 책을 구성하고 있는 모든 콘텐츠는 저자와 함께 파티를 사랑한 모든 이들이 창조해낸 것이다. 감사하고 행복한 마음으로 펜을 들고 또 감사하고 행복한 마음으로 펜을 내려놓을 것이다.

차례

CHAPTER 1 파티란?

CHAPTER 2 대한민국의 파티문화

CHAPTER 3 대한민국의 파티시장

CHAPTER 4 파티의 분류, 종류

CHAPTER 5 대한민국의 파티플래너

CHAPTER 6 파티제작

파티&파티플래너 실전편 부록

Chapter 1

파티란

1. 파티의 개념

웹상에서 파티의 정의, 개념에 대해 찾아보면 다음과 같이 요약되어 있다.

'친척 · 친구 등 소규모 모임에서부터 동창회, 결혼피로연, 생일축하연, 행사기념회 등 대규모적인 모임까지를 이르는 말.'

사람이 없는 파티는 파티가 아닌 것만은 확실한 듯하다. 여기에서는 파티에 참석하는 사람들의 수, 즉 규모에 따라 파티를 정의하고 있다. 하지만 위의 정의에서는 파티와 일반적인 모임이 어떻게 다른지에 대한 차이점을 발견할 수 없고 그 목적 또한 나타나 있지 않기 때문에 정의라고 말하기에는 다소 무리가 있어 보인다.

다시 말해 우리가 말하는 모임은 그 규모와 목적 그리고 장소나 구성원 등의 요소로 인해 너무나 다양하게 이루어지기 때문에 규모만을 기준으로 정의할 경우 그 뜻을 분명히 할 수 없다.

하지만 그렇다고 해서 파티의 정의를 명확하게 한다는 것이 과연 가변적이고 자율적인 파티의 본질에 맞는지도 의문이다. 파티는 '이러이러하다'고 말할 수는 있어도 파티는 '무엇이다'라고 말하기에는 파티가 가지고 있는 가장 큰 매력이 손상될까 겁이 나기 때문이다.

바로 이러한 점 때문에 파티는 다른 많은 오프라인 이벤트 분야보다 오해도 많고 억측도 많은 것이다. 문제는 우리들이 파티에 대해 가지고 있는 긍정적이고, 역동적이며 젊고 화려한 이미지들이 '자본주의'소비행태와 교묘하게 맞물리면서 이를 상업적으로 활용하려는 사람들로 인해 변형되고, 왜곡되고 있다는 점이다. 따라서 파티의 정의에 대해 어느 정도 '규정'하는 것이 불가피해 보인다.

저자가 7년 전에 쓴 '파티&파티플래너'〈눈과마음〉에서도 언급했지만 타국에서 느껴지는 '파티'와 '대한민국'에서의 '파티'는 차이가 있다. 사람이 사람을 만나는 것 자체가 파티라고 여기는 사람들이 있는 반면, 분명한 '목적'을 가진 오프라인 행사여야만 파티라 할 수 있다고 여기는 사람도 있다. 이렇게 파티에 대한 다양한 느낌과 생각이 상존하는 이유는 전통적으로 내려오는 '잔치'에 대한 잔상에 86아시안게임 이후로 급속히, 지속적으로 발전해온 '이벤트'가 덧붙여져 20여 년간 우리생활을 지배해 왔기 때문이다. 이에 2000년대 들어와서 기존 이벤트에 대한 식상함과 함께 더욱 세련되고 화려하며 즐거운 '행사'를 원하게 되었고 동시에 새로운 형식과 내용의 이벤트를 추구하면서 갑작스레 '파티'라는 개념을 도입하여 사용하다보니 잔치와 이벤트 그리고 파티의 정의와 경계가 모호해진 것이 사실이다. 게다가 각 산업분야에서 종사하는 사람들이 나름의 경계를 설정하려고 했으나 자신들에게 유리한 방향으로 맞추려다 보니 오프라인 행사분야가 전에 없던 시기로 접어든 것이다.

흔히 말하는 '블렌딩'이니 '하이브리드'니 하는 것처럼 서로 혼합되어 시너지 효과나 더 좋은 가치가 형성된다면야 누가 뭐라고 할 것이 아닐진대 문제는 자신들이 생각하는 정의와 경계에 따라 말하고 가르치는 것에 거리낌이 없어, 파티를 이해하려고 하는 사람이나 배우려는 사람의 시각으로는 진흙탕 싸움과 다를 바가 없어 보인다는 것이 문제인 것이다.

이 책은 파티를 이해하고 싶은 사람, 활용하고 싶은 사람, 그리고 배우고 싶은 사람을 위해 쓰였다. 이는 어느 정도 학문적인 성격의 책을 위해 다소 무리가 따른다 하더라도 '파티'의 개념을 명확히 하기 위해 노력하겠다는 의미다. 그 첫걸음은 앞으로의 내용을 좌우할 파티의 개념이며 이 개념을 위해 '잔치', '이벤트'와의 관계를 차근차근 따져보아야 할 것이다.

< 파티와 이벤트의 관계 >

이벤트(event)							
문화 이벤트	예술 연예 이벤트	상업 이벤트	스포츠 이벤트	교육 과학 이벤트	레크레이션 이벤트	정치 이벤트	개인 이벤트
≠ 파티(party) ?							

위 표를 보면서 한 가지 의문점이 생길 것이다. 파티는 우리가 흔히 알고 있는 여러 가지 이벤트들과 함께 광의의 상위개념 'event'에 속한다. 그러나 파티는 이벤트의 여러 가지 종류들과는 같지 않다. 속하는데 같지 않다? 의아해 하는 것이 당연하다.

파티는 세부적인 이벤트의 종류들과 함께 이벤트 영역에 속한다. 잘 알려진 이벤트의 정의를 살펴보면 이벤트란 '공익, 기업이윤 등 특정목적을 가지고 치밀하게 사전 계획되어 대상을 참여시켜 실행하는 사건 또는 행사를 총칭'〈한국이벤트연구회〉하는 것으로 정의하고 있다.

워낙에 광범위한 정의 덕에 파티는 위 정의에서 빠져나갈 방법도 없거니와 시도할 필요도 없다. 하지만 그 방식이나 효과, 본질에서 표에 나와 있는 세부적인 이벤트의 종류와는 다른 점을 발견하게 되는데 여기에 요점이 숨어있다.

분명히 알아두어야 할 것은 앞으로 파티와 비교, 대조해서 말하는 '이벤트'는 표에서 보이는 최상위에 위치한 '이벤트'가 아닌, 위에서 말하는 문화 이벤트, 예술 이벤트 등과 같은 세부적인 이벤트들을 지칭하는 것이다.

본서에는 '이벤트'라는 단어가 자주 등장할 것이다. 좋은 이벤트도 많지만 여기서 말하는 '이벤트'는 여태껏 천편일률적이고 관성화되어온 '이벤트'를 지칭하는 것이다. 기존의 '이벤트' 중 식상하고 효과적이지 못한 '이벤트'를 비판하기 위해 사용될 것이다.

다시 말해 파티는 이벤트의 기본적인 정의에 포함되며 그 개념 또한 유사하지만 현재 우리가 접할 수 있는 다양한 이벤트와는 분명 다른 점들을 지닌다.

그 중 가장 두드러지는 차이점은 역시 '사교'이다. 이벤트에도 '사교'의 기능이 있으나 파티처럼 사교를 본질 그 자체로 인식하고 다양한 목적 중에 가장 중요하게 다루지는 않는다. 이와는 달리 파티는 비즈니스를 목적으로 하는 상업성을 띠는 행사

■ 사람이 없는 파티는 파티라 할 수 없다

일지라도 '사교'는 중대한 역할을 한다. 파티 안에서 사람들의 교류가 얼마나 원활히, 의도한 대로 진행되었는가는 파티의 성패를 가르는 주요 잣대가 된다. '사교'가 파티의 효과에 어떤 영향을 미치는 지는 후에 좀 더 자세히 다루도록 하겠다.

이와 같이 파티는 '사교'와 '비즈니스(그것이 사람간의 비즈니스(인맥)건 다분히 상업적 비즈니스건)'가 동시에 이루어지고 있고 이 중 사교라는 목적이 원활히 이루어졌을 때 비즈니스라는 목적 또한 달성할 수 있는 것이다. 따라서 파티는 '사교'와 '비즈니스'의 '장'이라고 할 수 있겠다.

여기에 덧붙여 현대의 파티는 '온라인'과 '오프라인'의 유기적인 교류 속에 이루어지기 때문에, 파티는 '사교'와 '온-오프 비즈니스'의 '장'이라고 정의하면 좋을 것이다.

2. 파티의 특성

파티는 이벤트와 비교되는 몇 가지 특성을 가지고 있다. 이벤트가 가지는 특성과 비슷하나, 보다 그 특성을 강화한 것이라고 할 수 있다.

(1) 참가자들간의 사교

이벤트도 참가자들간의 사교가 존재한다. 하지만 '파티'에서처럼 타인과의 사교가 이루어지기는 쉽지가 않다. 전시회나 박람회, 축제, 콘서트 등 대표적인 이벤트 모두 마찬가지다. 우리는 수차례의 이벤트 참가 경험이 있지만 그 안에서 동반인이 아닌 타인과의 사교 경험을 가진 사람은 별로 없을 것이다. 전시장을 돌면서 나와 비슷한 제품이나 서비스에 관심을 가진 사람과 이야기한 적이 있는가? 지역 및 학교 축제에서 우리 지역사람, 혹은 우리 학과 이외의 사람들과 말을 섞어가며 흥겹게 즐긴 적이 있는가? 무대 위에 있는 가수를 함께 좋아하지만 같은 팬클럽이 아닌 이상 서로 친해지려 대화를 건다는 것은 오히려 이상하게 여겨질 뿐이다. 바로 이 점이 파티와 이벤트가 가진 중대한 차이점이다.

여기에 하나 덧붙여 파티는 관계자와 참가자의 사교가 가능하다는 것이다. 어떤 제품의 런칭파티는 그 파티의 담당자와 책임자가 우리와 함께 파티를 즐길 것이다. 파티 안에서는 관계자와 참가자가 대화하는 것이 이상한 일이 아니며 주최측에게 이러한 행위는 오히려 개최의 주요 동기 중에 하나인 것이다.

예전에 해외 양주 브랜드의 VIP 초대 파티를 주관한 적이 있다. 한 공간에서 하나의 양주를 사랑하는 사람들이 모여 파티를 즐기는 모습을 보며 다른 때와는 달리 술이 주는 감성을 만끽하며 함께 파티를 즐기고 있었다. 그런데 한쪽에서 중년의 남성분이 술을 가지고 만들 수 있는 칵테일을 제조하며 참가자들과 함께 대화하고 있었다. 비율, 온도, 재료 등에 관한 이야기를 나누며 정보 공유도 하고 사교도 하는 모습이었다. 파티를 기획한 나였지만 옆에 서서 한참 이야기를 나누다 그제서야 그 남성분의 정체를 알게 되었다. 그분은 한국 수입원의 대표였던 것이다. 그분은 참가자들과 솔직담백하게 술에 대해 이야기하고 또 정보도 나누면서 파티를 즐기고 있었던 것이다.

난 그 후로 평소 별로 좋아하지 않던 이 양주 브랜드에 관심이 가기 시작했고 제법 자주 접하는 술이 되었다. 아마 나뿐만 아니라 그날 그분과 사교했던 많은 참가자 분들도 마찬가지일 것이다. 파티 안에서 파티의 관계자, 그것도 일반 관계자가 아닌 회사 대표와의 경험이 이 양주 브랜드에 대해 좋은 이미지를 우리에게 심어준 것이다.

■ 사교는 파티의 가장 중요한 목적이다

(2) 쌍방향성

이벤트는 기존 미디어 즉, 인쇄, 방송, 전파 매체가 가지는 일방향적 정보전달의 한계를 극복하고자 생겨난 것이다. 기존 미디어상에서의 정보는 독자, 시청자, 청취자로 하여금 일방적으로 전달될 수밖에 없다. 따라서 우리는 미디어상으로 어떠한 정보를 전달받았다면 그 정보에 대한 피드백을 정보전달 주체에게 바로 전달할 수 없다.

이에 반해 이벤트는 기존 미디어의 일방향적인 정보전달에서 벗어나 즉각적인 반응이 가능하다. 이벤트는 오프라인에서 이루어지기 때문에 정보전달의 객체인 우리는 정보전달 주체와의 커뮤니케이션을 통해 좀 더 적극적인 피드백전달이 가능한 것이다. 전시회, 박람회, 발표회 등을 떠올리면 쉽게 이해가 갈 것이다.

하지만 저자는 이러한 이벤트상에서의 커뮤니케이션이 과연 '쌍방향'인가에 대해 의구심을 갖고 있다. 더욱 본질적으로 파고들어가 과연 이벤트가 말하는 커뮤니케이션이 진짜 '커뮤니케이션'일까 하는 생각도 해본다.

커뮤니케이션이라 함은 나의 생각과 의도를 전달했을 때 상대방도 자신의 생각과 의도를 표현하는 것이다. 하지만 우리가 접할 수 있는 이벤트에서 '커뮤니케이션'을 했다고 느낄 때가 과연 얼마나 있을까? 어쩌면 그것은 '커뮤니케이션'이라고 하기보다는 '반응'이라고 보아야 하지 않을까 싶다. 마치 콘서트 장에서 'say ho~'하면 'ho~'하는 것과 같이 말이다.

전시회나 박람회에서 관계자에게 어떤 제품에 대해 물어 보면 돌아오는 것은 '암기'된 내용뿐이다.

콘서트에서 '다음 곡은 무엇을 할까요?'하는 가수의 물음에 답을 한다고 해서 받아들여지지 않고 원래 큐시트대로 정해진 곡을 부를 뿐이다. 축제에서도, 패션쇼에서도, 시상식 등에서도 마찬가지다.

아쉽게도 극히 일부의 이벤트를 제외하고는 대한민국에서 이루어지고 이벤트 중에 교과서 내용대로 쌍방향 커뮤니케이션을 실천하고 있는 이벤트는 찾아보기가 여간 힘든 게 아니다.

하지만 파티에서는 '자율성'이라는 본래 성격상, 파티의 쌍방향성은 더욱 강렬하게 이루어진다. 한 가지 예를 들어보자. 이벤트의 종류 중에 하나인 콘서트를 생각해 보면 이해가 빠를 것이다. 일반적인 콘서트(이벤트)와 객석과의 거리가 좁고 심지어 객석과 무대의 구별이 모호한 음반 쇼케이스 파티(파티)를 비교해보면, 일반적인 콘서트의 경우 가수와 행사 관계자는 객석에 있는 우리와 쉽게 호흡할 수 없는 반면 파티에서의 가수는 참가자들과 함께 뛰어놀기도 한다. 물론 규모에 있어서 차이가 있지만 본질적으로 파티는 주인공과 주인공을 지켜보는 관람자의 관계가 존재하지 않는다. 함께 파티를 즐기고 이끌어가기 때문에 즉흥성과 라이브성은 배가 된다. 참가자들과의 교류 또한 아주 직접적으로 이뤄지기 때문에 팬과의 적극적인 호흡을 중요시 하는 가수들은 점차 더 많은 파티형 콘서트를 제작하게 될 것이다. 파티는 콘서트에서 중시하는 가수와 주최, 주관사의 큐시트상의 진행보다는 참가자들과의 직접교류와 호흡, 그로 인해 자연스럽게 느끼거나 알 수 있는 경쟁적인 정보와 음악과의 공감을 더욱 중요시 여긴다.

이러한 예는 최근 어렵지 않게 볼 수 있다. 기존의 이벤트 형태로 진행되었던 전시회나 발표회 또는 출판 기념회에 '파티'적인 요소들이 가미되어 '파티'형태로 진화하고 있는 것이 그것이다. 이벤트가 전시, 발표, 출판의 주체와 정보를 알리는 것이 목적이었다면, 파티는 주체와 게스트, 구매자와의 사교와 공감이 우선시된다. 이렇듯 이벤트가 가지는 소극적 쌍방향 커뮤니케이션은 보다 적극적인 쌍방향 커뮤니케이션으로 변화하고 있으며 이는 '파티'라는 형태로 나타나고 있는 것이다.

■ 파티에서는 공연자과 참가자간의 구분은 없다

(3) 라이브성

파티 참가자와 파티의 전반적인 분위기는 준비된 상황에서 서로 약속에 의해 이루어지는 것이 아닌 기획에 따른 참가자들의 반응으로 인해 그때그때 다르게 나타나는 라이브성을 가지고 있다. 따라서 더욱 생생한 정보전달과 사람들간의 교감이 이루어지며 이는 파티에서 생성되는 콘텐츠에 고스란히 나타나게 된다.

실제로 큐시트 또는 운영지침에 벗어남이 없이 진행되게 하는 것이 이벤트 진행의 중요한 업무라면, 파티에서는 게스트의 반응에 따라 과감히 프로그램을 가감하는 것이 이상한 일이 아니다.

파티의 목적은 '사교'와 '비즈니스'에 있다. 수백만원의 섭외비를 들인 공연팀이라 해도 참가자들간의 '사교'와 '비즈니스'가 그 어느 때보다 잘 이루어지고 있다면 굳이 마이크를 잡고 시선을 집중시킬 필요가 없다. 파티는 그때그때 분위기와 상황에 맞게 운영되는 것이다. 마치 살아 있는 생물처럼 숨쉬고 움직이며 끊임없이 반응하는 것이다.

(4) 테마의 중요성

테마는 파티의 꽃이라고 할 수 있다. 파티는 목적에 따라 다양하게 분류되지만 참가자들이 느끼는 것은 주최 측의 목적이 아닌 테마라는 것을 명심해야 한다. 테마는 파티의 목적을 빛나게 할 수도 있고 의도를 감춰주기도 한다. 따라서 기획시 테마설정에 가장 심혈을 기울여야 하며 파티의 효과까지 좌우하기 때문에 테마에 대한 철저한 이해가 필요하다.

파티는 사교가 전제되어야 하는데, 테마는 참가자간의 사교를 원활히 하고 서로의 공감대를 형성하는 데 가장 핵심적인 역할을 한다. 테마는 단지 행사의 전반적인 분위기를 의미하는 것이 아니다. 참가자들에게 참가 동기를 부여하고 상호 커뮤니케이션의 단초가 되어준다. 좋은 테마는 참가자들의 마음을 열어 대화, 사교하게끔 하고 상업적인 행사일 경우에는 제품이나 브랜드에 대한 이해를 돕는다. 이는 파티 목적을 극대화한다는 점에서 테마의 중요성은 아무리 강조해도 지나치지 않는다.

테마는 컨셉과 자주 혼용되기도 하는데 이를 확실히 바로 잡을 필요가 있다.

컨셉은 전체적인 분위기이자 행사의 목적이다. 테마는 컨셉을 뒷받침해주는 동시에 참가자들간의 공감대를 형성하게 하고 커뮤니케이션을 유도하여 사교를 돕고 양질의 콘텐츠 생산에 기여한다. 즉, 어떠한 테마를 설정하고 그에 따라 파티를 구성하느냐에 따라 파티의 성패가 달려 있는 것이다.

■ 테마는 파티의 성패를 좌우한다

하지만 많은 파티와 이벤트 들은 컨셉과 테마를 구분하지 못하고 혼용하기도 하며 제대로 된 테마를 설정하는 기획력을 갖추지 못하고 있다.

테마 설정시 유의사항

최대한 많은 사람들이 공감할 수 있어야 한다.

: 가끔 기획자 자신이 원하는 파티를 기획하는 경우를 본다. 파티는 파티플래너를 만족시키기 위해 만드는 것이 아니다. 사람들이 공감할 수 있어야 사람들간의 사교와 비즈니스가 원활하게 이루어지고 그래야 목표했던 파티의 효과가 있을 수 있다. 자신이 좋아하고, 만들고 싶은 파티를 하며 사람들에게 놀러오라고 하는 것은 파티의 주체를 참가자가 아닌 자신으로 만들고 나머지 사람들을 구경꾼, 관객으로 만드는 것과 같다.

누구나 자신의 경험이나 상황을 타인이 공감할 것이라는 착각을 하게 마련이다. 기획자 자신이 현재 관심있는 테마이기 때문에 남들도 자신과 같을 것이라 생각하지만 실제 그런 경우는 드물다. 파티는 참가자들 모두가 공감할 수 있어야 하는 것, 역지사지하는 것을 생활화해야 한다.

부정적인 느낌을 주는 테마는 각별한 주의가 필요하다.

: 파티에서는 부정적인 것을 테마로 설정할 수도 있다. 그러나 이런 경우에는 파티 구성요소들을 이용해 침체될 수도 있는 분위기를 상쇄시켜야 한다.

예를 들어 서구에서는 장례식도 파티형식으로 진행하는 경우가 있다. 죽은 자에 대한 추억을 되살리고 유품이나 사진을 보면서 고인을 다시 한 번 이해하고 떠올리는 것이다. 아울러 조문객끼리 서로 사교하고 고인에 대해 공감하기도 한다. 차분하면서도 함께 할 수 있는 잔잔한 진행으로 부정적인 테마가 참가자들로 하여금 긍정적인 느낌을 주는 좋은 예이다.

참가자의 부정적인 면을 강조하는 테마는 성공할 수 없다.

: 일반적으로 혹은 사회적으로 부정적으로 받아들여지는 사람의 특성들이 있다. 예를 들어 '루저'파문에서 보듯이 일반적으로 키 작은 남성에 대한 사회적인 시선은 그리 좋은 편이 아니다. 따라서 키 작은 사람들만이 함께하는 파티를 테마로 잡았다고 가정하면 이 파티는 성공하기 쉽지 않을 것이다. 비만인 사람들의 파티도 마찬가지다.

이러한 테마의 파티들이 성공하기 어려운 이유는 파티에 참석하고자 하는 사람들의 심리를 제대로 파악하지 못했기 때문이다. 파티에 참가하는 동기 중에는 멋지고 좋은 사람들과 사교할 수 있을 것이란 기대감도 포함되어 있다. 키 작고 비만인 사람들끼리 한 공간에 모일 가능성은 그리 크지 않다. 대부분의 사람들에게 작은 키와 비만은 콤플렉스로 작용하기 때문이다.

파티에서 잘보이고 싶고 다른 참가자들에게 기대를 하는 것은 인지상정이다. 참가자의 장점을 부각시키는 테마가 아닌 단점이나 콤플렉스를 주제로 삼는다면 호응을 얻기 힘들다.

테마는 현재를 반영하거나 미래를 전망하는 것이 좋다.

: 과거에도 있었던 파티는 감흥을 불러일으키기 쉽지 않다. 빠르게 변화하고 자극적인 것을 선호하는 현대사회 문화의 특성상 예측 가능한 이벤트는 식상하다고 평가받는다. 따라서 현재 이슈가 되고 있는 것이나 미래에 대한 호기심을 자극하는 테마가 환영받는다. 이는 참가자로 하여금 많은 사람들이 느끼고 있는 현실이나 미래에 대한 생각과 감정들이 사람들의 마음을 열게 하고 대화하게 하며 공감대를 형성하는 데 훨씬 용이하기 때문이다.

주최자 혹은 파티의 목적에 부합해야 한다.

: 파티에는 반드시 목적이 있으며, 파티는 목적을 이루기 위한 하나의 수단이다. 그 목적이 파티 본래의 성격인 '사교'일 수도 있고, 이에 더해 '프로모션', '내부결속' 등의 목적을 첨가할 수도 있다. 따라서 파티의 테마는 반드시 주최자 혹은 파티의 목적에 부합하도록 설정해야 하는 것이다.

그렇다면 파티의 테마는 어떻게 설정하는 것일까?
자세한 테마 설정 방법은 Chapter 6 '파티제작'에서 알아보도록 하겠다.

3. 파티의 요소

파티는 인적요소와 구성요소로 이루어진다. 인적요소는 파티공간에서 각자의 역할을 수행하는 모든 사람을 의미하며 구성요소는 파티를 이루는 사물과 보이지 않는 개념을 일컫는다.

두 요소 모두 모든 파티마다 적용되는 것은 아니나, 일반적으로 필요한 요소는 존재한다.

(1) 인적 요소

1) 주최

파티를 개최하는 주최자로서 파티에 대한 결정권을 지니고 금전적 책임을 진다. 또한 파티를 통해 생성된 콘텐츠(사진, 영상 등)에 대한 소유권을 가진다. 대행사가 있을시 기획, 계약 등의 전반적인 파티내용을 체크하고 파티 효과를 위해 홍보물 등을 관리한다. 경우에 따라 주관, 대행사의 업무를 보조하여 원활한 파티 운영을 돕기도 한다.

2) 주관, 대행

실질적으로 파티를 맡아 기획, 운영, 관리한다. 일반적으로 파티플래너, 스텝, 호스트가 속해 있으며 주최, 제휴, 협력, 협찬에 대한 책임을 다하며 외주, 섭외팀, 참가자 등 모든 인적요소를 관리하고 운영한다.

파티를 통해 생성된 콘텐츠에 대해서도 주최와 함께 소유권을 행사할 수 있다. 그러나 내부 행사의 경우 참가자의 사생활이 노출될 수 있어 주최와 협의하에 활용할 수 있다.

3) 파티플래너

파티를 기획, 총괄, 운영하는 사람이다. partyplanner라는 단어 때문에 흔히 '파티 기획자'로 알고 있지만 파티 전, 시, 후를 모두 총괄하는 '기획 총 연출가'라고 생각하면 이해가 빠를 것이다. 기획뿐 아니라 마케팅에 대한 지식도 필요하며 파티시 인적요소를 책임지기 때문에 통솔력을 필요로 한다. 주최와 참가자 사이의 가교역할을 함과 동시에 스텝과 외주업체와의 소통의 중심이기도 하다.

■ 파티플래너는 파티공간의 진행, 운영, 관리에 관한 총 책임자다. 행사장에서는 일반적으로 뒤에서 묵묵히 운영, 관리를 책임지나 가끔은 MC나 프로그램 진행을 맡아서 하기도 한다.
순서대로 리얼플랜 대표 이우용, 전라/충청 리얼플랜 파티플래너 김성환, 제주도 리얼플랜 이동환

4) 파티 스텝

파티시 파티 공간의 각 부문을 책임지며 크게 입구(reg area(registration area)), 바(bar), 홀(hall), 물품보관소(coat/bag-lock)에 배치된다. 파티플래너와의 긴밀한 협력이 필요하며 주관, 대행사 소속으로서 책임감이 필요하다. 또한 외주업체 사람들을 관리하는 업무와 프로그램 진행을 맡기도 한다.

각 파트별 담당자의 역량이 다양하게 요구되므로 적재적소에 스텝이 배치되어야

한다.

'입구'는 파티의 얼굴이므로 용모단정하고 파티시 유의사항이나 간단한 안내를 조리있게 잘 전달할 수 있는 사람을 배치한다. 복잡한 구성의 파티는 다양한 전달사항이 있기 마련이다. 입장시 참가자들에게 유의사항이나 파티를 즐기는 tip을 전달하기도 하며 티켓, 경품, 네임텍 등 파티 용품을 제공하는 역할을 하기도 한다.

유머감각을 지닌 달변가는 '바'에 배치하여 참가자들과의 소통의 창구역할과 대화의 장을 마련한다.

성실하고 안정감 있는 사람은 '홀'에 배치하며, 전반적인 행사장 운영과 프로그램 진행 등을 맡는다. 책임감 있고 융통성이 있으며 신속함을 겸비한, 믿을 수 있는 사람은 물품보관소에 배치한다.

특히 물품보관소의 경우 참가자의 물품이 분실되지 않도록 각별히 신경써야 한다. 분실사고는 파티에서 가장 최악의 사고 중 하나다.

스텝과 아르바이트를 혼용해서 사용하는 경우가 있는데 바로잡을 필요가 있다.

■ 파티플래너와 스텝간의 의사소통은 파티의 원활한 운영의 중요한 요건이다

아르바이트는 단순업무에 대해 정해진 시간만큼의 책임을 갖게 되지만 파티 스텝은 엄연히 관계자로서 파티 기획에 참여하기도 하며 행사장 전반의 내용을 숙지하며 좀 더 포괄적인 권한과 책임을 지닌다. 저자의 경우에는 많은 수의 인력이 필요하지 않다면 아르바이트를 잘 고용하지 않는 편이다.

파티장 안에서는 단순업무보다는 파티 내용을 잘 숙지하고 참가자들과 자유롭게 교류할 수 있는 인력이 더욱더 필요하기 때문이다.

5) 파티 호스트

말 그대로 파티의 주인이자 파티를 주최하는 사람을 말한다. 그러나 파티 전문 용어로서의 파티 호스트는 많은 사람이 모이는 파티에서 파티의 분위기를 이끌어감과 동시에 파티 참석자간의 원활한 의사소통과 사교를 돕는 역할을 하는 사람들과 그 직업을 지칭한다. 이러한 파티 호스트는 파티 모임이나 사이트마다 다른 이름으로 불리기도 하는데, 개인적인 파티든, 기업이나 모임에서 개최하는 파티건 간에 상관없이 파티 호스트는 파티의 목적에 맞추어 파티의 원활한 진행과 참석자의 만족을 위해 파티를 이끌어가는 사람들이다. 따라서 파티에서 활동하는 호스트들은 파티에 참석한 사람들을 편안하고 자유롭게 만들 수 있는 능력을 가지고 있어야 할 뿐 아니라 그들이 가진 인간적인 매력을 효과적으로, 그리고 충분히 발휘할 수 있도록 하는 능력까지도 갖추어야 진정한 파티 호스트라고 할 수 있다.

파티에 참석한 사람들을 즐겁고 편안하게 만들어주는 서비스 업종 중의 하나였으나 지금은 점차 사라져가고 있다. 파티의 대중화로 인해 많은 사람들이 스스로 사교하고 파티에 적응하는 능력을 가지게 되었기 때문에 몇몇의 파티 호스트가 파티 분위기를 주도하던 시절은 지났다고 할 수 있다. 하지만 파티가 익숙하지 않은 참가자들이 많은 파티의 경우에는 종종 다시 모습을 드러내기도 한다.

■ 분위기를 이끄는 것도 파티 호스트의 역할 중 하나다

6) 후원

홍보나 집객에 도움을 주며 원칙적으로는 금전관계가 발생하지 않는다. 방송국이나 신문사와 같은 매스컴이 많다. 하지만 현대의 후원사는 마케팅이나 홍보에 활용하려는 협찬사와 별다른 차이점을 발견할 수 없으며 그 의미 또한 무분별하게 사용되는 것이 현실이다.

7) 제휴, 협력, 협찬

파티를 통한 홍보, 이미지 향상, 판매 등 나름의 목적을 지니고 파티에 참석한다. 물적, 금전적, 인적으로 주최, 주관, 대행사를 지원하며 상호간의 목적을 존중하고 조율해야 하는 책무를 지닌다.

흔히 파티를 제작하는 입장에서는 협찬사가 많을 경우 전체적인 파티가 풍성해지기 때문에 협찬사 유치에 적극적이나 이는 잘못된 생각이다. 적당한 협찬사의 수와 파티의 본래 목적이나 분위기가 흐트러지지 않는 수준에서의 협찬이 필요하다. 협찬사에게 파티는 기부대상이 아니다. 협찬한 만큼의 효과를 기대하는 것은 협찬사의 당연한 권리이다.

■ 협찬사는 파티에 필요한 금전적 혹은 물적지원을 한다. 리얼플랜의 대표적인 협찬사이자 제휴사인 에페스 맥주

협찬을 받는다는 것은 이러한 협찬사들의 목적을 어느 정도 충족시켜줘야 함을 의미한다. 무분별한 협찬사 유치는 오히려 원활한 파티 운영에 독이 될 수도 있다.

8) 외주, 섭외

파티를 구성하는 요소들을 파티플래너와 스텝이 모두 맡을 수는 없다. 특히나 음식, 스타일링 등은 전문적인 기능인데다 많은 시간이 소비되는 업무이므로 외주업체에게 맡기는 것이 현명하다.

섭외된 공연팀, MC, DJ 등 프로그램진행에 필요한 전문가도 인적요소에 해당한다.

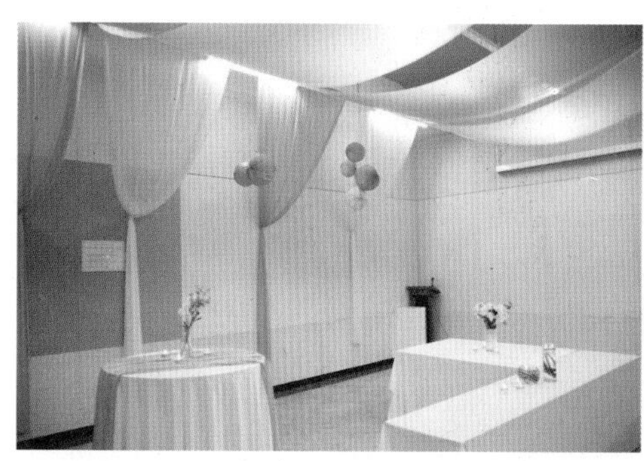

■ 파티플래너가 직접 파티공간을 스타일링하기도 하지만 전문업체에게 외주를 주는 것이 훨씬 효율적이다

9) 참가자

파티의 대상이 되는 인적요소이며 다양한 경로를 통해 파티에 참여하게 된다. 목적에 따라 대상이 선별되기도 하고 참가자가 자율적으로 참석하는 경우도 있다.

파티의 대상으로서 객체이기도 하나 능동적이고 적극적으로 파티를 즐기며 평가하는 주체이기도 하며, 파티 분위기를 주도하고 콘텐츠를 만들어내는 생산자이기도 하다.

초대자, 신청자, 자율적 참여자, 내부인사, 지인 등이 해당된다.

■ 참가자는 게스트라고도 표현하며 내부 구성원일 수도 있고(이미지 위) 외부 초청 인사(이미지 아래)일 수도 있다

(2) 구성요소

파티를 구성하는 생각, 개념 또는 사물을 의미하며 모든 요소들이 인적요소와 함께 조화를 이루어야 진정한 파티가 완성된다. 다음은 대표적인 구성요소들이다.

1) 컨셉(concept)

전반적인 분위기, 기본적 사고방식을 뜻하나 파티에서는 '목적'과 동일한 의미로 해석한다.

테마와 혼동하여 사용하거나 혼용되기도 하나 테마의 상위개념으로서 파티를 통해 얻고자 하는 목표와 일맥상통한다. 즉 파티의 종류에서 쇼케이스니, VIP 초청이니, 신제품 런칭이니, 송년이니 하는 것은 모두 파티의 '목적'임과 동시에 '컨셉'이다.

■ 파티의 목적은 전반적인 분위기에서 드러나며 그것을 컨셉이라 부른다. 영화 쇼케이스 파티 현장

모든 행사의 주최는 어떠한 '목적'을 가지고 있다. 그 목적이 내부 결속일 수도 있고 브랜드나 제품의 홍보일 수도 있다. 어쨌거나 소기의 목적을 달성하기 위해 행사 비용을 부담하는 것이다.

목적이 있는 파티는 행사장 전반에 그 목적을 달성하기 위한 특유의 '분위기'가 있다. 이 전반적인 분위기가 바로 컨셉인 것이다.

예를 들어 돌잔치의 목적은 말 그대로 아기의 '돌'을 축하하기 위한 목적을 가지고 있다. 송년파티는 말 그대로 '송년' 즉, 한해를 잘 보내기 위한 목적이 있다. 쇼케이스는 제품이나, 브랜드를 선보이기 위한 목적이 있고 VIP 초청파티는 VIP를 초청하여 대접하고 고객의 충성도를 강화하기 위한 목적이 있는 것이다. 이러한 목적은 행사장을 구성하는 요소(인적, 구성요소)에서 찾거나 느낄 수 있으며 전반적인 분위기로 나타나는 것이다.

행사 주최의 목적=전반적인 분위기=컨셉

2) 테마(theme)

컨셉을 구체화하여 파티 구성요소 전반에 영향을 주는 가장 중요한 요소이며 시즌, 트렌드, 이슈를 통해 설정된다. 파티의 목적 달성과 파티 참가자 및 파티 분위기 등을 결정짓기 때문에 기획시 가장 많은 시간과 노력을 할애해야 한다. 테마는 파티 주최자의 목적을 뒷받침하며 참가자의 공감대를 이끌어내어 원활한 커뮤니케이션과 비즈니스를 돕는 파티의 핵심요소이다. 이렇게 참가자들간의 사교와 비즈니스가 활성화되면 양질의 콘텐츠가 생성되고 이는 곧 파티의 성공과도 직결된다.

최근 정체불명의, 혹은 섹시코드 일색의 테마를 내세우는 파티시장을 볼 때 테마 설정의 중요성과 필요성을 더욱 실감하게 된다.

테마 -〉 공감대 형성 -〉 참가자들의 사교와 비즈니스 -〉 양질의 콘텐츠 -〉 파티효과 극대화 -〉 파티의 성공

또한 많은 파티와 이벤트에서 'theme'와 'title'을 혼동하는 경우가 많은 것 같다.

한마음, 사랑이 넘치는, 화합하는, 미래를 향해 비상하는 등등의 추상적인 수식어구들은 테마가 아니다. 단지 제목일 뿐이다.

테마는 '컨셉을 구체적으로 뒷받침하고 공감대 형성을 도와 참가자들의 사교와 비즈니스를 돕는다. 이는 양질의 콘텐츠를 생산해 파티의 효과를 극대화시킨다'

많은 플래너들이 테마를 설정할 때 '구체적'이란 단어를 쉽게 생각하는 경향이 있다. 위에서 언급한 추상적인 단어들은 컨셉을 구체적으로 뒷받침할 수 없는 실체 없는 추상단어들이기 때문에 테마가 될 수 없는 것이다.

3) 프로그램(program)

파티의 목적달성을 위한 수단이며 참가자들의 참여와 호응을 유도하는 도구이기도 하다. 반드시 필요한 것은 아니나 프로그램을 중시하는 한국인의 특성을 볼 때 기획시 특별히 신경써야 하는 요소 중에 하나다.

프로그램은 메인이벤트(main event)와 서브이벤트(sub event)로 나뉜다.

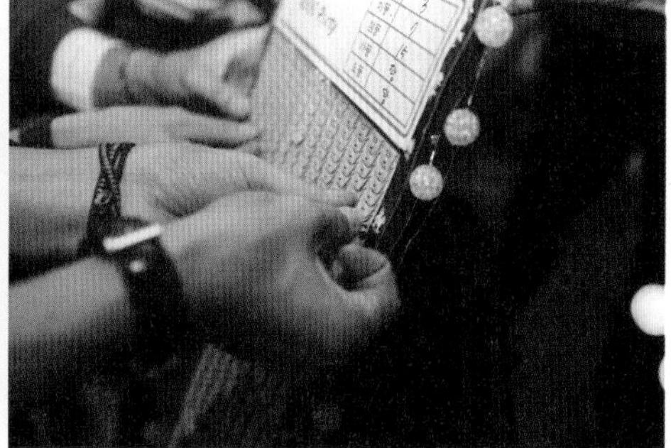

■ 일반적인 프로그램에 시즌, 이슈, 트렌드를 가미시켜 참신한 프로그램을 기획하는 것도 파티플래너의 몫이다

- 메인이벤트(main event): 테마와 반드시 연관성이 있어야 한다.
- 서브이벤트(sub event): 테마와 연관성이 없어도 무방하지만 메인이벤트를 뒷받침하여 파티 분위기 전환과 참가자들의 적극성을 이끌어 낼 수 있어야 한다.

4) 장소(place, venue)

장소는 파티 테마와 밀접한 관련이 있으며 목적을 달성하기에 적합해야 한다. 파티 장소에 대한 규정은 없으나 일반적으로 다음과 공간으로 구성된다.

✠ 호텔 내 연회홀, 라운지, 바, 클럽

장점: 고급스러운 분위기, 안전하고 퀄리티 있는 식음, 인지도

단점: 일반적으로 반입이 어려우며 스타일링을 하기에도 까다로움
식상한 인테리어와 분위기, 빈약한 시스템, 대부분 대중교통과 거리가 있음

✠ 컨벤션홀 or 다목적 파티홀(하우스웨딩홀, 돌파티홀 등도 포함된다)

장점: 호텔에 준하는 분위기와 식음, 반입이 비교적 자유로움, 다양한 인테리어와 분위기, 수준급 시스템 구비, 대중교통과 근접함, 다양한 규모 등 선택의 폭이 넓음

단점: 색다른 분위기 연출에는 한계가 있음

✠ 대관 전용 공간

장점: 행사장 구성에 적합한 구조와 인테리어, 자유로운 반입, 수준급 시스템

단점: 비교적 높은 대관비용

✠ 클럽, 라운지클럽

장점: 화려한 시스템, 평일/저녁시간대 저렴한 대관비용, 대중교통과 근접함, 다양한 규모 등 선택의 폭이 넓음

단점: 안정적인 행사 운영에 한계가 있고 다양한 불안요소가 존재

✠ 까페, BAR, PUB or 호프, 대형 하우스맥주 매장

장점: 다양한 인테리어와 분위기, 다양한 규모 등 선택의 폭이 넓음

단점: 영업이 잘 이루어지는 곳은 대관이 쉽지 않음

✠ 레스토랑

장점: 레스토랑에 부합하는 음식 선택, 안정적이고 편안한 분위기

단점: 인테리어, 구조 등을 바꾸기가 쉽지 않음, 일반적으로 식음 반입이 불가함 영업이 잘 이루어지는 곳은 대관이 쉽지 않음

✠ 갤러리

장점: 저렴한 대관비용, 깔끔한 내부 인테리어와 구조, 자유로운 스타일링, 자유로운 반입

단점: 낮은 인지도, 빈약한 시스템

✠ 선상 까페 or 연회홀: 강변에 고정되어 있는 경우와 실제 한강을 유람하는 경우 두 가지가 있음

장점: 멋진 야경

단점: 불편한 교통

✠ 스카이라운지, 테라스

장점: 멋진 야경

단점: 그 수가 많지 않고 우천시 대비책 필요

✠ 야외 공간

장점: 멋지고 좋은 공간이 의외로 많음, 자유롭고 활동적인 분위기 연출 용이, 상대적으로 저렴한 비용

단점: 기후에 영향을 받음, 주거단지가 근접할 경우 저녁/밤시간대 이용 불가

이 외에 주차장, 옥상 등 생각의 폭을 넓히면 좋은 파티공간들이 많다. 전형적인 파티공간에 얽매이지 말고 파티 컨셉과 테마에 적합한 파티 공간을 찾기 위한 노력이 필요하다.

■ '호텔연회홀'에서 진행된 파티

■ '다목적파티홀'에서 진행된 파티

■ '대관전용공간'에서 진행된 파티

■ '클럽'에서 진행된 파티

■ '까페'에서 진행된 파티

■ '바'에서 진행된 파티

■ pub, 호프에서 진행된 파티

■ '대형 하우스 맥주 매장'에서 진행된 파티

■ '레스토랑'에서 진행된 파티

■ '갤러리'에서 진행된 파티

■ '선상연회홀'에서 진행된 파티

■ '스카이라운지'에서 진행된 파티

■ '야외공간'에서 진행된 파티

5) 대표적인 공간 구성

파티의 공간구성은 스텝 배치와 대부분 일치한다.

인적요소 중 '스텝'내용과 연관하여 읽기 바란다.

- 입구(reg area(registration area)): 파티 참가자를 구별하고 등록하는 장소
- 바(bar): 음료, 주류를 제공하며 파티에서는 통상적으로 식사를 배치, 책임지는 구역을 의미
- 홀(hall): 파티가 이루어지는 마당, 무대를 지칭
- 물품보관소(coat/bag-lock): 코트나 가방 등을 맡기는 곳이며 분실의 위험이 있어 구석에 위치. 캐비넷, 바구니, 옷걸이 등 보관 형식이 다양
- 화장실(toilet): 위생과 파티 이미지와 직결되므로 각별히 유의

■ 참가자 인원이 많은 파티의 경우 입구에서 제대로 관리하지 못하면 행사가 지연되어 원활한 진행이 어려워진다. 신속히 참가자들을 입장시키는 것이 중요하다

6) 식음(food, drink)

식사와 음료, 주류를 통칭하며 파티 목적이나 시작시간, 참가자 성향 등에 따라 다양하게 제공된다. 필수적인 요소는 아니나 분위기를 돋우는 데 효과적이다.

식음은 서로의 종류와 양질 결정하기도 하므로 간단한 스넥류나 음료에도 기본적인 지식이 필요하며 다른 구성요소들에 비해 식음에 무게가 실리는 파티인 경우에는 외주업체를 섭외하여 전문가가 관리하도록 한다.

✠ **식사의 분류**: 음식의 유형이나 형태에 따라 분류하나 그 기준이 모호하다. 일반적으로 인식하고 있는 식사의 종류는 다음과 같다.

- 뷔페: 다양한 음식을 배불리 즐길 수 있다는 장점이 있으나 식상한 메뉴 때문에 기피하는 경우도 많다.
- 파티케이터링: 많은 종류를 접할 수 있다는 장점에서는 뷔페와 같으나 음식의 다양성과 양보다는 맛과 스타일링(데코레이션)에 더욱 신경을 쓰는 편이다. 손으로 집어 먹을 수 있는 핑거푸드나 까나페 형태로 제공되기도 한다.
- 정식, 코스 요리: 호텔, 레스토랑에서 파티 진행 시 선택하기도 하나 파티의 목적, 즉 참가자들의 사교를 위해서는 그리 좋은 방식이 아니다. 한 자리에서 식사를 해야 하기 때문에 동일 테이블 외 타인과의 사교가 제한되기 때문이다.
- 스넥: 식사시간 외 시간의 파티에 적용되는 것이 일반적이다. 주로 안주류로 제공된다.

■ 호텔 뷔페가 제공된 파티

■ 파티 케이터링이 제공된 파티

■ 코스요리가 제공된 파티

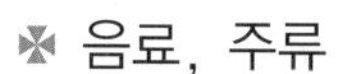

■ 스넥과 안주류가 제공된 파티

✠ 음료, 주류

- 양주: 참가자들의 호응이나 선호도면에서는 나쁘지 않으나 과음시 발행하는 문제점들에 대한 사전대비가 반드시 필요하다.
- 맥주, 소주: 대한민국 파티에서 일반적으로 즐기는 주류이다.
- 와인: 2000년대 들어 대중화되었으며 최근에 가장 각광받는 주류이다. 하지만 와

■ 와인은 파티나 이벤트를 배우는 학과의 교과과정으로도 필수적이다. 오산대학교 이벤트 연출과 와인수업

인은 다루기가 그리 쉬운 주류는 아니기 때문에 사전지식이 필요하며 파티에 따라 적합한 와인을 선택해야 한다. 또한 와인잔 등의 서비스 운영에도 신경써야 한다. 파티와 와인에 대한 자세한 이야기는 Chapter 4 '파티의 분류, 종류'에서 다루도록 하겠다.

- 칵테일: 자신에 맞는 칵테일을 선택할 수 있다는 것과 다양한 볼거리가 생긴다는 점에서는 장점이 있으나 칵테일 제공을 위해 준비해야 할 사항이 비교적 많다는 것과 바텐더를 섭외하는 데 비용이 드는 것은 단점으로 작용할 수 있다.
- 물: 다양한 주류를 제공하는 파 티에서 간혹 가장 기본적인 음료인 '물'을 등한시 하는 경우가 많으나 의외로 '물'을 찾는 참가자들이 많으므로 반드시 준비해야 한다.
- 탄산음료, 주스: 파티의 종류와 연령대를 고려해 준비한다.

7) 스타일링(styling)

파티 공간을 구성하며 목적, 테마에 따라 스타일링의 방법이나 재료, 도구 등이 달라진다. 베너, 부스, 포스터 등의 홍보물도 스타일링에 속한다. 스타일링의 재료로 어떤 것을 사용하느냐에 따라 업체나 전문가가 결정된다.

■ 풍선으로 스타일링한 파티

✠ 주 재료로 분류한 스타일링

- 풍선: 저렴한 비용으로 넓은 면적을 스타일링할 수 있다는 장점이 있으나 너무 식상하다고 여기는 경우도 있다. 연령대나 성비를 고려해 선택한다. 풍선으로 스타일링을 하는 사람을 '벌룬아티스트 Balloon Artist'라 한다.
- 꽃: 상대적으로 많은 비용이 들며 우리나라 특성상 다양한 꽃을 구하는 것이 쉽지만은 않은 현실이다. 하지만 파티의 종류에 따라 '꽃'으로 스타일링 해야 하는 경우가 있고 특히나 '웨딩'의 경우에는 꽃의 비중이 그 어느 파티보다 높다.

꽃을 사용해 스타일링하는 사람을 '플로리스트(Florist)'라 한다.

- 다양한 재료를 사용: 파티의 성격에 맞게 알맞은 재료를 활용하여 공간을 스타일링하는 사람을 '공간스타일리스트'라 한다.

■ 꽃으로 스타일링한 파티

■ 다양한 재료를 활용해 스타일링한 파티

8) 시스템(system)

조명, 음향, 특수효과에서 스크린, 빔프로젝트 등 파티프로그램에 필요한 전기를 사용하는 기구를 말한다. 프로그램 중 시스템이 차지하는 비중이 클 경우 식음, 스타일링과 마찬가지로 외주를 주어 전문적으로 관리하게끔 하는 것이 좋다.

최근에는 이러한 시스템을 대여해주는 곳이 많이 생겨났으며 구매한다 하더라도 예전만큼의 높은 비용이 들지는 않는다.

9) 음악(music)

파티 전반에 흐르는 음악과, 프로그램 진행시의 BGM, 댄스타임 등의 음악중심 프로그램에서 DJ가 선곡하는 곡 등으로 나뉜다.

파티와 음악

음악이 없는 파티는 상상하기 힘들다. 음악과 술만 있다면 언제 어디서든 파티를 즐기는 외국의 문화와 마찬가지로 우리에게 음악은 파티를 함에 있어서 빠질 수 없는 요소인 것이다. 음악이 갑자기 끊기면 파티를 진행하는 사람으로서 여간 난감한 게 아니다. 따라서 음악은 파티에 있어 없어서는 안 되며 또 파티 분위기를 좌우하는데 중요한 역할을 한다.

음악의 장르적 선택은 기획시 결정되며 기획안에도 포함된다. 따라서 기획자의 입장에서 음악은 늘 가깝고 친근해야 하는데 강의를 하고, 파티를 만드는 사람들을 지켜보면서 안타까운 것 중에 하나가 바로 이 음악에 대한 이해다. 이론과 역사, 뮤지션들을 일일이 꿰고 있어야 하는 것은 아니나 적어도 파티의 목적이나 분위기에 따라 적당한 음악적 장르를 선택해야 함에도 불구하고 자신이 좋아하는 음악이나 무조건 대중에게 익숙한 최신곡, 그리고 클럽이나 무도회장에서나 나오는 음악만이 파티공간에 흐르고 있다.

음악적 식견이 조악한 것을 탓하는 것이 아니라 음악은 파티와 참가자를 연결해주는 아주 중요한 요소라는 것을 간과하고 있는 것이 문제다. 클럽가에서 나오는 힙합이나 일렉트로닉, 트랜스 장르가 전부라고 생각해서는 안 된다. 또 사람들이 최신곡이 나와야 좋아한다고 생각해서도 안 된다. 흘러나오는 음악이 어떤 뮤지션의 어떤 곡인지 모를지라도 참가자들은 느낄 수 있다. 자신의 감성을 자극하고 파티와 함께 하도록 돕고 있다는 것을 말이다.

이렇게 파티에서 사용될 음악을 잘 선택하기 위해서는 많은 음악을 듣는 것이 좋으나 이는 단시간 안에 해결되는 것이 아니다. 따라서 대중음악의 흐름과 관련된 서적에서 기념비적인 앨범, 곡들을 살피고 장르가 어떻게 계승 · 발전되어 왔는지 살펴보길 바란다. 대표적인 뮤지션의 곡들을 구해서 반드시 들어보길 권하고 역대 명반 순위, 판매 순위, DJ가 뽑은 베스트(물론 음악을 순위로 표시한다는 것은 무의미할 수도 있으나 빠른 시일 안에 이해를 돕는 데에는 좋은 방법이다) 등 다양한 기준에서 순위를 매긴 앨범 또는 곡을 감상해보길 바란다.

■ 파티에서의 음악은 파티 분위기를 좌우하는 중요한 요소이다

* 대중음악의 흐름을 알 수 있는 자료 *

- 케임브리지 대중음악의 이해 〈한나래〉
- 배철수의 음악캠프 20년 그리고 100장의 음반 〈예담〉
- The History Of Rock N Roll 1~10 〈동영상〉

10) 드레스코드(dress code)

참가자들의 공감대 형성을 위해 패션 아이템(의상, 액세서리 등)에 코드, 미션을 부여하는 것이다.

✠ 드레스코드의 필요성

홍대, 강남을 비롯한 클럽파티 문화에는 이상한 기획법이 있다고 한다. '드레스코드=테마'라는 공식인데, 어쩌면 그렇게 생각할 수도 있겠다 싶다가도 바로잡아야겠다고 마음먹게 된다. 결국 이러한 공식 덕분에 문을 닫기도 하고 다시 예전의 다양성과 개성을 찾는 클럽들이 생겨나기도 하니 어쩌면 다행스러운 일일지도 모르겠다.

대한민국 파티문화를 말해주는 '드레스코드'라는 '미션'은 우리사회의 씁쓸한 단면이다. 파티는 소비와 밀접하게 맞닿아 있다는 것은 인정할 수밖에 없으나 그 소비가 패션아이템에 치중된다면 파티는 그 한계를 벗어나기 힘들다. '화려함', '부담'으로 점철되는 일반인들의 파티에 대한 인식이 바뀌어 더욱 대중화되고 공적이며 나아가 사회적인 분야로 진화하려면 '드레스코드=테마'라는 공식을 철저히 바뀌어야 한다.

해외 연예인들의 파티에서의 옷차림과 액세서리가 대한민국 연예가 뉴스 1위에 오르는 것을 심심치 않게 보면서 혹여나 겨우겨우 건전성과 긍정적 이미지를 되찾고 있는 대한민국 파티문화 속 젊은 여성들에게 다시 한 번 저질스런 환상을 안겨줄까 노심초사한다.

어떻게든 파티와 패션아이템을 연결시켜 매출 좀 올려볼까 하는 분들과 참가자와 클라이언트를 즐겁게 해주려는 건지 자신이 드레스코드를 위해 소비하면서 즐기려는 건지 모를 파티플래너 분들에게 진정 드레스코드 없는 파티는 파티가 아니라고 말할 수 있는지 묻고 싶다.

파티에 있어 드레스코드는 하나의 작은 요소일 뿐이다. 목적과 게스트의 성향에 따라 있을 수도, 없을 수도 있다.

지겹디 지겨운 'sexy', 'mini', 'chic' 등의 이해불가, 정체불명의 드레스코드라면 차라리 없는 게 낫다.

■ '파자마'는 단순한 드레스코드를 넘어 파티의 테마(파자마파티)로 알려진 대표적인 사례이다

4. 파티와 이벤트

파티와 이벤트는 시장을 공유하기도 하고 분할하기도 한다. 서로 으르렁거리다가도 조화를 꿈꾸는 비정상적인 관계이나 결국 상생해야 하는 운명을 가지고 있다. 더 즐겁고, 감동적이며 효과적인 파티와 이벤트를 위해 서로에 대해 이해하고 연구하며 건전한 문화형성에 동참해야 한다.

(1) 이벤트 정리

1) 이벤트의 개념

우리나라에서 이벤트의 개념은 한국이벤트연구회의 '공익, 기업이윤 등 특정 목적을 가지고 치밀하게 사전 계획되어 대상을 참여시켜 실행하는 사건 또는 행사를 총칭'한 것이라는 정의를 통해 알 수 있다. 한편 좁은 의미로는 기업의 프로모션 차원에서 개입될 수 있는 모든 방식의 행사를 지칭하기도 한다.

쌍방향(two-way) 의사소통을 위해 노력하며 광고, 홍보의 성격을 가지고 있다는 것은 파티와 별차이점이 없으나 그 실행방법이나 추구하는 바, 중점을 두는 요소 등으로 인한 기획, 운영, 관리 및 효과에서 중대한 차이점을 발견할 수 있다.

이벤트에서는 기본 사고방식을 뜻하는 '개념(concept)'을 중시하며 행동의 장이 되는 '라이브성'을 강조한다. 파티와는 달리 부정적인 개념은 컨셉으로 활용할 수 없다고 한다.

이벤트 산업 또한 전문성 향상과 양질의 이벤트 생산을 위한 전문가 양성에 노력하고 있으며 경력관리에 도움을 줄 수 있는 제도적 자격제도를 위해 애쓰고 있다. 또한 문화관광부와 한국관광공사에서 지역축제 이벤트를 중점적으로 육성하고 있어 시장은 더욱 커질 전망이다.

2) 이벤트의 분류

일반적인 이벤트의 분류방법 중 하나인 Donald getz의 분류

성격별	해당이벤트
문화이벤트	축제, 카니발, 종교행사, 퍼레이드, 문화유산 관련행사
예술, 연예이벤트	콘서트, 공연이벤트, 전시회, 시상식
상업이벤트	박람회, 산업전시회, 전람회, 회의, 홍보, 기금조성이벤트
스포츠이벤트	프로경기, 아마추어경기
교육, 과학이벤트	세미나, 워크숍, 학술대회, 통역수행 이벤트
레크리에이션이벤트	게임, 운동놀이, 오락이벤트
정치이벤트	취임식, 수여식, 부임식, VIP 방문, 정치적 집회
개인이벤트	기념일행사, 가족휴가, 파티, 잔치, 동창회, 친목회

3) 이벤트의 효과

입장수입, 판매액, 집객으로 얻는 이익과 참가자와 주최간의 쌍방향 커뮤니케이션 그리고 구매의욕촉진과 호감조성 등과 같은 매출에 영향을 주는 효과 등을 일반적인 효과라고 하며 그 밖에 내수유발, 소득, 고용창출, 산업교류촉진 등의 부수적인 효과도 노릴 수가 있다.

4) 명칭과 업무

기획자, 프로듀서, 디렉터, 연출자, 연출 감독 등의 다양한 명칭이 혼용되고 있는 실정이며 명확한 개념에 대한 합의 없는 상황이라 잘못 사용되고 있다 하더라도 섣불리 정리할 수 없는 부분이다.

일반적으로 프로듀서를 행사전반을 책임지는 경영자로, 연출자는 이벤트를 현실화시켜 표현하는 예술가라고 생각하면 이해가 쉽다.

5) 미래와 과제

위의 언급대로 이벤트 시장 내 각자의 업무와 명칭이 혼용, 오용되는 사례가 많다. 학문적으로도 다양한 의견이 아직 조합되지 않은 상황이며 평가지표, 이벤트 효

과의 수치화와 자격제도 등의 숙제가 남아 있는 실정이다.

하지만 국가 및 지자체 전략 수단으로 이벤트가 각광받는 것이 사실이고 학계와 관련업계의 노력으로 이벤트 강국으로서의 입지를 다져나가고 있다.

(2) 파티와 이벤트의 관계

어떤 파티플래너는 파티가 이벤트의 질적 상위개념이라 말한다. 굳이 비교하자면 파티가 이벤트보다 한차원 높다는 이야기인데 이는 근거없는 주장이다.

아무리 구분짓고 테두리를 만들어 편가르기 하는 것을 좋아한다고 하지만 '파티'라는 사람과 사람의 사교행위까지 질적 상하위를 따지고 범주를 설정해서 과연 무엇을 얻고자 하는지 모르겠다.

자신이 파티업계라는, 이벤트보다는 우월한 산업에 종사하고 있다는 주장을 은연중에 알리면서 인정받고 싶어서가 아니라면 무어라 설명하겠는가.

정확히 짚고 넘어가야 하는 것은 '파티'는 '이벤트'의 한 형태라는 것이다. 전시, 세일즈 이벤트, 콘서트 등 흔히 우리가 알고 있는 '이벤트'와 공존하며 새로운 길을 모색하는 산업인 것이다.

'파티'와 '이벤트'는 여러 가지 유사한 점을 가지고 있으며 이는 '파티'와 '이벤트'가 서로 다른 산업이 아닌 공생, 보완하는 관계라는 것을 알 수 있다.

1) 기본적인 특성

위에서도 언급하였으나 워낙 중요한 개념이기 때문에 다시 한 번 짚고 넘어간다.

✠ 참가자들간의 사교

파티의 정의는 '사교'와 온-오프'비즈니스'의 장이다.

파티에서 '사교'가 없다면 파티로서의 기능을 상실한 것이나 마찬가지이다.

'사교'는 파티의 본질 그 자체로서 반드시 존재해야 하는 목적과 다를 바 없다.

✠ 쌍방향성

관계자와 참가자, 수신자와 발신자간의 정보와 의사소통이 일방적이지 않고 상호 자율적으로 이루어진다.

라이브성과 마찬가지로 파티에 비해 이벤트의 쌍방향성은 조금 소극적이라 할 수 있다. 파티는 관계자, 운영자, 참가자 등 모든 인적요소간의 교류가 가능하며 또한 권장하기 때문에 아무래도 참가자와 관계자, 운영자가 분리되어 진행되는 이벤트 보다는 보다 적극적인 쌍방향성을 가진다고 하겠다.

✠ 라이브성

최대한 많은 감각을 활용하게 하여 정보의 양과 수용 효과를 증가시킨다. 파티는 참가자의 직접교류를 통해 정보교류, 사교, 비즈니스의 효과를 극대화시킨다.

이벤트는 라이브성을 강조하기는 하나 큐시트와 운영지침을 철저하게 지키는 것을 원칙으로 한다. 파티에 비해 규모가 크기 때문에 돌발 사고를 용납하지 않으며 융통성 있는 운영보다 철저하게 지키는 운영을 선호한다.

이에 반해 파티는 파티 전반의 분위기에 따라 큐시트, 운영지침과는 무관하게 파티플래너 재량으로 융통성을 발휘하기 용이하다. 파티는 '자연스러움'을 강조하기 때문에 진행순서가 바뀐다거나 참가자들의 반응에 따라 변경하는 것은 그리 어렵지 않다.

✠ 테마의 중요성

이벤트와 파티 모두 컨셉과 테마를 중시하나 이벤트의 경우는 컨셉을, 파티는 테마에 더 무게를 두어 기획한다. 컨셉과 테마를 혼용하기도 하나 컨셉은 전체적인 분위기와 느낌이라 한다면 테마는 컨셉을 구체화시키는 주제인 것이다.

2) 기획요소

✠ 실현성, 현실성

시간적, 구조적, 장소적으로 실현가능한 기획이어야 한다.

✠ 수익성

주최자, 주관/대행사, 참가자에게 모두 이익이 되는 행사여야 한다.

✠ 안정성

불의의 사고가 발생하지 않아야 한다.

✠ 현재성

라이브의 생생함이 필수적이다.

이벤트 관련 서적에서는 파티를 이벤트의 패턴 중의 하나로 표현하기도 한다. 즉 이벤트가 파티를 포함하는 범주가 되는 것이다. 맞다 틀리다를 떠나 파티와 이벤트가 그만큼 많은 유사점을 가지고 있다고 생각하면 편할 듯싶다.

3) 파티와 이벤트 비교분석

'파티'와 '이벤트'는 여러 면에서 유사성을 가지고 있지만 차이점도 가지고 있다. '파티'와 '이벤트'를 대조 분석하는 이유는 어느 것이 더 좋은가를 판단하려 함이 아니다. 분명 '파티'와 '이벤트' 사이에는 서로 수용하기 힘든 점이 존재하며 이는 서로의 장점으로 승화되기도 한다.

문제는 '파티'와 '이벤트'의 유사점과 장단점을 이해하고 행사마다 어떤 점을 부각시키거나 절제해야 할지 알아야 한다는 것이다. 즉, 기획시마다 필요한 장점을 골라 더욱 효과적인 행사로 만들 수 있도록 숙고해야 한다.

< 파티와 이벤트 비교 >

event	〉	party
컨셉, 현실성, 효율성 중시	기획	테마, 창의성, 효과 중시
체험, 정보	목적	사교, 정보
불특정다수 (기존미디어 위주의 집객)	대상	특정다수 (뉴미디어 위주의 집객)
특정감각자극	감각	오감자극
정보전달용이, 소극적 쌍방향	커뮤니케이션	적극적, 능동적 쌍방향
단기적 효과	홍보, 판매	마니아 생성효과
		+ 개인, 사회적 교류/교감

✠ 기획

이벤트가 컨셉을 중요시 여긴다면 파티는 테마에 더 큰 비중을 둔다. 사실 이벤트에서 말하는 컨셉과 파티에서 말하는 컨셉은 그 의미와 범위가 다르다. 둘 다 '목적'을 의미하고 다른 구성요소에 영향을 미치는 것이지만 파티는 테마라는 또 하나의 하위 컨셉(개념)을 두어 구체화한다는 것에서 중대한 차이점이 있다.

학문적으로는 '컨셉'의 중요성을 역설하고 있지만 일반적인 이벤트에서 참가자들이 '컨셉'을 인식하고 공감하기란 쉬운 일이 아니다. 하지만 파티는 컨셉을 구체화시킨 명확한 테마가 있어, 파티를 구성하는 모든 인적요소들이 사교하고 자신이 원하는 바를 추구하며 공감하는 데 도움을 주기 때문에 참여가 극대화된다는 장점이 있다.

이벤트는 행사의 목적을 달성하기 위해 기획의 현실성을 중요시한다. 파티를 효율적으로 운영하여 고객의 목적을 실현하는 것도 물론 중요한 가치이기는 하나 창의적인 기획이 가져다주는 이슈화의 이점도 간과해서는 안 된다. 안정감도 중요하지만 독특함이 주는 구전효과와 파급력 또한 무시할 수 없다는 이야기다.

많은 사람에게 정보와 체험을 효과적으로 전달하기 위한 운영의 효율성 추구는 어쩌면 이벤트에서 당연한지도 모르겠다. 하지만 질서정연한 체계화가 자율성이 주는 교감, 감성체험을 제한할 수도 있다. 박람회나 전시회를 예를 들면, 참가자들로 하여금 무의식적으로 따르게 하는 부스의 구조와 동선들이 어쩌면 참가자들의 능동적이고 자율적인 행동에서 나오는 다양한 감성과 감각을 제약해 다양한 체험의 효과를 오히려 막을 수도 있다는 것이다.

이와 달리 파티는 모든 인적요소가 테마 아래 자율적이고 능동적이다. 따라서 개인의 감각을 최대한 살리고 타인과의 교류를 통해 다양한 콘텐츠가 자발적으로 생성되어 파티의 노출과 정보가 파티에 참가하지 않은 사람들에게도 지속적으로 제공되는 것이다.

✠ 목적

이벤트가 정보와 체험을 제공한다면 파티는 사교를 덧붙여 제공한다. 정보수집과 체험을 위해 행사를 하는 데 사람간의 교류가 왜 중요하냐고 반문할지도 모르겠다. 체험을 통해 사람들이 원하는 정보를 가지고 가면 이벤트는 제 역할을 했다고 볼 수 있다. 하지만 파티는 근본적으로 사교를 바탕으로 정보를 제공한다. 사람과의 교류 속에 정보와 비즈니스가 조합되면 더 큰 효과를 가져오기 때문이다. 사람과 정보는 서로 결합되어 오프라인뿐 아니라 파티가 끝난 후 온라인상에서도 그 효과가 지속되며 상호간의 교류를 통해 정보는 재생산된다. 즉 참가자뿐 아니라 열린 정보의 바다인 온라인상에서 끊임없이 유통되는 것이다.

✱ 대상

이벤트의 특징은 다수에게 정보를 효율적으로 전달한다는 것이다. 하지만 여기서 말하는 '다수'는 정해지지 않은 다수라는 점에서 약점을 가지고 있다. 이벤트는 참가자를 제한할 수 없다. 어찌보면 열린 공간이란 점에서 더욱 접근성이 뛰어나 더 많은 사람에게 정보를 제공할 수 있다고 생각될지도 모르나 기업이나 단체입장에서 정작 정보를 꼭 제공해야 하는 사람들은 없을 수도 있다는 이야기가 된다. 이는 주로 기존 미디어와 오프라인상에서의 집객이 이루어지기 때문에 참가자에 대한 기본적인 정보를 수집하는 데 어려움이 따르기 때문이며 파티에 비해 기업이나 단체의 목적과는 다른 필요에 의해서, 또는 별다른 목적 없이 참여하는 참가자가 상대적으로 많기 때문이기도 하다.

이에 반해 파티는 참가자를 선택할 수 있다. 이벤트와 달리 뉴미디어와 밀접하게 연관되어 있어 거의 모든 홍보와 집객이 온라인상에서 이루어진다. 이는 초대, 신청, 추첨 등의 방식을 통해 자연스럽게 개인정보를 취득할 수 있어 행사 목적에 맞는 주요 타깃을 선택하여 참가시킬 수 있다는 것을 의미한다. 행사자체에 일반 대중이 매력을 느끼지 못하면 집객이 어디서 이루어지든 상관없으나 많은 기업, 단체들이 주요 타깃으로 삼는 소비계층이 파티에 많은 관심과 매력을 동시에 느끼고 있다는 점에서 가능한 일이다.

종합하면 이벤트는 기업, 단체가 원하는 정확한 타깃층을 선별해 참여시킬 수 없고 행사 목적과 관계없는 참가자의 참여를 제한할 수 없다. 그러나 파티는 일반적인 기업, 단체가 원하는 타깃층이 매력을 느끼고 참여를 희망하고 있는 상태이며 이를 이용해 초대, 신청, 추첨으로 나이, 성별, 주거지, 학력, 직업, 관련 단체, 기업, 브랜드 제품에 대한 생각까지 설문을 통해 원하는 특정 집단을 추리고 선별하여 파티에 참여시킬 수 있다. 이것은 행사가 가져다주는 효과에 절대적인 영향을 미치며 비용, 시간, 노력에 비해 파티는 탁월한 효과를 가져 올 수 있다는 것을 뜻한다.

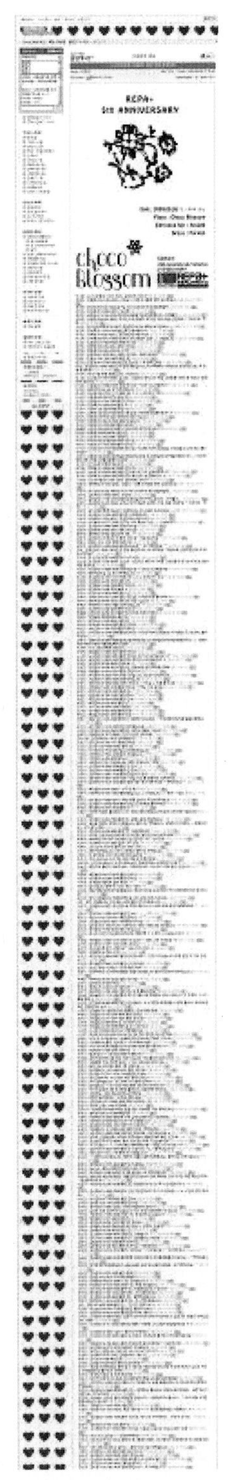

■ 파티 초대 이벤트를 통한 참가자 추첨을 위해 사이트, 관련 커뮤니에서 신청을 받는다. 이때 참가 신청자의 기본정보를 파악하고 선별이 가능하다

✠ 감각

다양한 감각을 동시에 활용하면 정보의 양이 비약적으로 늘어나고 그 수용능력 또한 증가한다는 것은 잘 알려져 있는 사실이다. 이벤트 역시 참가자의 감각을 최대한 많이 자극하기 위해 노력하지만 기본적인 오감을 모두 사용하는 행사는 찾아보기 힘들다. 이에 반해 파티는 테마, 스타일링, 식음, 음악 등 참가자의 감각을 사용토록 하는 것은 물론이거니와 사교를 통해 느껴지는 제3의 감각을 유도한다.

이는 기업, 단체에 대한 이미지뿐 아니라 브랜드, 제품, 서비스 등에 대한 긍정적인 감정을 증진시켜 파티의 효과를 극대화시킨다.

✠ 커뮤니케이션

기존 미디어에 비해 이벤트가 쌍방향 커뮤니케이션을 추구하는 것은 의심의 여지가 없다. 하지만 굳이 표현하자면 소극적 쌍방향 커뮤니케이션이라고 말하는 것이 알맞은 표현이다. 이와 달리 파티는 보다 적극적인 커뮤니케이션을 이끌어내는 데 효과적이다. 예를 들어 이벤트는 행사의 주최와 주관, 협력, 후원, 협찬사 및 단체와의 교류는 제한적이다. 행사의 목적을 위한 수단을 마련해 놓고 참가자가 스스로 정보를 전달받는 형식이다. 반면 파티는 공간 내 모든 인적요소들이 자율적이고 능동적으로 교류하며 상호간에 정보를 주고받는다. 참가자는 관계자와의 교류를 통해 더 세부적이고 긍정적인 정보를 얻고 관계자는 참가자, 소비자를 통해 전략적인 정보를 수집한다. 이미지, 브랜드, 제품, 서비스 등에 대해 대화와 교류를 통해 자연스럽게 접근 가능하여 참가자로 하여금 긍정적인 이미지를 가질 수 있게 돕는다.

✠ 홍보, 판매

지금까지 언급한 차이점들은 종합적으로 상호작용하여 기업이나 단체의 이미지, 브랜드, 제품, 서비스 등에 관해 마니아적 성향을 갖게 하여 장기적인 파티 효과를 이끌어 낼 수 있도록 하는 것이다.

창의적 기획과 테마로 인해 사람들에게 공감대를 형성하게 하고 참여를 이끌어내며 이는 사교를 통해 더욱 능동적이고 자율적으로 감각을 사용, 더 많은 정보를 수용하게 한다. 더욱이 파티에 참여하는 참가자들은 기업이나 단체의 이미지, 브랜드, 제품, 서비스 등에 직접적

■ 참가자는 홍보나 노출에 자율적으로 참여한다

인 영향을 미치는 사람들로 구성되어 그 효과가 극대화되는 것이다. 이로써 파티 효과는 지속성이 유지되고 마니아 형성과 관련 커뮤니티 형성, 양질의 콘텐츠 생성에 기여해 끊임없이 유통되고 재생산되는 것이다. 결국 이미지 제고, 홍보, 프로모션은 파티 내 개인적, 사회적 교류로 인해 성공적으로 수행되는 것이다.

✠ 결론

파티는 이벤트산업에 속하나 기획, 목적, 대상, 감각 그리고 홍보와 판매 부분에서 차이점이 있으며 이벤트의 특성을 어느 정도 수용하면서 이에 개인적, 사회적 교류와 교감을 통해 그 효과를 더욱 극대화시킨다.

4) 파티와 이벤트의 미래와 과제

이벤트 산업은 여러가지 한계와 문제점들을 가지고 있다. 파티 또한 수용능력의 한계와 그 효과를 수치화하는 데 있어 적잖은 숙제를 가지고 있다. 따라서 이벤트와 파티의 장점을 접목시키고 상호 보완한다면 더욱 효과적인 행사를 만들어낼 수 있으며 더 많은 기업과 단체가 인식, 인정할 수 있는 수단으로 발돋움할 수 있을 것이다.

끊임없는 연구와 학문적 노력, 그리고 양 산업의 교류, 협력이 요구되는 시점에 와 있다.

■ 축제는 더 이상 이벤트만의 영역이 아니다. 이벤트와 파티가 혼합된 형식의 행사-신촌 물총 축제/파티

자성이 필요한 대한민국 이벤트 산업

86아시안게임 이후로 급속도로 성장한 대한민국 이벤트 산업은 그동안 괄목할 성과를 이루었다.

다양한 이벤트 산업의 영역에서 해마다 증가하는 행사 덕에 이벤트 업계는 즐거운 신음을 하고 있다.

파티와의 접목과 대여, 판매 시장의 확대와 성장으로 장밋빛 미래를 예견할 수있다.

그러나 화려한 이면에 양적 성장을 따르지 못하는 질적문제가 끊임없이 대두되고 있고 이는 이벤트 시장에 종사하는 모두가 깊이 고민해야 할 부분이다.

2012년 런던 올림픽을 보면서 축적된 문화의 힘을 느낄 수 있었고 또 많이 부러웠다. 끊임없이 생산해 낼 수 있는 스토리라인 덕에 별다른 기획이 없어도 전세계인들에게 감동을 주기 충분했다.

독일과 일본, 그리고 브라질의 페스티벌과 같은 세계적인 축제들을 보고 있노라면 부러움을 떠나 부끄러움을 느낀다. 물론 우리나라에도 좋은 이벤트 행사들이 있지만 아직도 천편일률적이고 주먹구구식인 후진적 이벤트들이 많다.

파티를 제작하는 사람으로서 이벤트 시장에 대해 왈가왈부하는 것이 어찌보면 좋지 않아 보일 수도 있지만 파티 또한 이벤트에 속하는 또 다른 이벤트라고 믿고 있기에 언급할 것을 해야겠다는 생각이다.

다양한 이벤트 산업 중에서도 가장 급성장하고 있고 많은 예산이 소요되고 있는 축제를 통해 문제점을 짚어 보고 나아가야 할 방향을 조망해보자.

무엇이 문제인가

국내 여행을 하면서 꼭 들르는 곳이 지역축제다. 그 지역을 이해하고 느끼고 싶다면 축제를 가보라고 한다. 축제 안에는 지역사람들과 먹거리 그리고 그 지역의 이야기가 숨어 있다고 한다. 그렇지만 우리는 축제 안에서 그 지역을 이해하기란 하늘에 별따기다. 왜그럴까? 왜 대한민국의 수많은 축제는 우리를 공감하게 하지 못하고 감동을 주지 못하는 것인가?

그 이유에 대해 알아볼 필요가 있다.

1. 정치인가 축제인가

축제는 지역주민과의, 타 지역주민과의, 외국인과의 교류의 장이다. 축제 안에서 지역에 대해 이해하고 공감하는 것이다. 그리고 축제를 통해 직간접적으로 생성된 콘텐츠와 수입으로 지역경제 활성화에 이바지한다.

이것이 진정한 축제의 모습이고 목적이다. 그러나 인지도를 높이고 권위를 드높이는 수단으로 활용되기도 한다. 생각보다 많은, 아니 거의 대부분의 지역축제는 지방자치단체의 정치적 홍보와 권력 유지의 수단으로부터 벗어나기 힘들다. 이에 필연적으로 업체와의 유착관계는 좋은 기획으로 인한 성공적인 효과를 가로막고 있는 것이다.

해결방법은 간단하다. 투명한 입찰과 심사로 지역기반업체에 대한 특권을 제거하고 경쟁을 통해 지역특성을 제대로 파악한 역량있는 업체를 선택하면 된다.

2. 천편일률적인 뻔한 축제

이벤트는 특별한 것이다. 일상생활과 같은, 누구나 생각하고 할 수 있다면 이벤트가 아니다. 여러분은 특별하고 새로운 축제를 몇 번이나 가 보았는가?

입장-포토월/페이스페인팅의 소소한 프로그램-공연-경연대회-경품증정-먹거리로 이어지는 일률적인 구성과 새로울 것이 없는 프로그램 덕에 그 지역의 특성을 찾기란 쉽지 않다.

이유는 여러 가지가 있으나 업체의 안이함 또는 무능함이 가장 크다. 그리고 최대한 많은 수익을 내기 위해 동일한 방법(구매, 제작, 섭외 등)으로 구성하기 때문이다. 천편일률적인 뻔한 축제가 없어지려면 1에서 말한 유착관계 해결과 투명한 심사와 경쟁이 필수다.

3. 사람이 없는 축제

앞서 말했듯이 축제는 지역주민과의, 타 지역주민과의, 외국인과의 교류의 장이다. 축제에 사람이 없다면 축제가 아니다. 하지만 국내에서 사람이 많은 축제를 찾는 것은 쉽지 않다. 자치단체와 업체의 미숙한 홍보탓도 있겠지만 가장 큰 문제는 천편일률적이고 재미가 없다는 것이다. 축제를 다녀간 사람들의 입에서 또는 개인미디어(블로그, SNS 등)에서 축제를 찾아볼 수가 없다. 쉽게 말해 입소문이 나지 않는 것이다.

눈으로 사람을 셀 수 있고 지역주민들끼리 안부를 묻는 축제라면 갈 이유가 없다.

4. 정체모를 축제기획

눈도 잘 오지 않는 지역에 눈축제를 만들고 물이 메말라 없는 지역에 물축제가 열린다.

쥐똥만큼 재배되는 특산물이름을 걸고 축제를 하고 뜨고 있는 이슈나 트렌드가 있으면 갖다 붙이기 바쁘다. 그래도 이 정도면 양반이다.

트로트 가수 공연- 벨리댄스- 힙합공연- 림보게임- 비보이공연으로 이어지는, 도저히 흐름을 이해할래야 할 수 없는 축제도 태반이다.

위와 같은 기획을 하는 업체와 지자체는 부끄럽지도 않은가? 지역주민의 소중한 세금으로 장난치는 꼴이다.

왜 이런일이 일어나는가?

지역특성과 스토리를 파악하여 재미와 경제적 효과까지 염두한 치밀한 기획이 있어야 하는데 위에 나열한 총체적인 문제들 때문에 감동은커녕 후회만 남는다.

단순하고 유아적인 기획들이 오히려 지역의 특성과 경제적 가치를 떨어뜨린다. 지역의 개성을 파괴한다. 이것은 단순한 예산 낭비차원이 아니라 지역의 존속과 미래가 걸린 중대한 일이다.

세계적인 축제에 가보라. 수많은 이야기와 수많은 관계가 있다. 자연스럽게 축제를 즐기며 그 나라와 그 지역에 대해 이해하게 되고 동화된다. 그 나라 그 지역 주민과 세계각지에서 온 관광객들과 교류하며 다양한 스토리와 감성을 공유한다. 이런 멋진 경험은 감동으로 남아 회자되고 구전되어 더 많은 사람들이 모이게 되는 것이다. 사람이 모이고 즐겁다면 직접적인 수익과 부수적 수입은 자연스레 따라온다. 지역은 활기를 띠고 경제는 활성화된다.

이제 우리나라에도 그런 축제가 있어야 하지 않을까? 상상만해도 멋지지 아니한가.

Chapter 2

대한민국의 **파티문화**

1. 파티의 기원과 생성

파티가 생성된 시기에 대한 논란은 접을 때가 되었다. 파티는 누구에 의해 발견되거나 발명된 것이 아니며 인간의 본성상 생겨날 수밖에 없는 행위이기 때문이다. 어린시절에 참여했던 생일 파티나 각종 잔치를 떠올리면 이해하기 쉬울 것이다. 우리가 인식하지 못한 순간에도 파티는 계속 있어 왔다. 이것은 우리 선조에게도 마찬가지로 적용되는데 이유는 간단하다. '파티&파티플래너'(눈과마음)에서 밝힌 바와 같이 인간은 '유희적, 정치적, 사회적'본성을 지니고 있는데 이는 파티의 성격과 정확히 일치하기 때문이다.

인간 본성의 공통점은 바로 '나'혼자 살아가는 것은 불가능하다는 것이다. 파티 또한 혼자서는 위 본성들을 만족시킬 수 없기에 생성된 것이다. 그것이 가족행사든 부족간의 행사든 제사를 드리는 행위든, 근본적으로 인간은 '유희적, 정치적, 사회적'인 본성을 충실히 따르며 살아온 것이다.

혹자는 대한민국의 '파티'의 기원을 '제천행사'에서 찾는다. 완전히 틀린 말은 아니지만 제천행사가 기원이라고 말하기에는 무리가 있다. '나'아닌 다른 사람과 교류하는 행위가 제천행사에만 존재하지는 않기 때문이다. 따라서 인간은 유희적이고 정치적이며 사회성을 지니고 있기 때문에 인류가 생겨난 이후 '파티'는 늘 존재해왔다고 보는 것이 옳을 것이다.

위에서 말한 그대로 인류가 생겨난 이래 파티가 계속되어 왔다면 왜 갑자기 영향력 있는 오프라인 행사 수단으로 각광받게 된 것일까? 그 해답을 찾기 위해서는 대한민국에서 '파티'가 어떻게 뿌리내리고 발전해 왔는지를 살펴봐야 한다.

■ 대한민국 잔치를 현대적으로 해석하여 테마로 삼은 파티

2. 외국의 파티문화와 한국의 파티문화

외국(주로 서구)의 파티문화와 한국의 파티문화의 차이점을 살펴보기 위해서는 먼저 문화적인 차이를 살펴봐야 한다. 아래 표의 내용이 일반적이지는 않을 수 있으나 대체로 아래와 유사한 성향을 지니고 있는 것은 부정할 수 없다.

문화적 차이로 인해 비롯된 사람들의 성향 및 특성은 파티문화에서 고스란히 드러나게 마련이다.

동양, 대한민국	문화적 차이	서양
집합주의적 상호의존적		개인주의적 독립성
조화로운 인간관계		개인의 자율성 중요
수많은 관계 속 의무, 양보타협		자율성 중시->논쟁
도교, 유교, 불교 조화를 중시		세상을 통제가능하다고 믿음
전체와 화목한 인간관계 중시		개인의 성공
간접화법		직접화법
주변상황으로 사태를 바라봄		인간 본성으로 사태를 바라봄
어떻게(how) 중시		왜(why) 중시
쌀농사->관개/협동->합의 위한 중용		해안->무역->차이->해소 위한 논쟁

외국의 파티 문화와 우리의 파티 문화의 차이점을 알아보기 위해서는 나를 비롯한 한국사람들의 행동양식을 살펴볼 필요가 있다. 한국사람들의 특성을 알기 위해 거창한 연구와 전문적인 지식을 동원해야 하는 것은 아니다. 우리가 모임에서 흔히 하는 행동을 살펴보면 쉽게 이해가 갈 것이다.

먼저 당신이 생각하는 외국인들, 특히 서양 사람들과 우리나라 사람들의 행동방식을 비교해보자. 서양 사람들은 처음 보는 사람과도 솔직하게 자기표현을 하고 대화에 적극적이다. 이러한 '자신감'은 어찌보면 뻔뻔스럽게 느껴지기도 하며 화려한 '제스처'는 정신사납게 느껴지기도 한다. 이러한 생활방식이 어떻게 그들의 몸에 스며들었는지 잘은 몰라도 (물론 여러 연구와 그를 뒷받침하는 근거들이 있겠지만) 파티분위기를 더 빛나게 하고 더 즐겁게 하며 더 자연스럽게 하는 중요한 요소임은 분명해 보인다.

반면 우리의 경우 새로운 사람과의 만남이 그다지 편하지만은 않다. 수많은 외세의 침략에서 오는 역사적인 경험은 알게 모르게 우리 마음가짐을 변화시켜 놓았다.

씨족, 부족사회의 갈등, 국가의 설립과 외세의 끊임없는 침략, 이로 인한 타인에 대한 배척, 상대방에 대한 경계심, 이와 반대로 '가족', '이웃', '동기동창'등의 끊임없는 테두리 안에 '나'를 귀속시켜야 안심이 되는 성향들은 우리 몸과 마음에 깊이 박혀 있다는 것이다.

이러한 차이점 덕분에 타인을 대하는 행동방식이 서양인들과 다를 수밖에 없다.

서양인들의 개방되고 사교적인 성향은 파티라는 문화를 정착시키고 발전시켜 왔다. 그들에게 있어 파티는 사교의 장소인 동시에 쾌락을 추구하는 장, 그리고 어떠한 면에서는 비즈니스를 하고 또 한편으로는 자신의 짝을 찾는 기회로 받아들여진다. 파티는 그들에게 삶 그 자체일 뿐 '파티'라고 해서 특별한 것은 없다.

하지만 우리의 '잔치'는 지인 혹은 이웃과 서로 협동하고 결과물을 함께 나누며 상대방의 기쁨과 슬픔을 나누고 함께 먹고 즐기며 정을 나누는 데 목적과 의미가 있다.

서양 사람들은 누구에게 침해당하기보다는 누군가를 침략하는 쪽이었다. 따라서 새로운 세계에 대한 자신감과 오만으로 가득차 있다. 흔히 '개척'이라고 미화시키는 것도 결국엔 침략이 아닌가. 그들은 남들에 비해 심적 우월감을 가지고 적응을 하기 위한 적극적이고 능동적인 자세를 가져왔다. 그들에겐 새로운 사람을 만나는 것이 전략적으로 필요한 것이었기에 쉽게 수용할 수 있었다.

하지만 우리는 왠지 쑥스럽고 부자연스럽다. 첫인상이 좋다하더라도 마음속에서는 경계와 의심을 멈추지 않는다. 이러한 것이 혈연, 지연, 학연으로 연결되지 않는, 출처 불분명의 여러 사람이 오는 파티에서 우리가 불편해 했던 이유다.

차이점은 '구성원과 문화적 차이'에 있다.

하지만 역설적이게도 이러한 한국인의 성향과 문화적 차이는 서양과는 다른 우리만의 독특한 파티문화와 시장을 만들어내는 데 결정적인 역할을 하였다.

- 모르는 사람에게 먼저 다가가 대화를 신청하기를 두려워한다.
- 누군가 대화를 신청한다 하더라도 경계심을 드러낸다.
- 처음 본 사람들과의 사교보다는 아는 사람과의 사교를 중시하고 좋아한다.
- '파티'의 본질적인 목표인 '사교'와 '비즈니스'그리고 '정보교환'보다는 공연이나 프로그램에 더 관심을 갖는다.
- MC와 같은 누군가가 파티를 이끌어주길 바란다.

파티시 한국인들의 이러한 특징들은 일반인들로 하여금 파티를 만드는 데 어려움을 겪게 만들었다. 기업이나 개인이 파티를 주최한다고 해도 참가자들의 위와 같은 성향 때문에 파티분위기를 이끌어 내는 데 적잖이 힘들어 한다는 것이다.

이러한 연유로 파티를 한국사람에 맞게 기획하고 운영, 관리할 수 있는 사람이 필요하게 되었는데 이것이 바로 파티플래너인 것이다. 다시 말하자면 '파티플래너'라는 직업은 대한민국 특유의 참가자 성향으로 인해 자연스럽게 요구된 신종 직업이 된 것이다.

■ 한국사람들은 아직도 MC 와 같은 진행자가 프로그램을 진행하고 파티를 이끌어주길 바란다.

아무리 멋진 장소에 맛있는 음식, 훌륭한 게스트들과 멋진 공연이 준비되어 있다 하더라도 이러한 한국인의 성향을 잘 파악하고 이에 대한 대책을 마련하지 못하면 성공적으로 파티를 만들어낼 수가 없는 것이다.

'파티플래너'의 출현으로 대한민국의 파티문화는 일대 변혁을 가져오게 되었다. 누구나 기획가능한 천편일률적인 파티에서 한국사람의 특성을 잘 파악해 파티효과를 최대로 끌어올리려는 노력들이 이루어지고 있는 것이다.

대한민국–잔치	← 문화적 차이 →	서양–파티
• 지인과의 친목(참가자 중요) • 타인에 대한 경계심 • 표현의 인색함 • 공연, 프로그램 중시 • 식음 중시 • 리더 필요 • 쉽게 질리는 성향		• 타인과의 사교 • 커뮤니케이션 중시 • 스타일링, 분위기 중시 • 식음은 부수적 요소 • 자발적 참여
• 한국인에 적합한 기획 필요 • 새롭고 창의적인 기획 필요 • 한국인에 적합한 운영 필요		스타일리스트, 무대/공간 연출가가 파티플래너의 역할 수행
파티플래너/파티컨설팅		

3. 대한민국 파티 문화의 형성

90년대	귀국 유학생, 초창기 동호회/동문회
90년대 후반	PC통신, 온라인 커뮤니티
~2004년	홍대클럽, 사교파티업체 태동
~2006년	기업, 단체, 개인 컨설팅 파티 태동, 클럽문화 폭발적 성장
~2008년	컨설팅 파티의 대중화, 다양화, 세분화 / 클럽문화 확대
~2010년	이벤트 산업으로의 확대, 교류 / 클럽문화 쇠퇴 및 회기
2010년~현재	공공성, 사회성확보와 다양한 분야에서의 접목

90년대에 들어서서 유학생들과 몇몇 동호회를 시작으로 '파티'라는 단어를 본격적으로 사용하기 시작했다. 그들은 서양 사람들에겐 생활의 일부인 '파티'의 형식과 스타일을 모방했고 '모르는 사람'과의 사교에도 두려움을 갖지 않았다. 유학생들에겐 어쩌면 자연스러운 일일지도 모르지만 동호회를 중심으로 한 '파티'따라하기는 당시로서는 상당히 이례적이었다. 아무튼 그들은 자신들의 잔치, 행사를 '파티'라 자신있게 칭하면서 정기적으로 주최하기도 했다.

90년대 후반 인터넷이 널리 보급되면서 이른바 커뮤니티 태동시기가 도래한다. PC 통신에 이어 포털 사이트와 커뮤니티 전문 사이트 그리고 채팅사이트 등이 각광받으면서 과거 지인들과의 모임이 대부분이었던 우리는 새로운 사람들과의 커뮤니케이션에 자연스레 적응하게 되었다.

먼저 '파티'라는 단어가 서서히 고개를 들 때 즈음과 맞물리는 커다란 흐름이 있었다. 바로 온-오프라인 모임의 활성화인데 '하이텔', '천리안'등을 필두로 '아이러브스쿨'외 몇몇 커뮤니티에서 찾아볼 수 있다. 채팅과 게시글로 대변되던 초창기 인터넷 문화는 보고 듣는 것에서 그치지 않고 '오프라인 모임'으로 차차 그 중심을 옮겨가기 시작한다. '번개', '정모'등의 모임을 뜻하는 단어들이 생겨나고 모니터와 자판으로 상대와 교감하는 것에서 벗어나 직접 얼굴을 보고 대화하는 것에 점차 익숙해지기 시작한다. 동창모임이나 동일한 관심사를 가진 동호회 등 갖가지 커뮤니티들은 '오프라인'을 보조해 주는 역할로 서서히 변모하기 시작한다. 다양한 커뮤니티들은 예전과는 다른 색다른 형식의 오프라인 모임을 주최하기 시작했고 그 와중에 파티는 자연스럽게 우리 생활 속에 스며들기 시작했다.

■ 유학생, 교포들의 사교파티

동시에 유학생들과 일부 부유층의 사교모임이 '파티'라는 단어로 알려졌고 실제와는 다르게 일부 보기 좋지 않은 모습들이 언론에 보도되면서 우리 머릿속은 '파티'에 대한 부정적인 편견에 사로잡히게 되었다.

파티에 대한 좋지 않은 사례가 뉴스나 신문에 보도되면서 파티는 대중들에게 '퇴폐'와 '럭셔리'라는 단어로 인식되게 된다. 어쨌든 90년대 후반, 다양한 계층에서의 새로운 모임문화에 대한 요구가 생겨났고 이는 '파티'라는 이름으로 서서히 한국인들에게 새겨지게 된다. 대중들의 귀에 '파티'라는 단어를 접하게 된 것은 '유학파'와 흔히 말하는 '가진자'들의 모임이 구전되면서부터다.

한편에서는 '클럽프렌즈'등의 이성간의 사교를 '파티'를 통해 구현하는 업체들이 생겨나기 시작했다.

그리고 2000년대 초 한편의 광고는 젊은이들, 특히 여성들에게 큰 주목을 받았다.

■ 이성과의 매칭을 목적으로 하는 사교파티

캔커피 브랜드의 광고였는데 한 여성 파티플래너가 벨벳으로 치장된 화려한 파티장에서 드레스를 입고 도도한 표정으로 캔커피를 한잔 하는 것이 이 CF의 대략적인 줄거리였다. 어찌보면 그다지 새로울 것이 없는 컨셉이었지만 서서히 들려오는 파티 문화에 대해 궁금해 하던 사람들의 마음에 불을 지핀 CF였던 것이다. CF 하나가 우리나라의 파티문화를 가속시켰다. 물론 CF 덕분에 일반 대중에게는 파티가 접하기 힘든 럭셔리 문화라는 인식을 갖게 하는 데에 기여한 것도 사실이지만 말이다.

하지만 '파티'문화의 올바른 이해와 대중화를 위해 넘어야 할 산은 여전히 많았다. 파티는 소위 '잘사는 사람들끼리 허세부리는 곳'그리고 홍대를 축으로 하는 '클럽'이라는 인식은 여전히 남아 있었다. 또한 파티를 주최할 수 있는 기업이나 개인은 '파티'를 흔히 보아오던 '이벤트'와 구분하지 못했으며 시장이 팽창함에 따라 전문적인 지식과 노하우를 갖지 못한 채 많은 업체들이 우후죽순으로 생겨난 것도 해결해야 할 문제 중 하나였다.

파티에 대한 몰이해와 학술분야에서의 미진함은 완전치 못한 시장에서 경쟁만 가속화시키는 부작용만을 가져왔고 파티업체와 관련업체는 역할과 업종에 대한 정체성의 혼란을 겪게 되었다.

이 시기에 압구정, 강남 혹은 호텔 등지에서 근근이 발생하던 파티가 반대편 지역에선 또다른 형태의 파티로 발전하고 있었는데 그것이 바로 클럽이다.

어쩌다 '클럽=파티'라는 등식이 성립되었는지는 모른다. 하지만 분명한 것은 '파티'라는 단어가 젊은이들에게 세련된 느낌으로 다가서고 호기심을 증폭시키기 때문에 이를 상업적으로 사용하게 되었다는 것이다.

외국인들과 유학생의 전유물 같았던 힙합을 주제로 한 클럽 문화는 가요계 힙합문화를 필두로 이미 확산되고 있었던 것이며 마니아층에서는 이미 클럽에 대한 이해와 상당수준의 음악적 욕구가 있었다.

그것은 홍대에 있는 클럽들에서 '파티'라는 이름으로 분출되었다. 비록 저자가 주장하는 파티의 이유들, 사교, 정보, 쾌락 중 쾌락만을 충족시키는 파티이기는 하지만 클러버들에게는 '클럽=파티'였다.

케이블 방송국에서 방영한 클럽탐방과 가수들의 쇼케이스를 결합시킨 듯한 프로그램이 있었다. 이 방송으로 인해 '부비부비'란 단어가 폭풍처럼 젊은이들을 강타하기 시작하며 홍대는 중흥기를 맞이하게 되었고 강남 호텔클럽 등에서도 홍대클럽과 비슷한 클럽이 생겨나게 된다.

그후 2~3년 동안은 클럽문화의 전성기였다. 부비부비를 내세워 물좋은 클럽에 젊은 남녀가 손쉽게 작업할 수 있다는 소문이 돌고 실상 또한 그러했다. 언론들도 클럽에 많은 관심을 가지고 놀이문화의 변화로서 소개하거나 클럽문화에 대한 비판적인 시각들을 표현하기도 했다. 그러면서 전체적으로는 클럽과 파티를 노출하는 계기가 되었고 젊은이들의 대표문화격으로 클럽문화를 꼽게 되었으니 실로 엄청난 속도의 발전이었던 것이다.

■ 전형적인 클럽파티의 모습

그러나 '럭셔리 문화'와 '클럽문화'로 대변되던 대한민국의 파티문화는 얼마 못가 전환기를 맞이하게 된다. 클럽문화의 쇠퇴와 몇몇 기업의 마케팅 수단으로서의 상업화, 그리고 파티의 대중화를 겪으면서 또 다른 방향성이 제시된 것이다.

(1) 2006년 까지의 대표적인 변화

1) 파티의 상업화

'파티'라는 단어가 젊은이들에게 어필하면서 몇몇 기업이 파티에 관심을 갖기 시작했다. 직접 파티를 주최하지 않는다 하더라도 '파티'라는 단어는 여기저기에서 상업적으로 사용되었다. 문구의 사용뿐 아니라 각종 프로모션 '이벤트'에서도 '이벤트'라는 말 대신 '파티'라는 단어를 사용하게 되었다.

하지만 실질적인 파티를 주최하여 대중들로 하여금 파티라는 행사를 접하게 한 업체는 패션, 명품업체였다. '럭셔리'라는 대중들의 파티에 대한 인식을 활용해 각종 런칭 행사나 프로모션, VIP 초대행사를 스타일링과 패션에 무게를 둔 파티로 승화시키는 데 크게 기여했다. 이렇게 파티라는 행사를 주최하는 기업이 생겨나면서 파티를 대행하는 업체도 당연히 증가하게 된 것이다.

2) 파티의 대중화

클럽파티는 대중들에게 '파티'에 대한 관심을 증폭시켰다. 클럽파티와 다양한 사교 파티가 알려지고 기업에서 주최하는 파티를 경험하면서 '파티'에 대한 관심은 호기심을 넘어 직접 파티를 만들거나 파티업체를 창업하거나 혹은 파티플래너가 되기 위해 노력하는 행위로 발전되었다.

각 포털, 커뮤니티 사이트의 '파티'관련 클럽, 까페는 그 수를 헤아릴 수 없을 정도로 많아졌다.

더 이상 파티는 홍대 클럽, 패션, 명품 업체, 그리고 파티업체와 파티플래너만이 만들 수 있고, '유학생', '가진자'들만이 참석할 수 있는 곳에서 누구나 마음만 먹으면 만들거나 참여할 수 있는 문화공간이 되었다.

홍대를 필두로 한 클럽파티에 변화가 생겼다. 여기저기서 너나 할 것 없이 모두 '파티'라는 문구를 앞세워 젊은이들을 유혹하려 했으나 한계가 드러났다. 그들이 말하는 진정한 클러버의 수는 줄고 이성이나 어떻게 좀 해보려는 하이에나들만 들끓기 시작했다. 결정적으로 파티라는 단어를 내세웠지만 이미 머리가 커질 만큼 커진 고객들을 허울뿐인 파티로 잡기엔 역부족이었기에 자연 도태되게 되었다. 현재 소수의 클럽을 제외하고는 대다수의 클럽이 재정적으로 어려움을 겪고 있는 것이 사실이다. 가보신 분들은 알겠지만 클럽데이의 영향력도 예전만 못하거니와 수많은 클럽의 생성으로 공급과잉 상태다. 클럽에서 자신의 음악과 춤에 대한 욕구를 채우던 클러버들은 서서히 특성화된 클럽으로 옮겨가기 시작했다. 현재 홍대의 클럽문화는 시련의 시기를 겪고 있는 동시에 다양성의 시대로 접어들고 있다.

■ 자신들만의 개성 있고 독특한 분위기와 장르로 승부하는 소규모 클럽들이 다시 생겨나고 있다.

최근에는 홍대 클럽의 옛 모습이 다시 나타나고 있다. 음악적 장르의 다양함과 사람들과 교감하는 방식의 다원화가 눈에 띄는데 이는 힙합이 홍대를 강타하기 이전의 문화로의 회기를 말한다. 어떠한 문화든지 일률적인 것은 언젠가 쇠퇴하기 마련이다. 특성, 개성 있는 문화가 모여 하나의 문화군을 형성하는 것이다.

우리나라 고유의 멋과 아름다움을 강조하는 대신 여기저기 분수대만 만들고 대리석을 깔면 사람들도 좋아라 하고, 외국인도 많이 찾을 거라 생각하는 우매함과 다를 바 없다. 홍대를 비롯한 클럽문화는 다시 살 길을 모색하고 있다.

한편 기업의 측면에서 파티는 양질의 성과를 가져왔다. 송년, 창립기념행사 등 내부결속을 다지고 수고한 임직원을 포상하고 격려하는 사내파티와 런칭, 쇼케이스, VIP 초청 등 고객과의 만남으로 효과적인 홍보를 노리는 사외파티가 급격히 증가하였다.

기존의 미디어를 활용한 홍보 마케팅에서 이벤트성의 오프라인 마케팅으로 눈길을 돌린지 불과 몇 년만의 일이다.

이벤트적인 요소보다 '파티'적인 요소가 제품을 홍보하고 이미지를 확립하는 데 더 효과적이라는 인식이 보편화되면서 '파티스러운'이벤트에서 진정한 파티마케팅으로의 전이가 일어나고 있는 셈이다.

9시 뉴스, 시청률이 높은 인기 드라마, 축구 한일전과 같은 스포츠 중계 앞에 광고를 편성하면 확실한 매출증대 효과를 보던 시절이 있었다. 물론 지금도 가장 강력한 홍보 채널임에는 틀림없으나 예전에 비해 홍보 루트가 다원화되고 있고 이러한 추세는 더욱 탄력을 받을 것이다. 홍보 수단이 미디어, 언론에 집중되어 있었던 과거와 달리 다양한 경로로 PR이 가능하게 된 것은 역시 정보 통신의 발달 때문이다. 인터넷과 케이블 등으로 인해 보고싶은 프로그램을 위해 시간맞춰 TV 앞에 앉아야 하는 수고가 없어졌기 때문이다. 다시보기 서비스를 이용하거나 몇 분 안에 다운로드를 받아 볼 수도 있고 일반인 BJ가 방송하는 곳을 찾아볼 수도 있다. 상황이 이렇다보니 TV, 라디오, 신문광고가 능사가 아니라는 인식이 일반화되고 있다. 따라서 거액의 광고료를 지불할 능력이 없다면 인터넷 광고나 커뮤니티를 활용해 비용을 절약하는 동시에 쏠쏠한 효과를 보려는 움직임이 확산되고 있는 것이다.

이러한 인터넷을 통한 홍보와 오프라인 행사를 통한 프로모션 활동도 점차 확대될 것이다. 아직까지는 광고효과를 확실히 수치화할 수 없기 때문에 기업이나 단체에서 효과를 의심하기도 하지만 명확한 피드백을 산출할 근거자료를 얻는 데 더 많은 연구가 이루어진다면 오프라인 프로모션행사가 여타 광고보다 효과적이라는 것을 입증하는 날도 그리 멀지 않았다.

그 중 파티는 앞서 이야기한 것처럼 이벤트에 비해 더욱 직접적이고 정확한 타깃팅이 이루어지며 인터넷을 기본으로 활용하기 때문에 2차적 홍보의 효과가 탁월하다. 또한 더 많은 감각과 긍정적인 이지미 형성에 도움이 되며 마니아화시키는 데 더욱 효과적인 도구다.

이제 파티가 효과적이고 장기적인 홍보, 마케팅, 프로모션 툴로서 자리잡기 위해 본격적으로 노력을 기울여야 할 때다.

2010년 현재 파티의 흐름은 '파티'에서 멈추지 않고 있다. 몇몇 대학의 학과 또는 과목으로 인정받으며 학술적으로 그 체계를 갖추어가고 있을 뿐만 아니라 이벤트 산업과 연계되면서 그 규모와 종류가 확대되고 있다. 기업, 단체, 개인의 내부, 외부 행사에서부터 이벤트의 텃밭이라고 할 수 있는 '축제', '공공기관 행사'등에 파티요소들이 접목되면서 '파티'와 '이벤트'간의 벽은 서서히 허물어지고 있다.

파티 공간 또한 급속하게 세련화, 다양화되는 추세여서 파티를 할 만한 장소가 없다는 말은 무색해져 버렸다.

이렇게 지금의 파티문화는 이벤트 산업과의 교류와 파티 공간의 발전, 그리고 클럽문화의 회기로 표현할 수 있으며 이는 더욱 가속화될 것이 분명해 보인다.

앞으로 대한민국의 파티문화는 산재되어 있는 과제를 해결해 나가야 한다. 파티가 가지고 있는 기존의 부정적인 인식을 완벽하게 타파하고 기업과 단체, 개인의 목적을 달성하기 위한 효과적인 도구로서의 위치를 확고히 해야 한다. 또한 공공성과 사회성에 대해 진지하게 고민할 때가 되었다.

건전한 문화 형성, 관련 경제 분야의 성장과 함께 사회에 기여하는 사회산업의 한 분야로 거듭나야 할 것이다.

■ 공공기관의 행사는 꾸준히 늘고 있다. 공기관의 파티에 부정적시각을 가졌던 이들도 파티의 효과를 경험하고는 공공기관 파티에 대한 인식을 바꾸고 있다. 한국문화예술위원회 파티현장(이미지1,2)와 한국영화진흥위원회 파티현장(이미지3,4).한국문화예술교육진흥원 파티현장(이미지5,6)

(2) 2010년 이후 파티문화의 변화

다원화는 정치, 사회, 경제, 문화 전반의 거부할 수 없는 흐름이다.

이런 흐름은 파티에도 동일하게 적용되고 있으며 그 변화의 속도는 어떤 분야보다 빠르다.

2015년까지 파티업체와 교육이 얼마나 시대적 흐름에 적절히 대응하느냐에 따라 파티의 미래가 달렸다고 본다. 아래와 같은 변화와 발전이 지속된다면 파티는 하나의 학문과 산업 분야로 그 위치를 공고히 할 수 있는 반면 그렇지 못하다면 이벤트 산업의 변종으로서 유흥과 놀이문화의 대안 정도로만 그 한계가 설정되어 충분히 대우받지 못할 것이다.

변화와 흐름에 대한 인식과 적응은 파티를 사랑하는 모든 이가 함께 노력해야 하는 것이다.

1) 지인중심 사교에서 타인과의 사교로

한국인의 인간관계의 특성 중 하나가 바로 지인과의 사교였다. 간단한 길을 묻는 것조차 힘겨워하는 '우리'들을 보면서 깊숙이 자리잡은 타인에 대한 이유 없는 불안감이 전반적인 실생활에 영향을 주고 있다는 생각에 씁쓸함마저 느껴진다.

어떠한 자리인가보다 그 자리에 누가 있냐가 중요했던 시절이 있었다. 주변과의 친목과 사교가 더욱 중요하게 느껴졌기 때문인데 알고 있는 사람이나, 그래도 적어도 나와 공통점이 하나라도 있는 사람이 서로에게 도움을 줄 수 있고 배신하지 않을 것이란 막연한 믿음에서 비롯된다.

하지만 교통과 통신의 발달로 지인과 타인의 관계가 허물어지기 시작했다. 해외에 다녀오는 것은 이제 자랑거리가 아니고 낯선 사람에게 호기심을 갖는 것이 점점 즐거운 때가 온 것이다. 특히 인터넷과 그로 인한 커뮤니티의 발달은 학연, 지연, 혈연 중심의 인간관계에 커다란 변혁을 가져왔다. 공통의 관심사 하나만 있어도 같은 지역, 학교 친구 또는 친척보다 더 가까워지고 친해질 수 있으니 말이다.

이제 새로운 인간관계의 형성이 화두다. 사람이 재산이라는 말은 공감대 형성을 넘어 현대 사회의 필수가 되었다. 다양한 직군, 다양한 출신, 다양한 성향을 가진 사람과 거리낌 없이 사교하면서 타인과 나의 공통점과 차이점을 인식하게 되고 서로에게서 배우며, 함께 사는 세상을 꿈꿀 것이다.

파티는 남녀, 성별, 장애인과 비장애인, 노소를 떠나 확대된 인간관계 형성과 '새로운 이웃 만들기'에 커다란 힘이 되어 줄 것이다.

2) 온라인 커뮤니티와의 연계 강화

파티는 근본적으로 오프라인이라는 특성을 가지고 있는 것이 사실이다. 하지만 이벤트와는 달리 온라인과 상당히 밀접하고 상호의존적인 관계를 가지고 있다.

홍보와 집객은 거의 온라인상에서 실시되며 온라인 이벤트, 신청을 통해 선정, 추첨된다. 유료입장 파티의 경우 또한 온라인상의 입금을 통해 참가자 모객이 이루어진다.

■ 파티의 집객은 커뮤니티에서 이루어지는 경우가 많다. 관련커뮤니티에 홍보되고 있는 사진

파티가 끝난 후에도 온라인상의 파티콘텐츠의 재배포와 사후 홍보까지 이루어지니 파티에게 있어 온라인과 오프라인은 모두 중요한 의미를 지니고 있는 것이다.

상황이 이렇다보니 온라인에서 사람들이 모여있는 곳은 주목받을 수밖에 없는 것이다. 그 중 하나 이상의 공통점, 동질감을 가진 사람들이 모여 있는 '커뮤니티'는 파티의 대상이자 소비자인 것이다. 커뮤니티에 대한 이해와 친근함이 없다면 파티를 제작, 진행하는 데 적지 않은 어려움이 따를 것이며 앞으로 더욱 심해질 것이 확실하다.

파티와 온라인의 관계

파티와 온라인은 밀접한 연관이 있으며 파티의 시작과 진행 그리고 끝까지 온라인과 함께 한다고 볼 수 있다. 파티의 정의 '파티는 사교와 온-오프 비즈니스의 장이다'중 '온-오프'라는 단어를 삽입한 것은 그만한 이유가 있기 때문이다.

먼저 파티의 제작과정을 살펴보면 기획과정이 끝난 후 파티 전 운영에서 온라인에 파티 공지와 홍보(집객)가 이루어지고 때에 따라 파티진행시 무선인터넷을 활용해 프로그램을 진행하기도 한다. 마지막으로 파티 콘텐츠들을 활용해 2차 홍보와 노출이 이루어진다.

파티의 홍보(집객)와 진행시 프로그램, 그리고 사후 홍보(노출)는 각종 뉴미디어와 온라인 매체를 통해 이루어지며 그 도구들은 다음과 같다.

파티 전	파티시	파티 후
1. 포털사이트 1) 키워드광고 2) 검색 - 블로그 또는 미니홈피 - 카페 또는 클럽 - 동영상 - 이미지 - 사이트 - 웹문서 등 2. SNS 페이스북 트위터 카톡 등 3. Mobile 위 세 가지 tool 동시 연동	스마트 폰(mobile)을 활용한 프로그램	1. 포털사이트 1) 키워드광고 2) 검색 - 블로그 또는 미니홈피 - 카페 또는 클럽 - 동영상 - 이미지 - 사이트 - 웹문서 등 2. SNS 페이스북 트위터 카톡 등 3. Mobile 위 세 가지 tool 동시 연동

파티에 참석한 참가자들만을 만족시키는 파티는 엄밀히 말해 성공적인 파티가 아니다.

온-오프라인을 넘나들며 유기적이고 역동적으로 파티가 진행되어 파티 참가자들은 물론이고 참가하지 못한 사람들에게도 파티효과가 잘 전달되어야만 진정한 성공이라고 할 수 있는 것이다.

3) 다양한 테마와 다양한 목적

'파티의 효과'는 검증되었다. 이제 이런 효과를 얼마나 다양한 분야와 접목시켜 목적을 달성할 것이냐가 관건이다. chapter 4 '파티의 분류, 종류'에서 알아보겠지만 와인파티니, 댄스파티니 하는 테마에서 벗어나 목적과 대상에 따른 종류로 정립되었다. 이제 목적과 대상을 넓히는 작업이 남았고 현재 활발히 논의, 진행되고 있다.

이제 파티하면 젊고 멋진 사람들이 참가하는 것이라고 생각하는 것은 구시대적 발상이다. 그 대상이 동성애자일 수도 있고 장애인일 수도 있으며 노인일 수도 있다. 이제 파티의 대상은 인류 전체이며 대상이 확대됨에 따라 그 테마 또한 연구되고 계발되어 성역없는 다양성으로 표출될 것이다.

4) 인식의 변화로 인한 다양한 의뢰, 주최자

파티의 주최는 여지껏 파티가 주는 이미지와 연관이 있었다. 화려함과 가진 자들의 모임이라는 잘못된 인식들은 파티를 만들려는 사람들까지도 정형화시켜버렸다. 패션, 금융, 외국계 회사들의 전유물처럼 여겨지는 시절도 있었다. 하지만 불과 3~4년 만에 파티는 대중문화로서 많은 성장을 가져왔다. 참가자들의 연령, 성향, 직업 등도 대중화되있지만 무엇보다 파티를 주최하고자 하는 개인, 기업, 단체들의 대중화가 눈에 띈다.

누구나 주최할 수 있고 누구나 참가할 수 있는 것이 파티다. 주최와 목적에 따라 기획을 하는 것은 플래너의 몫이다.

파티는 화려함의 문화, 가진 자만의 문화에서 대중문화로 확대되는 길목에 서있다.

5) 파격적인 장소와 형식

테마와 장소의 관계는 다른 파티요소에 비해 가장 밀접하다고 할 수 있다. 공간이 주는 느낌과 사용가능한 수단들이 파티를 기획함에 있어 여러 가지 변수를 제공하기도 하고 도움을 주기도 하기 때문이다.

불과 몇 년 전만 하더라도 파티를 할 수 있는 공간은 극히 제한적이었다. 호텔, 컨벤션홀 등 일률적으로 구성되어 있는 공간이 대부분이었기 때문에 기획된 내용을 파티공간에 적용하는 것이 여간 힘든 게 아니었다. 그래서 파티기획시 테마설정에 앞서 공간을 먼저 찾고 그에 따라 기획이 이루어지는, 웃지 못할 추억도 있다.

하지만 현재 파티공간의 양과 질은 수년 전과 비교할 수 없을 만큼 양호한 상태다. 파티의 목적과 테마에 따라 알맞은 파티공간을 찾는 것이 예전보다 훨씬 수월할 뿐아니라 일반적으로 파티를 할 수 있는 공간부터 전혀 예상치 못했던 공간까지 파티공간으로서 그 역할을 충분히 할 수 있다는 공감대가 형성되어 있다.

■ 으스스한 분위기의 테마 술집 '저승'. 기획한 테마에 부합한다면 장소를 가릴 필요가 없다

갤러리, 옥상, 주차장 등의 공

간이 그것인데 의외로 파티의 특성들과 조화를 이루어 멋진 파티가 만들어질 때도 있다.

장소뿐만 아니라 테마와 그에 따른 형식도 천차만별이다. 식순이라는 정해진 틀을 벗어나는 것 또한 파티의 매력이지만 그래도 어느 정도의 합리적인 순서는 있기 마련이었다. 하지만 지금의 파티는 예상 밖의 형식을 지니고 있거나 아예 형식 자체가 없는 경우도 있을 정도로 더 이상 '형식'은 오프라인 행사의 필수적인 요소가 아니라고 보는 경향이 두드러진다.

6) 공공성으로의 확대

파티의 범위는 기존의 개인, 기업주최의 파티에서 점차 규모가 큰 공공이벤트로의 접목이 시도되고 있다. 이벤트 산업의 텃밭이었다고 할 수 있는 지방자치제의 공공이벤트, 사회봉사단체의 이벤트, 지역축제, 학교행사 분야는 획일화된 기획과 운영 그리고 시류에 부응하지 못하는 관리정책으로 새로운 길을 모색하는 시점에 와 있다. 물론 최대한 많은 사람에게 효율적으로 정보와 재화를 전달하기 위해서 이벤트라는 수단이 여전히 효과적인 것은 사실이다. 하지만 문화의 흐름을 보다 신속하고 신선하게 투영시킬 수 있는 '파티'라는 도구 또한 그 영향력이 확대될 수밖에 없는 것이다.

따라서 앞으로 많은 이벤트의 분야들이 파티의 특성과 장점을 접목시키려 할 것이며 이에 파티는 전략적이고 능동적으로 대응하여 이벤트분야가 잠식했던 시장에서 공생의 길을 찾아야 할 것이다.

파티와 기부의 궁합

5년 전 각막기증을 위한 파티가 성공적으로 마무리 된 이후 다양한 방식으로 기부와 파티의 접목을 시도해왔다. 언뜻 보기에는 잘 어울릴 것 같지 않지만 파티의 장점을 최대한 살려 기부에 대한 인식의 전환을 가져오면 의외로 잘 맞아떨어지는 조합이다.

이벤트와 파티의 차이점에서 논했던 바와 같이 파티는 오감과 제3의 감각, 감정을 자극하여 긍정적인 이미지를 심어주는 효과를 가지고 있다. 무턱대고 '이러이러하니 기부하라'라는 식으로 접근하기보다는 파티의 요소들을 적절히 배치, 조화시켜 기부를 하기 좋은 환경을 제공하는 것이 중요하다. 스타일링, 음악, 영상, 프로그램 등의 요소들을 활용하여 기부에 대한 마인드가 오픈되도록 유도하기에 파티는 기부문화 확산을 위한 효과적인 도구가 될 수 있다.

연말이 되면 사회 봉사 단체 등의 기부금 마련 파티가 열린다. fund-raising party라고 불리는 이러한 파티문화는 몇몇 가진 자만의 행사가 아닌 사회 구성원 모두가 참여할 수 있고 참여해야 하는 시대적 요구이며 이를 위해 파티업체와 기획자는 더욱 다양한 기부활동 방안을 모색해야 한다.

파티를 통한 기부 기증 사례

1. 파티테마: 로하스
2. 관련 프로그램: 각막기증
3. 결과: 1시간 만에 50여 명이 각막기증에 동참. 기증신청, 서류작성

1. 파티테마: 월드컵파티
2. 관련 프로그램: 아프리카 난민 기금 및 교육 후원금 마련 프로그램
3. 결과: 참가자들이 모은 기금을 관련 기관에 전달

1. 파티테마: 울지마톤즈
2. 관련 프로그램: 톤즈마을에 전달할 기부금 마련 프로그램
3. 결과: 이태석 신부님 재단에 전달

Chapter 3

대한민국의 파티시장

초창기 파티 회사들은 자신들만의 커뮤니티를 기반으로 정기적인 파티를 개최하였고 게스트들의 파티 참가비, 스폰서링, 공동 프로모션 등을 통해 수익을 창출하였다.

당시에는 파티에 대한 이해도가 낮아 의뢰하는 기업, 개인, 단체의 수가 적었기 때문에 참가자들의 비용으로 수익을 창출하는 구조가 일반적이었다. 따라서 사람들을 모으는 능력이 업체의 성장을 가늠하는 잣대가 되었고 원활한 집객을 위해 인터넷을 활용한 커뮤니티 만들기에 회사의 역량이 집중되던 시대였다.

이러한 초창기 파티는 제휴, 후원, 협찬 등을 통해 기업에게 프로모션의 도구로 인식되기 시작하였다. 외국계, 패션기업을 필두로 고객을 초청해 홍보, 프로모션을 목적으로 하는 파티가 점차 늘어나게 되었다.

기업의 참여는 파티 시장의 비약적 증가를 의미했다. 간헐적으로 이루어지던 파티는 2004년 이후 확연히 그 수가 증가했고 신사업으로 인정받아 관련업체도 동반 성장하게 된다.

이후 국내 파티시장은 성장기를 넘어 성숙기에 접어들었다. 1990년도만 해도 파티라는 단어 자체가 생소하여 일반인들에게 낯선 이벤트로 다가갔지만, 이제는 일반인들은 물론 기업들까지도 기존의 식상한 이벤트를 탈피하고 재미와 사교를 동시에 즐길 수 있는 파티이벤트를 선호하고 있다. 이후 국내 파티시장은 꾸준한 성장세를 보이고 있으며 점점 대형화, 다양화, 세부화되어갔다.

파티는 현대사회의 각박함 속에 오아시스와 같은 문화생활로 자리 잡으며 '인맥'과 '사교'의 중요성이 부각되고 있는 사회상에 부합하는 행사이고, 이 밖에도 기업의 홍보의 다각화와 고객관리의 방법으로 파티는 각광받았다.

시장은 커졌고 너도나도 파티관련 산업에 뛰어들었다. 파티플래너가 되고 싶어 하는 학생이 줄을 이었고 아카데미를 운영하는 회사도 증가하게 된다. 하지만 이러한 중흥기는 얼마 가지 못했다. 파티플래너와 파티 업체의 기획력은 기존 이벤트 회사와 다를 것이 없었고 따라서 파티에 대한 일반인들의 이해도 또한 별다른 진전이 없었다. 엎친 데 덮친 격으로 경기가 불황으로 빠져들면서 경쟁력이 없는 업체들은 하나둘씩 문을 닫게 되었다.

2010년도에 들어 파티 시장은 다시 안정감을 찾아가고 있다. 뭣모르고 만들어졌던 업체들이 사라지고 불황을 견뎌낸 몇몇 파티기획, 대행사만이 자리를 지키고 있다. 2007년 국내 최초의 파티, 파티플래너 관련 전문 서적인 '파티&파티플래너'(눈과

마음) 가 출판된 이후 많은 파티관련 서적이 줄을 이었다. 이제 파티플래너 서로간의 집필을 통한 커뮤니케이션으로 학술적인 공감대가 형성된 상태다. 불과 3년 만에 어느 정도 체계화, 구조화된 것이다.

파티시장은 자정능력을 통해 스스로 진화하고 있다. 이제 다시 새로운 동력을 바탕으로 성장할 일이 남은 것이다.

5년 이상 꾸준히 파티를 제작하고 있는 파티기획 업체 수는 10곳 남짓하다. 하지만 관련 업체들까지 하면 그 수가 폭발적으로 증가하게 되는데 문제는 어디까지가 파티관련 업종이고 어디까지가 흔히 말하는 파티업체인가 하는 것이다. 파티 관련 업체는 크게 총괄 대행업체와 부분대행 업체로 나누어진다.

총괄대행 업체는 파티의 종류와 분류에 따라 크게 기업 및 단체 컨설팅, 개인컨설팅, 그리고 자체 파티 제작 회사로 나뉜다. 부분대행업체는 케이터링, 스타일링, 공간 업체로 나뉘며 대여, 쇼핑몰 등을 합하면 그 수를 이루 헤아리기 힘들다. '파티'가 가져다 주는 젊고 역동적이며 세련된 이미지는 많은 산업군이 관심 있어 하기 때문에 연관업체는 앞으로도 늘어날 전망이다.

이 밖에 파티기획, 대행사뿐만 아니라 관련업체에서도 파티플래너에 대한 요구가 증가하고 있는데, 이는 파티와 시장에 대한 정확한 이해와 기획력을 활용한 마케팅의 필요성을 실감하고 있다는 반증이다. 이벤트 산업으로의 잠식과 교류가 동시에 더욱 활성화된다면 파티시장은 더 이상 '파티'만의 시장으로 구분할 수 없을지도 모른다.

구분	내용
총괄대행	기업, 국가, 학교 및 각종 단체 행사 전문
	개인(프라이빗, 키즈, 가족) 행사 전문
	자체 기획 파티 진행
부분대행	케이터링: 출장뷔페, 파티케이터링
	스타일링: 꽃, 풍선, 공간, 푸드
판매, 대여	공간, 용품, 시스템 등
기타	파티와 이벤트를 모두 소화하는 업체

1. 파티 총괄대행사

파티 기획부터 운영 관리까지 파티를 총괄 대행한다.

(1) 기업, 국가, 학교 및 각종 단체 행사 전문

기업의 컨설팅은 파티의 전통적인 시장이며 국가, 지방자치, 학교 등의 컨설팅은 현저하게 성장하였다.

✠ 주요 파티총괄대행사

- ㈜리얼플랜 r-plan.co.kr
- ㈜파티센타 partycenter.co.kr
- 네오파티 neoparty.co.kr

(2) 개인(프라이빗, 키즈, 가족) 행사 전문

키즈, 환갑, 프로포즈, 지인(동창, 동호회 등)들과 함께 하는 파티 등을 제작한다. 스타일링, 케이터링을 전문적으로 겸하는 경우가 많다.

최근에는 파티 스타일의 결혼식에 대한 수요가 급증함에 따라 파티웨딩 업체 수가 비약적으로 증가하였다.

✠ 글림오클락 gleamoclock.com

글림오클락은 리얼플랜의 프라이빗파티 전문 브랜드로서 젊고, 트렌디한 감성을 지닌 다양한 분야의 디자이너가 모여 스토리가 담긴 세상에 단 하나뿐인 파티를 선사한다.

키즈파티 시장의 현재와 미래

몇 년 전 드라마에서 키즈파티플래너라는 직업이 소개되면서 키즈파티 시장은 순식간에 과잉 경쟁 시장이 되어버렸다. 별다른 기획력 없이도 진행이 가능하다는 점과 소자본으로 창업할 수 있다는 점 때문에 많은 관심을 받게 되었다. 대개 아이가 학교에 갈 정도의 나이가 되어 자기 시간이 생긴 30~40대 주부와 아기자기한 행사를 좋아하는 분들에 의해 창업열풍이 불었고 지금은 수요자에 비해 공급 과잉 현상을 띠고 있는 것이 사실이다.

키즈파티 시장은 크게 돌파티와 생일파티로 나뉘는데 이 중 가장 큰 비중을 차지하는 것은 돌잔치다. 요즘 같은 저출산 시대에 이 많은 키즈파티 업체들의 일감이 얼마나 되는지 의심 안 할 수 없다. 게다가 서울을 중심으로 돌파티를 지양하는 움직임(주변에게 부담을 준다는 생각이 일반화되고 있다)들은 키즈파티업체에게 큰 타격을 줄 수밖에 없다. 상황이 이렇다 보니 많은 키즈파티 업체들이 대여(돌상 등)와 소품 판매 사업으로 업종을 변경하고 있는 실정이다.

이러한 흐름을 이겨낼 수 있는 방법은 간단하다.

1. 기획이 답이다.
2. 프리미엄 시장을 공략하라.

별다른 기획력이 필요 없을 것 같아 시작했지만 살아남을 수 있는 것은 역시 기획력이다.

다른 업체와의 차별성만이 피튀기는 과잉공급 시장에서 이길 수 있는 카드인 것이다. 뻔한 돌잔치에 스타일링만 조금 가미했다고 해서 돌파티라 하지 않길 바란다. 결혼식문화가 바뀌듯 돌잔치 문화도 주최와 참가자, 참가자와 참가자간의 사교없이는 기피하고 싶은 행사일 뿐이다.

참신한 기획으로 하나뿐인 기획을 할 수 있을 때 돌파티 시장에서 빛날 것이고 프리미엄 고객의 의뢰에 답할 수 있을 것이다.

(3) 자체 기획 파티 진행

자체적으로 파티를 기획, 주최하며 참가비, 협찬 등을 통해 이익을 창출한다.

참가자들의 참가비로 진행되는 커뮤니티파티와 기업 또는 단체와 공동으로 주최하는 코프로모션파티를 제작한다.

오늘을 얼마나 기다렸는가
REALPARTIZEN 1st PARTY
FOREVER REALPARTIZEN
리파의 추억

리얼파티즌의
초대하는 매직과 패즈의 세계!
리파
1주년파티
10월1일부터 입금접수
일시 ● 10월 8일 토요일 7시
장소 ● 신촌 서강대 동문회관 스카이라운지 '이니고'

NEVER ENDING
REPA STORY
NEVER ENDING REPA STORY #1
NEVER ENDING REPA STORY #2
NEVER ENDING REPA STORY #3
NEVER ENDING REPA STORY #4

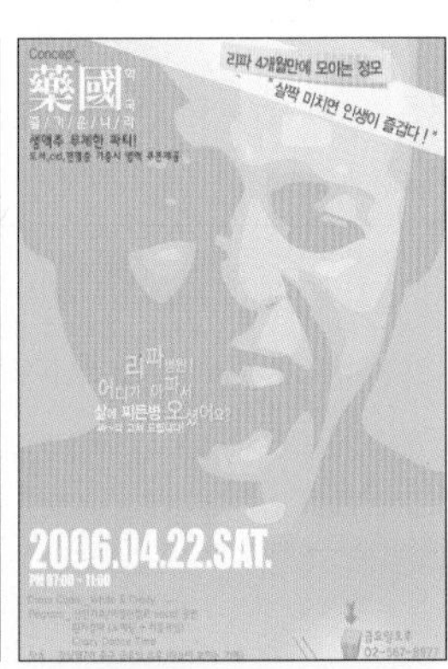
Concept
藥國
리파 4개월만에 모이는 정모
"살짝 미치면 인생이 즐겁다!"
2006.04.22.SAT.

2006.06.02.FRI.Michelangelo
REPA+
미켈란젤로 쇼케이스
리파+
5번째 파티
FREE BIRD

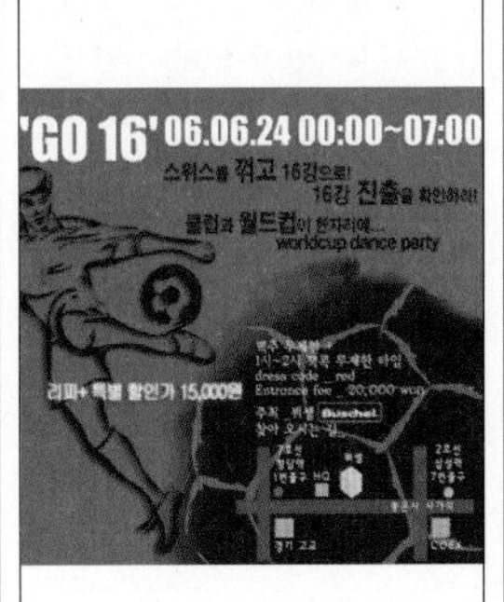
'GO 16' 06.06.24 00:00~07:00
스위스를 꺾고 16강으로!
16강 진출을 확인하라!
클럽과 월드컵이 만지하에..
worldcup dance party
리파+ 특별 할인가 15,000원

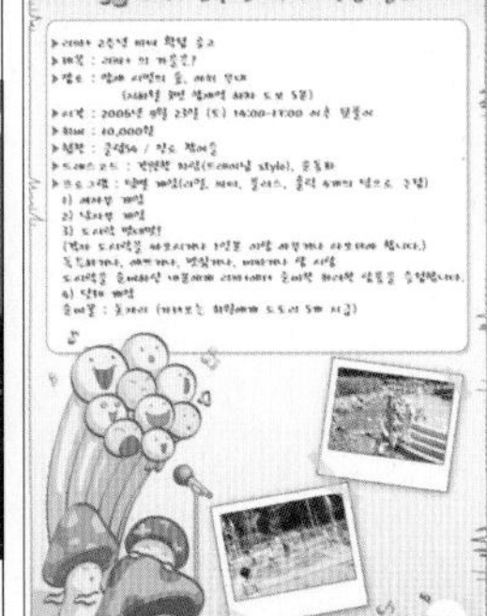
리파+ 2주년 파티 확정 공고

Talk!
신나는 리파+ 송년파티!!
2006.12.2 (토) 20:00~23:30
서강대 동문회관 스카이라운지 '이니고'
club 54

리파+ 9th
Original
PaJaMas
Party
RePa
Plus

REPA
리파+ 10th
Original
Pajamas
Party
리파+ 10번째
오리지널~
파자마 파티
일시 : 2007. 06. 23. 토요일
PM 7시 ~ 11시
회비 : 2만원

한여름에 즐기는 시원한 파자마 X-mas!
The last pajamas
X-mas
일 시 : 7월 21일 (토)
PM 7:00 ~ 11:00
장 소 : 바비엥스위트
회 비 : 2만원
준비물 : 파자마 (필수!)
식 음 : 아이스 샹그리아,
눈꽃송이 파나페,
주동프 핑거푸드 등
계 좌 : 신한> 이우용
37904433738
REPA+

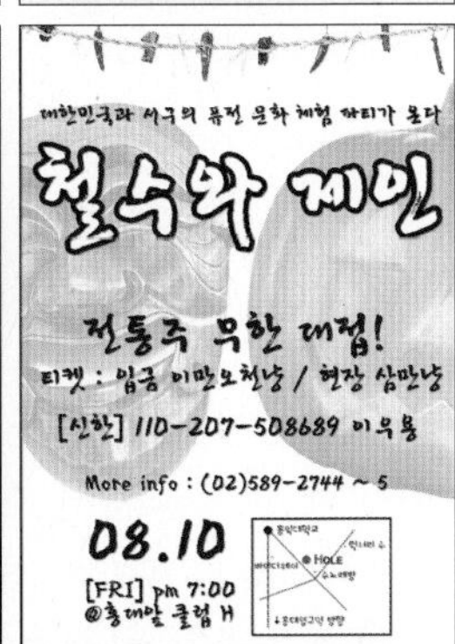
대한민국과 서구의 퓨전 문화 체험 파티가 온다
철수와 제인
전통주 무한 대접!
티켓 : 입금 이만오천냥 / 현장 삼만냥
[신한] 110-207-508689 이우용
More info : (02)589-2744 ~ 5
08.10
[FRI] pm 7:00
@홍대앞 클럽 H

리파본색
★Program★
Old-fasioned REPA game
Hit the Song
Congratulation REPA
REPA club dance
Free dance
★ 일시 : 2007. 9. 29 (토) 19:00~22:30
★ 장소 : 홍대 달리잇
★ 드레스코드 : 복고 & 빈티지
★ 예매 : 25,000원
★ 현매 : 30,000원
★ 계좌 : 김수희

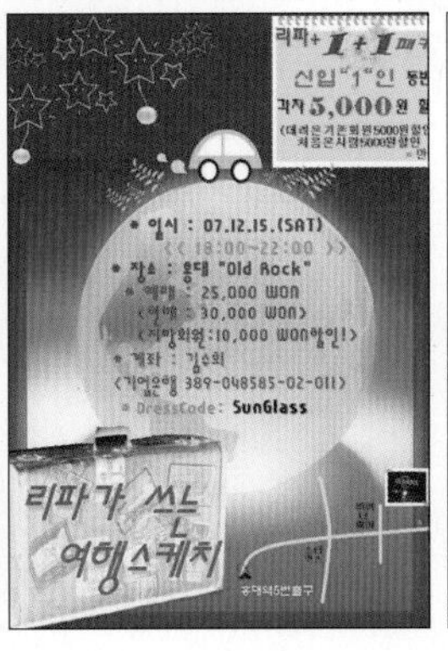
리파+ 1+1 파티
신입"1"인 동반
각자 5,000원 할
• 일시 : 07.12.15.(SAT)
(18:00~22:00)
• 장소 : 홍대 "Old Rock"
• 예매 : 25,000 WON
(현매 : 30,000 WON)
• 계좌 : 김수희
• DressCode: SunGlass
리파가 쓰는 여행스케치

리파+ 11번째 파티 '총각네 고기파티'
내가 너희를
배부르게 하리라
일시: 4월 26일 (토) 저녁 7시~
회비: 15,000원 (고기, 소주 무제한)
프로그램

Wine Miracle
Party Main Event
와인 무제한 시음
미니 와인 스쿨
프러포즈
재즈 공연
Party Infomation
일시 2008. 11. 22. 토요일 pm 20:00~23:00
장소 압구정 (La vigne)
La Vigne Wine Party - Wine Miracle

■ 리얼플랜과 리파+가 제작한 다양한 자체파티들

불과 4~5년 전만 해도 자체파티를 기획하여 일반인이 자유롭게 사교할 수 있는 파티를 제작하는 업체가 많았으나 현재는 거의 찾아볼 수 없는 실정이다.

자체제작파티는 참가자들의 회비로 운영되기 때문에 집객이 파티 성패를 좌우한다. 따라서 집객을 위한 확실한 계획과 루트가 없으면 자체파티를 개최하기는 쉬운 일이 아니다.

* (주)리얼플랜의 경우 국내 최다 파티커뮤니티(리파+)를 2004년 이래 직접 운영하며 수많은 자체파티를 제작해왔으며 2014년 10주년을 맞이해 기념파티를 준비중이다.

2. 파티 부분대행사

파티 구성요소 중 하나 또는 몇 가지만을 대행한다.

(1) 케이터링: 식음과 관련된 사항을 대행한다

- 출장뷔페: 호텔과 출장업체로 나뉜다.
- 파티케이터링: 푸드스타일리스트(Food stylist)와 같은 개인이 대행하기도 하고 파티기획, 대행사에 속해 있는 팀이 맡기도 한다. 최근엔 호텔과 출장업체도 파티케이터링 사업에 진출하고 있다.

■ 파티 음식은 단순 먹거리를 넘어 하나의 예술로 평가받기도 한다. <(주)리얼플랜 케이터링 서비스>

(2) 스타일링: 파티공간을 꾸미는 일을 대행한다

- 꽃: 플로리스트(Florist)와 같은 개인이 대행하기도 하고 파티기획, 대행사에 속해 있는 팀이 맡기도 한다.
- 풍선: 벌룬아티스트(Balloon artist)와 같은 개인이 대행하기도 하고 파티기획, 대행사에 속해 있는 팀이 맡기도 한다.

- 공간스타일링: 테마와 장소에 맞는 다양한 재료를 활용하여 스타일링한다. 스타일리스트(Stylist)라고 부르기도 하나 스타일리스트라는 단어가 워낙 다양한 분야에서 사용되고 있으니 혼동하지 말아야 한다.
- 푸드스타일링: 파티케이터링 업체와 혼용되는 개념으로 사용하며, 푸드스타일리스트(Food stylist)와 같은 개인이 대행하기도 하고 파티기획, 대행사에 속해 있는 팀이 맡기도 한다.

3. 판매, 대여

파티용품부터 파티 제작에 필요한 시스템까지 광범위하게 판매, 대여사업이 이루어지고 있다.

특히 공간대여 부분은 파티전문 공간뿐만 아니라 일반 까페, 레스토랑, 갤러리 등도 대관업을 하고 있다. 대관료에 대한 정책이 없는 곳이 대부분이며 장소업체와 조율을 통해 대관을 하기도 한다. 장소에 따라 식음을 대행하기도 하고 간단한 섭외 및 프로그램 진행을 대행하기도 한다.

4. 기타 이벤트 업체

소규모 이벤트 업체들도 파티업체 따라하기에 나섰다. 파티를 경험한 클라이언트들이 기존의 천편일률적인 이벤트에 냉소적인 시각을 가지게 되면서 위기감을 느낀 탓이다.

이러한 업체들은 대부분 사이트 메뉴나 사진, 영상을 통해 파티기획, 대행업체로 포장하려 하나 내용을 들여다보면 겉모습만 '파티'로 치장했다는 것을 단숨에 알 수 있다. 이처럼 이벤트 시장과 파티시장은 올바른 방식 또는 그렇지 않은 방식으로 서로 교류하기도 하고 협력하기도 한다. 파티의 잠재력과 가능성을 인식하고 있으며 이벤트의 약점을 파티가 보완할 수 있다는 판단에서 나오는 움직임이다.

Chapter 4

파티의 **분류, 종류**

파티를 분류하는 방법은 크게 두 가지로 나누어 볼 수 있다. 컨셉/테마에 따라 분류하는 방법과 목적에 따라 분류하는 방법이 그것인데 대한민국의 파티문화와 시장을 올바로 파악하기 위해서는 후자의 분류방식을 추천한다. 이유는 컨셉/테마에 따라 분류하는 방법의 경우 가변적이고 무한하여 한정지을 수 없기 때문이다. 게다가 컨셉과 테마에 따라 분류한다고는 하지만 실상은 파티의 다양한 구성요소 중 비중이 있는 것을 따온 것이 많다.

목적에 따라 분류하는 방법 역시 파티 목적이 다양화되는 추세에 따라 변동이 있기는 하나 변화에 한계가 있기 때문에 알맞은 분류 방식이라 할 수 있겠다.

<table>
<tr><th>컨셉, 테마, 구성요소에 따른 분류</th><th>목적에 따른 분류</th></tr>
<tr><td rowspan="3">키즈파티 (Kids party)
콘서트파티(Concert party)
포트럭 파티 (Potluck party)
와인파티 (Wine party)
댄스파티 (Dance party)
버블파티 (Bubble party)
재즈파티 (Jazz party)
바비큐파티 (Barbecue party)
파자마파티 (pajamas party)
디너파티 (Dinner party)
티파티 (Tea party)
신년 축하파티 (New Year party)
샤워파티 (Shower party)
할로윈파티 (Halloween party)
홈커밍파티 (Home-coming party)
모금파티 (Fund Raising party)
환송파티 (Farewell party)
가든파티 (Garden party) 등</td><td>주최에 따른 분류</td></tr>
<tr><td>대상에 따른 분류</td></tr>
<tr><td>내부 · 외부</td></tr>
</table>

1. 컨셉, 테마, 구성요소에 따른 분류방식

사실 엄밀히 말하면 컨셉/테마에 따른 분류라기보다는 파티 구성 요소 중 무엇에 중점을 두었느냐에 따라 분류하는 방식이라 말하는 것이 옳다. 즉, 파티의 주요 구성요소에 따른 분류방식이다.

이 분류방식은 언급한 바와 같이 가변적이고 무한한 특성을 가지고 있기 때문에 분류방식으로는 혼란만 안겨줄 뿐 적절하지 못하나 파티를 이야기하고 가르치거나, 현장에서 일을 하시는 분들에 의해 여러 차례 언급된 덕에 일반적인 분류방식으로 생각하는 이들이 많다. 파티를 받아들이기 쉽게 영단어로 표현한 것이 정체 모를 콩글리쉬와 접목되면서 수많은 파생단어를 만들어 내고 있다. 파티의 종류를 영어로 표현하는 것이 더욱 세련되고 이익창출에 도움이 된다고 생각하는 사람들이 의외로 많은 듯하다. 덕분에 파티나 파티플래너를 이해하고 배우려 하는 사람들이 웹상에서 파티의 종류를 손쉽게 검색하다 보면 와인파티니 포트럭파티니 베이비샤워파티니 하는 영단어만 나열되는 경우가 생기는 것이다.

다시 말하지만 이러한 분류 방식은 오류를 지니고 있다. 파티를 구성하는 요소 중 식음이나 드레스코드를 중심으로 컨셉/테마가 설정되는데 다른 요소들과 결합하면 말 그대로 백화점식 컨셉/테마가 설정되기 때문이다. 가령 와인파티에 파자마를 입고 재즈를 들으면 와인파자마재즈파티가 되는 것일까? 또 가든에서 차를 마시며 춤을 추면 가든티댄스파티가 되는 것인가? 영어로 그럴싸하게 파티를 포장해 본질을 흐리는 일은 파티시장을 정착시키고 발전시켜 나가는 데 그리 좋은 역할을 하지 못한다는 것을 잊지 말아야 한다.

그럼에도 아래와 같이 컨셉과 테마별 파티를 제시하는 것은 목적별 구분보다 파티를 쉽게 받아들이게 하는 데에는 어느 정도 효과적이기 때문이다. 나열한 파티명칭을 종류라 생각하지 말고 앞서 언급한 파티의 구성요소 중 어떤 요소에 비중을 두어 명칭이 붙었는지만 이해하면 된다.

(1) 키즈파티 (Kids party)

가장 관심이 많이 가는 테마 중에 하나일 것이다. 키즈파티라는 용어는 목적에 따른 분류에서는 주최별, 대상별 분류에도 포함되기 때문에 컨셉, 테마에 따른 분류에는 속하지 않는 것이 맞다. 하지만 워낙에 많은 사람들이 키즈파티를 하나의 파티 테마로 알고 있기 때문에 소개한다.

사실 예전 우리 모두가 경험했던 생일파티와 다르지 않다. 드라마상에서 키즈파티를 전문으로 만드는 파티플래너가 소개되고 나서 특화되었다. 특히 주부들이 키즈 파티플래너에 관심을 갖고 작은 규모의 키즈파티로 적지 않은 수입을 올린다는 보도가 있은 이후, 키즈파티 시장이 더욱 성장하게 되었다.

실제로는 키즈파티플래너라고 하여 어린이만을 상대하는 파티를 만드는 것은 아니며 개인파티시장(돌, 환갑, 결혼식, 프로포즈 등)의 대상이 모두 고객이다.

어린이들의 행사를 의미하는 말로 생일파티, 환송파티, 서프라이즈 파티 등이 있다.

(2) 콘서트파티 (Concert party)

콘서트와 파티를 접목시켰다고 보면 간단하다.

가장 쉬운 예로 쇼케이스 파티를 생각하면 되는데 후에 설명하겠지만 제자리에서 멀뚱멀뚱 바라만 보는 콘서트보다 좀 더 참여적이고 자유로운 파티형식의 콘서트가 대세인 것은 분명하다.

콘서트 파티에서 가수는 파티의 인적 요소일 뿐이다. 사람들과 이야기도 하고 간단한 음식도 먹고 춤도 추고 노래도 듣는 파티에서 공연하는 참가자일 뿐인 것이다. 파티 안에서는 우리 모두가 주인공이기에 가능한 것이다.

최근에는 이러한 파티형식의 콘서트를 지향하는 가수들이 많아지고 있다. 무대와 관객간의 거리를 좁히거나 무대를 이동하거나 관객 안쪽으로 자리하게 함으로써 관객과의 호흡에 더욱 신경쓰는 추세다.

이 또한 전형적인 이벤트 시장이었던 콘서트시장이 파티와 접목되는 사례 중 하나라고 할 수 있겠다.

(3) 포트럭파티 (Potluck party)

도시락 파티라고 말한다.

즉 집이나 장소를 빌려 파티를 하는데 음식을 주최자가 준비하는 것이 아닌 게스트 모두가 준비해오는 파티이다. 사실 음식을 준비해 가는 것은 우리문화에서 그리 낯설지 않으나 외국 고유의 파티문화라고 인식되는 것이 안타깝다.

일반적으로 타인과의 사교보다는 지인과의 사교를 강화하는 목적으로 선택되는 방식이다.

(4) 와인파티 (Wine party)

와인은 그 맛과 향 그리고 빛깔 때문에 파티와 친숙한 주류가 되었다. 와인시장의 급성장세와 더불어 대표적인 주류로 자리잡은 와인, 그러나 와인에 대한 편견과 매너를 중시하는 사회 풍토 덕분에 준비하는 사람이나 마시는 사람이나 부담이 가는 것은 사실이다.

지나치게 절차와 매너를 따지는 것도 좋지 않지만 와인을 대하는 기본적인 자세가 되어 있지 않아도 보기 좋은 일은 아니다. 파티에 적합한 와인을 고르고 적절한 절차를 거칠 때 와인과 파티는 환상의 조합이 될 것이다.

■ 와인파티는 거창한 것이 아니다. 단지 파티 구성요소 중 주류선택을 와인으로 한 것 뿐이다.

파티와 와인

얼마 전 신문보도에 의하면 과장급 이상 회사원이 가지는 와인에 대한 스트레스가 생각보다 심하다고 한다. 고알코올 주류를 즐기던 접대문화가 와인과 같은 부담없는 주류 쪽으로 흐르고 있기 때문인데 이에 따라 와인매너라든지 상식들이 은근히 까다롭게 느껴지는 모양이다. 그도 그럴 것이 한국 사람은 격식을 중시하는 성향이 있어 와인 자체가 주는 즐거움보다 자리가 주는 만족감에 더 큰 비중을 두기 때문이다.

파티에서도 마찬가지로 와인은 구성 요소 중 식음의 하나일 뿐인데 '와인파티'라는 단어가 사용될 정도로 어느덧 파티의 테마처럼 사용되고 있다. 파티의 특성상 흥을 돋우고 어색함과 쑥스러움을 덜어내기 위해 주류가 자주 이용되는데 그 중 와인은 다른 주류에 비해 파티와 잘 어울린다는 인식이 지배적이다. 따라서 파티를 기획하는 사람이라면 와인에 대해 어느 정도의 지식과 즐길 줄 아는 마음가짐이 필요하다.

파티에서 사용되는 매너나 상식에는 몇 가지가 있다. 물론 이런 지식이 반드시 필요한 것은 아니나 알고 즐기면 그 즐거움이 배가 되듯이 참가자들로 하여금 느낄 수 있는 즐거움을 배가시킬 의무가 우리에게 있기 때문에 와인을 준비할 때는 어느 정도의 지식을 바탕으로 준비해야 한다.

- 종류가 많다고 좋은 것이 아니다.
- 와인향이 파티공간에 퍼질 수 있도록 디켄팅하라.
- 한 가지 이상의 와인을 즐길 때는 라이트, 미디엄바디에서 풀바디로, 드라이한 와인에서 스위트 와인으로, 화이트와인에서 레드와인으로 순서를 지켜라.
- 참가자들의 연령대와 성비를 감안해 와인을 선택하라.

와인에 대한 정보나 자료들을 구하는 것은 어렵지 않다. 책 몇 권과 인터넷 정보 등을 통해 반드시 필요하고 공통적인 정보들을 취합해 자신만의 자료를 만들어 놓는 방법을 권한다.

이에 앞서 경직된 매너, 상식에 대한 압박에서 벗어나 스스로 와인 자체를 즐길 수 있어야 할 것이다.

(5) 댄스파티 (Dance party)

춤과 음악은 '파티'하면 떠오르는 상징적인 것들이다. 음악이 없고 춤이 없는 파티는 상상하기 어렵기 때문이다. 파티하면 클럽댄스파티가 먼저 떠오르기 마련인데 말이 '파티'지 내면을 보면 '나이트클럽'과 별다른 점을 찾기 힘들다.

파티라면 반드시 있어야 하는 '사교'와 '비즈니스'가 없기 때문에, 아니 있더라도 반쪽짜리 '사교'와 '비즈니스'이기에 파티라고 부를 수 없다. 따라서 우리가 말하는 클럽파티는 '파티'가 아닌 '클럽'일 뿐이다.

(6) 버블파티 (Bubble party)

외국에서는 심심치 않게 등장하는 파티라지만 꽁꽁 싸매고 다니던 사대부 나라의 한국에서는 아직까지는 편하게 받아들여지지 못하는 듯하다.

쉽게 말해 비눗방울이 날리는 파티를 말하는데 야외라는 여건 아래 참가자들의 노출과 대담함이 필수적이다. 몇 해 전 한국에서는 최초로 버블파티가 만들어졌지만 여러 가지 숙제만 남겼다.

비누방울 덕에 미끄러워진 바닥만 탓하는 후기들을 보았다. 과연 우리나라에서도 거추장스러운 옷들을 벗어던지고 속옷 바람이나 수영복차림으로 비눗방울과 함께 뛰어다닐 날이 올까? 최근 클럽이나 워터파크, 수영장이 있는 펜션 등에서 시도되고는 있다.

(7) 재즈파티 (Jazz party)

재즈파티라 말하는 이유는 파티요소 중 음악, 그 중에서도 '재즈'라는 장르에 비중을 두었다는 뜻이다. 파티의 요소에 있어서 장소나 음식, 스타일링보다 음악적 요소에 중점을 두면서 파티 전체적인 흐름을 변화시키는 것이 재즈파티의 특징이다.

흔히들 우리나라 연령대별 음악적 성향은 일반적으로 가요-팝송-락-재즈-트로트 순으로 변해간다고 우스갯소리를 하는데 이제 더 이상 재즈는 30~40대의 전유물은 아닌듯하다.

젊은이들의 세련되고 다양해진 음악적 성향이 앞으로 더 많은 재즈파티를 몰고 올 것이다. 음악의 장르로서만이 아닌 재즈의 감성과 역사성, 정신이 함께 하는 진정한 테마로 거듭나길 바란다.

■ 재즈파티는 파티의 전반적인 음악과 프로그램이 '재즈'로 구성된 것을 의미한다

(8) 바비큐파티 (Barbecue party)

우리나라처럼 바람을 벗삼아 탁주 한 잔에 이웃들과 야외에서 음식먹기를 좋아라 하는 민족도 별로 없을 듯하다.

바비큐파티는 길게 말하지 않아도 독자들에게도 상당히 친근하게 다가올 것이다.

바비큐파티하면 서울 근교에 경치 좋은 야외에서 통구이 바비큐에 와인 한 잔 하는 상상이 먼저 들 것이다. 별다른 프로그램 없이도 맛있는 음식과 술만 있으면 알아서 파티가 되는 것이다. 따라서 장소선택과 음악 등이 부수적으로 중요한 요소가 되겠다.

■ 바비큐파티는 음식의 특성상 연기가 많기 때문에 대부분 야외 또는 가든이 있는 파티장소에서 개최된다

상쾌한 바람과 코를 자극하는 숯의 냄새, 은은한 음악과 풍만한 향의 술 한 잔 그리고 친구들, 누구나 상상해봤을 파티다.

하지만 걱정하지 말라. 여러분들은 이미 바비큐파티를 경험했을지도 모른다. 엠티에 한 번쯤 가본 사람들은 화로에 목살을 구우며 소주 한 잔씩은 해본 경험이 있을 것이다. 어떠한 면에서 파티는 이렇게 우리와 친숙하다.

(9) 파자마파티 (Pajamas party)

파자마라는 드레스코드를 부각시킨 파티다. 말 그대로 잠옷바람으로 파티를 즐기자는 소린데, 밤새 수다를 떨면서 여중, 여고시절을 회상하길 좋아하는 여성분들 덕분에 이제는 대중화된 파티라 할 수 있다. 파자마파티가 사랑받는 이유는 우리의 행동과 언어를 지배하는 것들 중의 하나인 의상에서 자유로워지기 때문이다.

■ 파자마라는 의상이 주는 편안함은 타인에 대한 경계를 허물기도 한다

잠자리에 들기 위해 가장 편안하게 입는 파자마, 파자마 덕분에 우리의 마음가짐과 행동도 편안하고 자연스러워진다는 것이 파자마 파티가 의도하는 것이다.

이렇게 파티의 구성요소 중 하나인 드레스코드는 공감대 형성에 효과가 있어 참가자들이 사교하는 데 도움이 되기도 한다.

(10) 디너파티 (Dinner party)

디너파티는 격식을 갖추는 의식적인 연회로서, 풀코스의 만찬을 내용으로 하는 가장 정중하고 격식있는 파티라고 할 수 있다. 사교를 위한 어떤 중요한 목적이 있을 때 개최하는 것이 일반적이다. 식순과 게스트들의 좌석까지 세심하게 주의를 기울인다.

■ 디너파티는 파티 구성요소 중 식음의 방식을 중심으로 분류한 것이다

(11) 티파티 (Tea party)

파티 구성요소 중 식음, 그 중에서도 음료 중의 하나인 '차'를 테마로 설정한 것이다. 저녁시간보다 여유로운 오후 시간대에 주로 진행하며 별다른 프로그램이 없어도 무방하다.

■ 전주 리얼플랜이 주관한 까페 '길위의 커피'파티

(12) 신년 축하파티 (New Year party)

신년 새해의 큰 소망과 포부를 서로 이야기하며 새해맞이를 자축하는 파티다. 자정이 되면 샴페인을 터트리고 사랑하는 사람을 껴안고 키스를 하기도 하는데 아마

영화에서 한 번쯤은 봤었으리라 생각된다. 새해가 밝기 10초 전부터 카운트다운을 한다 하여 카운트다운 파티라고 말하는 사람도 있다.

(13) 샤워파티 (Shower party)

많은 양의 선물을 소나기처럼 부어준다고 해서 붙여진 이름이다.

결혼을 앞둔 신부에게 친구들이 선물을 주는 것을 '브라이덜 샤워 파티'라 하고, 곧 태어날 아기의 탄생을 축하하기 위하여 부부, 또는 친지들이 아기의 선물을 준비하는 파티를 '베이비 샤워파티'라고 한다.

(14) 할로윈파티 (Halloween party)

고대 켈트인들의 축제에서 비롯된 파티다. 영혼들이 세상에 내려온다는 소름끼치는 의미와는 달리 그리스도교의 전파로 성인의 날 축제로 변모하였다.

그 독특함 때문에 파티업계에서는 왠지 꼭 파티를 해야 하는 날로 인식이 되어 있다. 파티업계라면 할로윈 파티로 그 역량을 발휘하고 인정받기를 원하기 마련이다.

화려한 스타일링과 독특한 드레스코드 덕분에 파티를 잘 모르는 분들에게 파티에 대한 오해를 불러일으키기도 하지만 할로윈 파티를 위해 일 년을 기다렸다고 말하는 사람이 많은 만큼 파티업계에선 가장 큰 행사라고 할 수 있겠다. 더불어 파티 의상, 용품 대여 업체의 대목이기도 하다.

■ (주)리얼플랜이 기획, 주관하거나 주최한 다양한 할로윈 파티들

(15) 기타

✠ Wedding anniversary party

결혼기념일 파티

✠ Home-Coming party

멀리떠나 있던 사람이 고향, 집, 모교를 방문했을 때 여는 파티

✠ Fund Raising party

기금을 모으고자 여는 파티를 말하며 정치적으로 선거 자금을 모으기 위해 자주 사용되는 파티

✠ Farewell party

환송할 때 여는 파티

✠ Garden party

뒤뜰이나 정원에서 벌이는 파티

거창한 공식 파티도 있지만 대개는 간단히 음식을 차려 놓고 손님을 초대함

컨셉과 테마에 따른 파티의 종류는 무한하다. 위에 제시한 테마가 파티의 전부라면 얼마나 식상하고 일률적이겠는가. 그렇게 된다면 파티는 또다시 본래의 매력을 잃게 되는 것이다.

정해진 테마에 얽매이지 않는 기획과 끊임없이 개발하려는 노력이 필요하다. 만약 많은 사람들에게 인상적인 테마의 파티를 만들게 되면 그 테마는 사람들에게 회자될 것이고 파티의 종류에 포함되어 전해질 것이다.

2. 목적에 따른 분류

파티가 무엇을 목적으로 만들어졌는가에 따라 분류하는 방식이며 가장 설득력이 있는 방식이다. 목적별 분류는 다시 주최가 누구인가와 대상이 누구인가에 따라 나누어지는데 이는 결국 내부결속이 목적이냐 프로모션이 목적이냐의 차이로 귀결된다.

불과 2~3년 전만 해도 기업 또는 개인이 주최하는 파티가 대부분이었으나 점차 주최가 다양해지고 거대한 집단으로 확대되고 있는 실정이며 커뮤니티의 활성화와 발전에 맞춰 파티참가 대상도 세분화, 특성화되고 있다는 특징이 있다.

파티 또한 결국 '다원화'라는 전 세계적인 흐름에 합류할 수밖에 없다는 것을 보여주는 것이라 할 수 있다.

(1) 주최에 따른 분류

주최에 따른 분류
1) 기업 • 사내파티: 송년, 신년, 워크샵, 축하, 기념(~주년) 등 • 사외파티: 매장, 브랜드 등의 런칭 영화, 음반, 출판 등의 쇼케이스 VIP 초청 등의 고객감사 파티
2) 개인 • 발표회, 개인 리사이틀, VIP 초청, 파티웨딩
3) 단체, 협회, 재단, 커뮤니티(까페, 클럽, 동호회) • 각종 단체, 협회, 재단, 커뮤니티의 자체 행사
4) 학교 • 동문회, 축제, 학교 내부행사
5) 지자체, 국가, 공공기관 • 지역축제, 이벤트, 홍보/캠페인 등
6) 직접 주최 • 커뮤니티 파티 • 코프로모션 파티

1) 기업

사내파티와 사외파티로 구분되며 사내파티의 경우 구성원이 참석하는 파티로 구성원들간의 화합이나 친목을 목적으로 하여 기업 내부의 결속과 그로 인한 매출증대를 최고의 목표로 삼는다.

사외파티는 이와는 달리 순수한 프로모션, 즉 판매촉진을 통한 매출증대를 목표로 일반인 또는 고객을 초대하여 정보를 제공하여 제품, 브랜드, 주최 기업에 긍정적인 마인드를 갖게 유도하는 것이 일반적이다.

✽ 사내파티

• 송년: 기업의 한해 동안의 성과물을 공유하고 반성, 축하하며 새해를 준비하는 자리로 가장 대중화된 기업의 행사라고 할 수 있다.

- 신년: 새로운 해를 맞이하여 새로운 목표를 설정하고 구성원들간의 화합과 친목을 도모한다.
- 워크샵: 일반적으로 도심을 벗어나 새로운 환경에서 목표를 공유하고 각종 세미나와 논의를 하며 방향을 설정하기도 하며 공연 또는 연회를 통해 구성원들의 노고를 치하하거나 성과를 축하하며 친목을 다지기도 한다.
- 축하: 목표를 달성하였거나 새로운 구성원이 합류하였을 때 파티를 통해 함께 축하하는 자리이다.
- 기념(~주년): 기업의 창립일을 기념하며 각종 포상과 축하를 하는 자리이다.

■ 사내파티는 구성원의 화합과 친목, 목표 공유에 효과적이다. 다양한 사내파티들

■ 최근에는 가족(부부)동반 사내파티도 활성화되었다

✠ 사외파티

- 매장, 브랜드 등의 런칭: 제품이나 브랜드 또는 매장의 런칭을 축하하며 일반인(고객) 또는 언론을 초청하여 홍보하는 것을 목적으로 한다.
- 영화, 음반, 책 등의 쇼케이스: 먼저 보여준다는 의미로 영화의 개봉, 음반의 발매, 책의 출판에 앞서 반응을 점검하고 홍보한다.

■ 향수 런칭 파티. 순서대로 빅토리녹스 / 리한나 / 랄리크

■ 저자가 기획, 주관한 다양한 영화 쇼케이스 파티

■ 쇼케이스 파티는 미디어와 직접적인 연관이 있으며 다양한 미디어를 섭외, 노출에 활용해야 한다. 영화 '킥'쇼케이스 파티는 하루 동안 홍대와 강남 3곳의 파티공간에서 릴레이 형식으로 이루어졌고 많은 미디어에 노출되었다

- VIP 초청 등의 고객감사: 제품, 브랜드, 매장 등을 애용한 고객을 초대하여 음식과 경품을 제공하며 고마움을 표시하는 의미가 있으나 본질적으로는 더 많은 판매와 매출상승을 노리는 전략으로 사용된다.

2) 개인

- 돌, 생일, 환갑, 결혼: 가족이나 친척 또는 가까운 지인들과 함께 축하하는 자리이다. 소규모 이벤트와 그 경계가 가장 모호한 시장이며 통틀어 키즈파티라는 이름으로 부르기도 한다. 특히 결혼식의 경우 기존의 대량생산적이고 무의미하며 식상하고 재미없는 결혼식에서 벗어나 일생의 한 번뿐인 결혼식을 남들과는 다른, 개성있고 의미있게 만들려는 움직임이 뚜렷하다. 이는 파티웨딩 또는 웨딩파티로 불리며 향후 결혼식 시장에 커다란 변화를 가져올 것이다.

• 발표회, 개인 리사이틀: 주로 예술적인 면이 강조되는 행사로 음악이나 그림 등을 발표하는 형태다. 자연스러운 정보 전달과 긍정적 이미지를 심어주고 바로바로 판매가 가능한 이점도 있기 때문에 점차 호응을 얻고 있다.

개업식도 기업차원이 아닌 개인이 의뢰할 경우에는 개인파티로 보는 것이 타당하다

급성장하고 있는 파티웨딩 시장

파티웨딩

파티웨딩은 결혼준비부터 결혼식까지를 모두 아우르는 개념이다.

파티웨딩은 신랑신부가 기획에 함께 동참해 기존의 식전 문화를 재해석하고 세상에 단 하나뿐인 결혼식을 올리는 것을 의미한다.

파티웨딩 또는 웨딩파티라는 단어가 생겨나게 된 데에는 기존의 웨딩이 우리에게 의미와 감동을 주지 못한 탓이 크다.

대한민국의 일반적인 결혼의 형태를 준비과정부터 결혼식까지 살펴보면 이해가 가지 않는 것이 한둘이 아니다. 우리의 결혼문화는 전통적인 것도 아니며 그렇다고 서구적인 것도 아니다. 정체가 불분명한 프로그램부터 그 의미가 와전되거나 완전히 상실된 것들을 아무 생각없이 받아들여 왔다.

개성강하고 합리적인 스마트한 예비 신랑 신부들이 이에 대해 과감하게 반기를 들고 나섰다.

아니 더 이상 공장에서 찍어내는 신랑 신부이길 거부하기 시작한 것이다.

당연했어야 하는 이런 흐름이 늦은감이 있지만 폭발적으로 전파되고 있다.

기존 웨딩 플래너와 파티웨딩 업체 플래너의 업무

표에서 볼 수 있듯이 대부분의 국내 웨딩플래너의 업무는 'planner'라는 단어의 뜻과 무관하게 '섭외'에 치중되어 있다. 주수입원은 섭외를 통해 업체에게 받는 커미

기존 결혼문화		새로운 결혼 문화
• 직접 또는 웨딩플래너를 동반 • 스튜디오 업체 섭외 • 드레스업체 섭외 • 메이크업 업체 섭외 • 결혼식장 섭외 (경우에 따라 공연팀, 주례자 섭외)	결혼 전	• 직접 또는 파티웨딩 업체 동반 • 개성을 담은 기획과 논의 • 자신들만의 테마에 맞는 스튜디오, 드레스, 메이크업 섭외 또는 자체 해결 • 기획의도, 테마에 맞는 장소 섭외
1. 화촉점화 2. 개식사 3. 주례입장 4. 신랑입장 5. 신부입장 6. 신랑/신부맞절 7. 혼인서약 8. 성혼 선언문 낭독 9. 주례사 10. 축하연주 11. 신랑/신부 부모님께 인사 12. 신랑/신부 내빈께 인사 13. 신랑/신부 행진 14. 폐식사 15. 기념촬영/피로연 16. 폐백	결혼식	기존 결혼식순에 얽매이지 않고 결혼식의 의미와 감동을 위해 첨삭, 수정 또는 새로운 순서를 창조

션(수수료)이다.

수입이 업체섭외를 통한 수수료에 있다보니 신랑신부를 위한 기획은커녕 수수료가 많이 떨어지는 업체로 유인하기 급급할 수밖에 없는 구조를 띠고 있는 것이다.

이와 달리 파티웨딩 컨설팅 업체는 웨딩플래너와 마찬가지로 섭외를 통한 수수료도 수입원이기는 하나 신랑 신부에 맞는 결혼준비와 결혼식을 기획하고 운영하기 때문에 컨설팅 대행료를 받는다. 업무 또한 섭외가 거의 전부인 웨딩플래너와 달리 결혼식을 직접 주관해야 하기 때문에 오히려 파티플래너의 업무와 비슷하다고 볼 수 있다.

파티웨딩을 위한 조건

1. 동시예식이 가능한 장소

파티웨딩은 기본적으로 식사를 위한 이동이 없어야 한다. 당사자와 하객과의 사교, 하객들간의 사교가 없다면 파티웨딩이 아니다. 피로연자리(사실 말이 피로연이지 식사를 위한 자리이다)를 위해 이동을 해야 한다면 파티웨딩은 진행되기 힘들다.

2. 양가 부모님의 동의

아직까지 많은 어르신들께서는 기존의 결혼식 방식을 선호한다. 다른 사람들도 다 그렇게 하니 안정적일 것이라 막연하게 생각하는 것이다. 굳이 새로운 방식의 결혼식을 해서 친지, 지인들에게 안 좋은 소리를 들을까 걱정인 것이다. 이런 생각을 가진 부모님들을 설득하는 것은 쉬운 일이 아니다. 그러나 파티웨딩의 취지부터 효과까지 차근차근 설명해드린다면 수긍못할 일도 아닌 것이다.

저자의 결혼식 당시 양가 부모님께서는 흔쾌히 우리의 의도를 받아들여주셨다. 결혼식이 진행된 후 연세가 있으신 분들의 부정적인 반응을 걱정했으나 기우였음을 알게 되었다. 오히려 더 즐거워하시고 더 적극적인 모습이었다. 지금 생각해보면 어쩌면 당연한 반응이었을지도 모르겠다. 재미도 없고 의미도 없는 결혼식을 수십년씩 수십번을 다니셨으니 말이다.

3. 파티웨딩 플래너와의 커뮤니케이션

파티웨딩은 신랑신부와의 적극적인 교감이 필요한 행사이다. 세상에 하나뿐인 자신들만의 결혼식을 만들려면 충분한 논의와 서로간의 이해가 필요하다. 또한 플래너의 요청에 적극적으로 참여해야 한다.

이렇게 서로간의 교류와 교감이 바탕이 되다보니 파티웨딩 플래너들은 의뢰인(신랑신부)과 아주 친근한 관계가 되는 것을 여러 번 보았다.

사례연구

많은 파티웨딩을 제작하였지만 역시 저자의 결혼식이 가장 기억에 남아 예로 들고자 한다.

저자의 결혼식은 제자들이 기획, 운영, 관리해 주었는데 너무 즐거웠고 의미있었고 또 보람있지 않았나 싶다. 당시 결혼식을 담당한 제자 중 몇몇은 자신들의 파티웨딩 회사를 만들어 활발하게 활동중이다. 꼭 소개하고 싶은 제자가 있으나 본인이 극구 사양해 소개하지 못한 것이 안타깝다.

일반적으로 행해지는 결혼식과 저자의 결혼식을 비교해 보자.

저자의 결혼식은 철저하게 우리(신랑, 신부)의 의견을 수렴해 기획되었다.
우리의 요구는

1. 공통적으로 좋아하는 '야구'를 접목시켜 달라.
2. 주례가 없었으면 한다.
3. 일반적인 식순 또한 우리의 개성을 담겠다.

일반적인 결혼식 식순	저자의 결혼식 식순
	하객 포토존 촬영
화촉점화	X 프로포즈 영상 상영
개식사	남녀 사회자 입장
주례입장	X 신부측 들러리 춤추며 입장 신랑측 들러리 춤추며 입장
신랑입장	신랑과 장인어르신 입장
신부입장	신부와 시어머님 입장
신랑신부 맞절	X
혼인서약	혼인서약
성혼선언문 낭독	사회자 안내에 따라 성혼선언문을 하객이 낭독. 신랑신부 화답
주례사	X
축하연주	신부측 친구 편지 낭독 신랑측 친구 편지 낭독 제자들의 공연 부케전달식
신랑신부 부모님께 인사	신랑신부 부모님께 인사
신랑신부 내빈께 인사	신랑신부 내빈께 인사
신랑신부 행진	신랑신부 행진
폐식사	2부 안내
기념촬영, 부케전달식	X, 피로연에서 각 테이블과 촬영
폐백과 피로연	X, 하객들과 함께 하는 프로그램 진행
	하객 편집영상 상영, 해외파 지인 영상 상영 경품증정

4. 의미없는 식순은 과감히 배제하겠다.
5. 참가자(하객)가 함께 할 수 있었으면 좋겠다.

였고 이를 잘 반영하여 세상에 하나뿐인 우리만의 결혼식이 되었다.
관련 사진과 함께 특징있는 식순을 간단하게 설명한다.

1. 하객 포토존 촬영

야구를 좋아하는 신랑 신부의 특징을 포토월로 표현하였고 하객에게도 촬영 사진을 송부하여 색다른 추억이 되게끔 구성하였다.

2. 남녀 사회자 입장

남자 사회자 혼자 진행하는 것이 일반적이나 좀 더 자유롭고 편안한 분위기를 위해 지인분들께서 사회를 맡아 주셨다.

3. 신부/신랑측 들러리 춤추며 입장

엄숙하고 긴장된 결혼식도 나쁘지 않지만 하객들과 함께 즐거운 결혼식을 만들고 싶었다. 신부, 신랑측 지인 분들이 흔쾌히 춤을 추며 입장했고 분위기가 고조되었다.

4. 신랑과 장인어르신 입장, 신부와 시어머님 입장

가장 많은 고민을 했던 식순 중 하나이다. 일반적으로 신랑은 혼자 입장하고 신부는 신부의 아버지와 입장한다. 신부를 아버지에게서 신랑이 건네받는 것은 적어도 우리 입장에서는 별로 공감할 수 없었다.

결혼식부터 가장 어려운 관계를 무너뜨리고 싶었다. 신랑과 장인, 신부와 시어머니가 함께 입장함으로써 더 이상 껄끄럽고 부담스러운 관계가 아니라는 것을 보여주고 싶었다. 결혼식 후에 하객들의 반응을 살펴보면 이 식순이 가장 파격적이었다고 입을 모은다.

5. 혼인서약

형식은 유사하나 내용은 달랐다. '평생 당신과 함께 …' 같은 핑크빛 찬란하나 뜬구름 잡는 이야기를 우리의 하객 앞에서 약속하고 싶지 않았기에 좀 더 현실적인 이야기들로 서약서를 작성해 낭독하였다.

CHAPTER 4

==

〈실제 서약서〉

함께: 오늘 저희는 평생을 함께할 것을 다짐하며 현실적이고 발전적인 사랑의 서약을 합니다.

신랑: 맞벌이인 동시에 사업자로서 가사는 최대한 공평하게 분담하겠습니다.

신부: 서로 마음속 상처가 생기지 않도록 진실된 대화를 생활화하겠습니다.

신랑: 경제적 어려움이 닥치면 평소보다 더욱 부지런하게 일하여 정상화에 앞장 서겠습니다.

신부: 쓸데없는 의심으로 상대를 힘들게 할 때엔 스스로 부끄러워할 줄 알며 더욱 자신을 채찍질하겠습니다.

신랑: 의견충돌로 인해 다툼이 생길 땐 장사없습니다. 서로 자신의 부족한 점을 최대한 빨리 찾고 화해를 요청하겠습니다.

신부: 효도는 셀프. 효도를 강요하는 어리석음을 버리겠습니다.

함께: 건강한 부부, 사회적인 부부, 경제민주화 부부, 자연의 일부로서의 행복한 부부로 부끄럽지 않게, 행복하게 살 것을 여러분들게 약속드립니다.

2012년 5월 26일 신랑 이우용 신부 ooo

==

6. 사회자안내에 따라 성혼선언문을 하객이 낭독. 신랑신부 화답

대한민국 결혼식에서 반드시 바꿔야 할 부분이 있다면 '주례'라고 단언하겠다.

주례를 섭외하는 방식은 지인에게 요청하거나 식장 또는 플래너가 처음 보는 분들 섭외해 주거나 하는 두 가지다.

평상시 서로가 정말 존경하는 분이 주례를 봐주신다면 더없이 의미있고 감사할 것이다. 그러나 대부분의 결혼식에는 10~30만원에 섭외된 전문 주례자들이 처음 보는 신랑신부에게 성혼선언을 하고 있고 신랑신부 또한 모르는 주례자에게 약속을 하고 있으니 기가 막힌 일이다.

우리를 보기 위해 와주신 하객에게 '잘 살겠노라고, 지켜봐달라고'하는 것이 당연하다고 생각했다. 신랑과 신부를 쭉 지켜봐온 하객들만이 성혼을 선언할 수 있는 권리가 있다고 믿었다. 하객 모두가 주례자였기에 성혼성언이 더욱 의미있었고 우리 모두에게 무거운 책임감으로 다가왔다.

〈실제 성혼선언문〉

성혼선언문(하객복창)

1. 항상 사랑하고 존중하며 어른을 공경하고 진실한 부부로서의 도리를 다하여 행복한 가정을 이룰 것을 맹세합니까?
2. 남편과 아내로서의 책무를 넘어 환경을 생각하고 함께사는 세상을 실천하는 시대정신으로 무장한 개념부부로서 살아갈 것을 맹세합니까?

일생을 함께할 부부가 되기를 굳게 맹세하였습니다.
이에 우리는 이 혼인이 원만하게 이루어진 것을 선언합니다.
2012년 5월 26일 사랑이 넘치는 날에.

7. 편지낭독과 이벤트
신부측 친구 편지 낭독
신랑측 친구 편지 낭독
제자들의 공연
부케전달식

편지낭독과 공연은 일반 결혼식에도 등장하니 긴 설명은 하지 않겠다.

그에 반해 부케전달식은 사진을 위해 촬영시 연출하는 것이 대부분이나 우리는 개성을 담고 싶어했고 서로가 좋아하는 야구를 부케전달식 안에 투영하기로 결정했다.

야구공 모양의 부케를 제작하여 시구형식으로 전달하였다.

8. 피로연에서 각 테이블과 촬영

평상시 지인의 결혼식에 갈 때마다 느끼는 것이 보지도 않고 잘 보이지도 않는 단체사진의 필요성이었다. 더군다나 사진 속 하객들은 본인들이 나온 사진을 볼 기회도 없다. 어떤 결혼식에서는 단체사진 촬영으로 양가의 힘을 엿보기도 한단다. 일반적으로 친척, 지인이 별로 없을 때 가지는 부정적인 시선이 두려워 아르바이트를 통

해 하객을 섭외하기도 하니 없애거나 수정해야 할 충분한 이유가 있어 보인다.

인간은 추억으로 사는 동물인지라 없애기보다는 수정하는 쪽을 선택했다. 피로연에서 모든 테이블을 순회하며 사진을 찍기로 하였다.

9. 하객들과 함께 하는 프로그램 진행
하객 편집영상 상영
해외파 지인 영상 상영
경품증정

하객의 연령대와 성향에 맞는 프로그램을 기획하여 함께 즐길 수 있는 시간을 마련하였다.

저자의 결혼식에선 남녀 하객을 매칭해주는 '생산적인?' 프로그램이 진행되었다.

3) 단체, 협회, 재단, 커뮤니티(까페, 클럽, 동호회)

기업과 마찬가지로 송년, 신년, 워크샵, 축하, 기념 등의 형태로 다양하게 이루어지며 주최자가 다양화됨에 따라 가장 급속도로 증가하는 시장이기도 하다.

■ 한국 백혈병 어린이 재단 20주년 기념 파티

■ 하나 이상의 공통점 또는 관심사를 가진 사람들이 모인 커뮤니티에서도 친목과정보 공유를 위해 파티를 개최한다

4) 학교 (동문회, 축제 등)

축제와 관련된 파티는 아직 태동기에 불과하다. '축제=가수 공연'이라는 등식이 워낙에 학생회와 교직원 사이에 확고하게 자리를 잡고 있기 때문에 '파티'라는 형식이 축제 속에서 자리를 잡기까지는 어느 정도 시간이 걸릴 것으로 보인다. 하지만 이미 축제를 바라보는 학생들의 시선이 천편일률적인 가요제전에 대해 부정적이기 때문에 축제의 기획을 책임지는 학생들이 조금만 열린 생각을 가지고 학우들과 교직원 모두가 커뮤니케이션할 수 있는 축제를 만들려고 노력한다면 생각보다 빠른 시일 내에 '파티'가 보편화될 가능성도 있다. 현재 대학 중 몇몇 대학이 축제 안에 '파티'콘텐츠를 넣은 '축제 속 파티'를 시험하고 있기는 하다.

동문회의 경우는 축제와 달리 급속도로 '파티화'되고 있다. 호텔이나 레스토랑에서 매년 똑같은 행사를 하다보니 이제 질릴대로 질려버린 것이다. 색다른 장소에서 보다 자유롭고 신선한 동문회를 하고 싶어 하는 추세다.

■ 학교 행사에서 파티가 차지하는 비중은 그리 크지 않으나 점차 증가 추세에 있으며 행사의 효과를 극대화하기 위한 다양한 방법들이 시도되고 있다. 한양대학교1~2/오산대학교3~6/가톨릭대학교7/서울문예전문학교 8~9

■ 다양한 동문회 파티들

대학축제, 변해야 한다!

학교축제, 변해야 한다

대학시절 학생회 생활을 하면서 느낀 대학 축제의 문제점은 현재 이벤트 산업이 가지고 있는 문제점과 별반 다르지 않았다. 최근 들어 몇몇 대학교에서 새로운 방식의 축제를 시도하고 있지만 아마추어적인 기획에서 벗어나지 못하고 있어 구성원들에게 호응을 얻고 있지는 못한 실정이다.

역시 가장 큰 문제는 천편일률적인 기획에 있다. 수많은 학교의 개성은 사라지고 가수공연과 주점만 남았다. 그렇다고 공연관람과 주점운영이 나쁘다는 것이 아니다. 학교당국과 학생회의 편의주의가 문제다.

축제는 말 그대로 모두가 함께 즐기는 장이다. '모두'라는 학부학과를 구분하지 않은 모든 학생들과 지인, 학교 관계자 그리고 지역주민까지 아우른다. 하지만 학교당국은 모두를 위한 기획보다 행사의 효율성에 집착하고 학생회는 자신이 속한 학부나 학과의 친목에만 매달리고 있다.

이제 학교의 축제는 변화해야 한다. 대학교라는 작은 사회에서 우리 학생들은 타 학부, 학과와 학교 관계자, 그리고 지역주민과도 교류할 수 있는 기회가 있어야 한다. 이는 분명 본격적인 사회생활에도 큰 도움이 될 것이고 더욱 보람있고 행복한 대학생활을 위해서도 꼭 필요한 것이다.

학교 당국과 학생회는 조금 더 과감해질 필요가 있다. 기존 공연관람과 주점이라는 틀에서 벗어나려는 새롭고 다양한 시도들이 있어야 한다. 이를 위해 치열한 기획 논의와 투명한 업체선정 및 운영이 이루어지길 바란다.

5) 지자체, 국가

지역축제 또는 공공기관의 자체행사, 이벤트, 홍보, 캠페인 등의 형태로 나타난다.

지역축제의 경우 무대를 설치하고 좌석에 앉아 구경하거나 텐트를 치고 동선에 따라 움직이는 방식에서 아직 벗어나지 못하고 있다. 축제 관련 예산은 해마다 증가하고 있지만 축제의 질은 비용증가와 반대로 오히려 낮아지고 있다는 것이 전문가들의 평가다. 지자체 단체장들의 정치적 요구와 맞물려 축제의 수와 예산은 가파르게 증가하고 있으나 지역특성에 맞는 제대로된 기획과 운영, 그리고 관리가 이루어지지 못하고 있는 실정이다. 이는 관계 당국과 이벤트 업체의 진지한 고민의 부재에서 온다.

공공기관의 행사는 지역축제와 달리 뚜렷한 목표를 가지고 다양한 방식의 파티로 진행되고 있다. 공공기관에서 파티를 개최한다고 하면 곱지 않은 시선으로 바라보았던 이들도 많았으리라 생각된다. 이는 파티를 쾌락, 낭비 등의 단어로 삐딱하게 바라보기 때문인데 실제 공공기관에서 이루어지고 있는 파티를 보면 공공성과 사회성을 지니고 지역주민, 관계자들과 서로 공감하려 한다는 것을 알 수 있을 것이다.

기존의 식상한 이벤트 형식의 홍보나 캠페인, 자체 행사보다 파티 형식의 행사가 좀 더 효과적이라는 것을 인지하고 있다는 것으로 생각할 수 있다.

6) 파티 기획사

정기적, 혹은 비정기적으로 기획사가 직접 주최하여 집객, 스폰서링, 후원 등을 통해 수익을 창출하는 파티이다. 다양한 테마로 실현되기 때문에 창의적이고 색다른 형태의 파티가 만들어질 수 있는 조건을 가지고 있다. 하지만 기획부문의 아마추어리즘과 집객 때문에 실패를 하는 파티업체가 많은 것도 사실이다.

리얼플랜의 자체 커뮤니티 파티들

7) 코프로모션

위의 파티 기획사 자체파티의 위험성을 상쇄하거나 낮추기 위해 시도되는 파티다. 기업 또는 단체와 공동으로 주최하여 모두의 목적을 달성하는 동시에 파티 실패에서 오는 리스크를 최소화할 수 있다.

일반적으로 파티기획사, 장소, 기업 또는 단체가 함께 힘을 모아 제작한다. 파티의 규모도 크고 질적인 면에서 풍성한 파티가 될 수 있으나 무엇보다 파티 기획사의 기획의 힘이 관건이다.

코프로모션은 주최자끼리의 협력과 집객능력이 성패를 좌우한다.

이 중 집객은 수익의 상당부분을 차지하기 때문에 대단히 중요하다. 따라서 안정적인 집객을 위해 시즌을 컨셉으로 잡는 경우가 일반적이다.

■ 시즌(월드컵)을 컨셉으로 설정하여 코프로모션 파티
파티업체(리얼플랜)-장소업체(팅팅스&코쿤)-주류업체(아사히&메이커스마크)-기업(다나와)
코프로모션 파티는 2곳 이상의 주최가 공동으로 진행하는 파티다
그리스전 코프로모션 업체 사진 1~4 / 아르헨티나전 코프로모션 업체 사진 5~8

기획의 정수. 코프로모션파티

기획 하나로 천 명을 즐겁게 할 수 있는 파티가 있다.

그런 면에서 코프로모션 파티를 기획의 정수라 단언한다.

모든 파티는 자본이 투입되어야 한다. 그것이 의뢰인이든 자신이건간에 말이다.

허나 기획서 하나로 큰 규모의 파티를 제작할 수 있고 또 수익을 낼 수 있으니 기획의 정수라 불러도 무방하다.

코프로모션 파티는 다수의 주최를 통해 파티에 들어가는 비용을 최소화시킨다. 기획자의 입장에서는 한푼도 들지 않을 수도 있다. 이유는 파티제작시 가장 많은 비용이 들어가는 장소대관과 식음 비용을 협력으로 해결할 수 있기 때문이다.

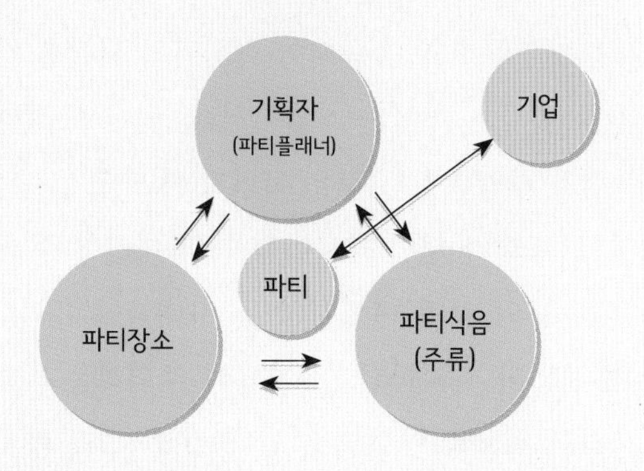

✠ 기획자와 장소

파티제작에 있어 장소의 중요성은 두말할 필요가 없다. 차지하는 비중뿐 아니라 가장 많은 비용이 소비되는 요소이기도 하기 때문이다. 장소와의 협력/코프로모션을 통해 크고 좋은 장소를 대관한다. 우리에게 공간을 제공하고 우리는 장소를 위해 홍보, 노출 및 수익쉐어를 보장하면 된다.

✠ 기획자와 주류

장소가 섭외되었다면 다음은 주류다. 음식이 없는 파티는 있을 수 있으나 주류가 없는 파티는 찾아보기 힘들다. 장소와 마찬가지로 주류회사는 우리에게 주류를 제공하고 우리는 홍보, 노출을 보장한다.

✠ 장소와 주류

크고 좋은 장소는 주류의 프로모션에 도움을 주고 풍부한 주류제공은 장소의 입소문에 도움이 된다. 장소와 주류는 공생의 관계다.

이렇게 기획자, 장소, 주류가 협력을 통해 하나의 파티를 기획하게 되면 안정적인 수익을 위해 기업이나 단체에 제안한다. 회원을 보유하고 관리하는 기업이라면 더욱 성사될 가능성이 높다. 기업은 다양한 이벤트를 통해 회원들을 파티에 초대하고 그에 해당하는 금액을 기획자에게 지불하는 형식이다. 잘 짜여 있는 파티를 큰 비용없이 자신들이 주최하는 파티로 내세울 수 있으니 기업측에서는 효율적인 행사가 되는 것이다.

이와 같이 코프로모션 파티는 기획자로 하여금 자본을 투입하지 않고도 크고 멋진 파티를 만들 수 있게 한다. 아무것도 없는 상태에서 기획 하나로 수입을 창출해 내는 것, 이것이 코프로모션 파티 기획의 묘미인 것이다.

2008년, 파티문화가 이벤트문화와 접목되어 자신만의 색깔을 찾아가고 있을 때까지만 해도 대부분의 파티 주최는 개인과 기업이었다. 물론 아직까지도 다수를 차지하고는 있지만 주최가 점차 다양해지는 것은 어렵지 않게 느낄 수 있다.

돌, 환갑, 결혼, 생일, 발표회나 개인 리사이틀 등의 개인이 주최하는 파티와 송년, 신년, 워크샵, 기념(~주년) 등의 기업 내에서 하는 사내파티 그리고 런칭, 쇼케이스, VIP 초청파티 등 프로모션관련 사외파티 등 기업이 주최하는 파티에서 학교, 국가, 협회 등이 주최하는 파티로 점차 다양화되고 있다. 또한 그리 많지 않으나 정기적으로 파티기획, 대행사(컨설팅회사)에서 직접 주최하는 경우도 있으며 주최사가 다수일 경우 공통의 목적을 가지고 리스크를 최대한 분산시키는 코프로모션 파티도 있다.

앞으로 이러한 현상은 더욱 두드러지게 나타날 것이다. 이는 이벤트와 파티 모두 새로운 시장의 형성을 의미한다. 양질의 행사를 통해 인식의 변화를 가져온 다양한 주최자들의 니즈를 충족시켜야 할 때이다.

(2) 대상에 따른 분류

대상에 따른 분류
1) 회사 임직원, 단체 구성원 • 부의 결속과 구성원간의 사교, 사기진작, 목표 공유, 포상 등
2) 일반인, 소비자 • 정보 공유, 사교, 프로모션 등
3) 동일한 관심사 혹은 특징을 가진 각종 커뮤니티 구성원 • 정보 공유, 사교, 내부 결속 등
4) 지인 • 정보 공유, 사교, 친목 등

1) 회사 임직원, 단체 구성원

내부의 결속과 구성원간의 사교, 사기진작, 목표 공유, 포상 등을 목적으로 함
주로 송년/신년파티, 기념파티, 목표달성 축하파티 등의 형태로 이루어짐

2) 일반인, 소비자

정보 공유, 사교, 프로모션 등을 목적으로 함

주로 런칭, VIP, 쇼케이스 등의 파티형태로 이루어짐

3) 동일한 관심사 혹은 특징을 가진 각종 커뮤니티 구성원

정보 공유, 사교, 내부 결속 등을 목적으로 함

주로 커뮤니티 피티, 송년/신년파티, 기념파티 등의 형태로 이루어짐

4) 지인

정보 공유, 사교, 친목 등을 목적으로 함

주로 개인파티 형태로 이루어짐

(3) 내부행사와 외부행사

내부 행사의 증가 이유
• '파티' 라는 젊고 새로운 트렌드에 대한 열망 • 기존 이벤트 행사에 대한 식상함 • 구성원 사이의 벽을 허물 수 있는 효과적인 방식의 행사라는 인식 • 합리적인 비용 • 행사 후 콘텐츠에 대한 만족 • 전략적으로 활용하는 데 기여 • 파티문화에 익숙하거나 호기심이 많은 구성원들의 요구 • 파티 후 단합, 상호이해 등의 파티효과 확인 (회사 임직원, 단체 구성원, 결속과 구성원간의 사교, 사기진작, 목표 공유, 포상 등)

외부 행사의 증가 이유
• '파티' 라는 젊고 새로운 트렌드에 대한 열망 • 기존이벤트 행사의 효과에 대한 불신 • 홍보, PR의 새로운 방법모색 • 브랜드, 제품 등의 홍보와 매출에 효과적인 방식의 행사라는 인식 • 합리적인 비용 • 행사 후 콘텐츠에 대한 만족 • 프로모션 행사를 전략적으로 활용하는 데 기여 • 파티문화에 익숙하거나 호기심이 많은 소비자들의 요구 • 파티 후 뉴미디어, 기존미디어를 통한 고객의 자발적 노출 등에 대한 효과인식 • 홍보, 이미지제고, 장기적 매출 등의 효과 확인

Chapter 5

대한민국의 **파티플래너**

파티플래너에 포함된 '플래너(planner)'라는 단어가 주는 이미지 때문에 파티를 단지 기획만 하는 사람으로 인식하는 경우가 적지 않다. 물론 파티플래너의 역할 중에 기획에 관련한 업무가 많은 부분을 차지하는 것은 인정하나 파티플래너의 역할을 모두 설명해주지는 않는다.

파티시장이 성장하고 가능성이 있는 분야로 부각되자 관련 업종에 있는 사람들이 파티플래너라는 명칭을 가져다 쓰기 시작했고 학술적으로 역할과 정의가 분명하게 확립되지 않았던 시기였기 때문에 일반인들에게 파티플래너는 정체가 불분명한 기능인으로 받아들여지기까지 한다. 이제야 상당한 연구와 정의에 관한 공감대가 형성되어 하나의 전문인으로 평가받기 시작하였으나, 파티플래너에 의해 파티문화가 뿌리내린 지 5년 정도가 흘렀음을 감안하면 조금 아쉬운 감이 없지 않다.

역시나 파티에 대한 일반 대중들의 생각이 '화려함'과 '일상에서의 탈출'정도에 머물러 있었기 때문에 이를 활용한 관련업종 종사자들의 무분별한 단어 혼용이 묵인된 면도 없지 않다.

대표적으로 스타일리스트, 플로리스트, 풍선아티스트, 푸드스타일리스트와 같은 파티 요소 중 보이는 것을 책임지는 전문가들이 파티플래너라는 명칭을 사용했으며 이는 언론보도와 자신들의 홍보를 통해 배우고자 하는 사람들이나 궁금해 하는 사람들에게 혼란을 가중시켰다. 파티플래너는 꾸미는 사람이라는 이미지를 벗어나게 된지는 그리 오래되지 않았다. 파티플래너에 대한 정의가 어렵게 자리잡은 상황에서 파티플래너에 대한 역할과 업무를 더욱 공고히 해야 할 필요성을 느낀다.

1. 파티플래너의 정의

기업이나 개인, 단체의 의뢰를 통해 파티를 만들거나 제안을 통해 파티를 창조하기도 하며 자체적으로 기획하여 파티를 주최하기도 한다. 파티플래너는 파티를 기획, 운영, 관리하는 사람으로서 제작과정 전반을 책임지며 프로모션 성격이 있는 파티의 경우에는 홍보까지 도맡아 진행하기도 한다.

흔히 파티플래너는 기능적인 업무(음식, 꽃, 풍선, 테이블데코 등)까지 하는 것으로 알고 있는 사람들이 많은데 실제 파티 공간에서 이러한 업무를 책임질 여유도 시간도 없다. 따라서 전문기술을 가진 업체나 전문가를 섭외, 관리, 배치하는 것이 파티플래너의 업무이다.

종합하면 의뢰, 제안, 자체 기획의 방식으로 파티를 제작하며 기획, 운영, 관리를 맡아 파티의 모든 구성요소를 총괄하는 사람이다.

2. 파티플래너의 생성

파티의 본질인 '사교'에 있어 서양인과 다른 한국인만의 특성 때문에 파티플래너라는 직업이 생겨나게 되었다. 서구와 같이 서로 모르는 사람들을 한 공간에 모아 놓아도 거리낌없이 사교할 수 있다면 굳이 기획을 하는 사람도 이끄는 사람도 필요 없었을지도 모른다. 물론 기업이나 단체에서 전략적으로 파티를 활용하려면 더욱 전문적으로 기획하고 운영할 파티플래너가 필요하겠지만 대한민국처럼 일반적인 사교파티에도 파티플래너가 있어야 하는 이유는 변하기 쉽지 않은 한국인의 성향 때문임이 분명하다.

2000년대 초반 홍대 클럽문화와 케이블 방송 쇼케이스 프로그램이 각광받으면서 본격적인 파티문화가 싹트게 되었다. 이벤트 산업에 종사했던 사람들과 데코레이션 관련업종 종사자들이 파티에 손을 데기 시작했다. MC, 레크레이션 강사, 이벤트 프로듀서, 각종 데코레이션 분야 전문가들은 기업의 협찬과 후원을 엮어 좀더 세련된 이벤트 형태를 시도하게 되었다. 와중에 알려진 대로 TV CF를 통해 파티플래너라는 호칭이 자유로운 직업을 선호하는 젊은 여성들의 이목을 끌었고 이에 발맞춰 나름대로의 파티 철학을 가지고 간간이 파티를 제작해온 업체들의 아카데미 사업이 붐을 이루면서 파티플래너는 많은 이들이 꿈꾸는 미지의 직업이 되어버렸다.

더군다나 몇몇 학원형태의 학교와 전문대학에서 파티플래너 학과를 신설해 개성 강하고 화려한 직업을 꿈꾸는 학생들을 유치하면서 열풍에 기름을 끼얹는 격이 되어버렸다.

그러나 안타깝게도 파티플래너의 역할과 그 정의가 확립되지 않은 상황에서 많은 예비 파티플래너들은 혼란을 겪을 수밖에 없었다.

학교나 아카데미에서 배우는 것들은 파티플래너가 되기 위해서 필요한 기획, 운영, 관리 수완과는 거리가 먼 외주, 전문가의 기능적인 업무(꽃꽂이, 테이블 세팅, 풍선아트, 푸드스타일 등)였으니 수료, 졸업 후 파티를 만들 수 있는 능력이 없는 경우가 대부분이었다. 따라서 파티시장에서 활약하기에는 너무나 어려운 일이었다.

다행히도 대략적으로 2005년 이후 스스로 파티 시장을 개척하고 파티철학에 어느 정도 부합하는 기획자들의 파티제작과 학술적 노력으로 각 학원과 대학의 커리큘럼에는 많은 변화가 일었고 현재 긍정적인 방향으로 흐르고 있는 중이다.

30년에 가까운 이벤트 산업 역사에서도 프로듀서, 연출자, 기획자 등의 업무와 정의가 명확하지 않은 것을 감안하면 그리 느린 움직임도 아닐 뿐더러 파티플래너 명함을 가지고 다녔던 관련 직종 전문가들 또한 전문기능의 가치가 새롭게 인식되면서 업종의 명칭과 정의를 받아들이고 자신의 분야에서 최선을 다하고 있는 현재 상황이다.

이러한 흐름은 분명 파티 산업과 시장에 긍정적으로 작용하여 그간 존재했던 수많은 오해와 불신, 혼용과 오용에 종지부를 찍게 될 날이 그리 멀지 않았음을 알려주는 일종의 싸인이다.

정리하자면 파티플래너는 한국의 특수성으로 인한 요청에 의해 만들어진 신종직업이며, 현재 다양한 관련 업종, 교육사업과의 교류를 통해 그 위치가 명확해지고 있는 실정이다.

점차 세계화되고 다원화되어가는 문화의 흐름에서 파티플래너는 점점 그 자리를 잃게 될 것이라고 예견하는 사람도 있지만 수천년간 베어온 생활양식은 그리 쉽게 변하는 것이 아니다. 앞으로도 이벤트 산업과 마찬가지로 더욱 전문적이고 전략적인 기획으로 한국인의 특성에 맞는 파티 제작이 이루어질 것이다.

한국인의 특성

- 지인과의 친목(참가자 중요)
- 타인에 대한 경계심
- 표현의 인색함
- 공연, 프로그램 중시
- 식음 중시
- 리더 필요
- 쉽게 질리는 성향

· 한국인에 적합한 기획 필요
· 새롭고 창의적인 기획 필요
· 한국인에 적합한 운영 필요

파티플래너 / 파티컨설팅

✠ 파티플래너 생성 요인

1) 더 멋진 오프라인 모임을 위해 책임감을 가지고 만들 사람이 필요

2) 한국인의 특성, 성향을 고려한 전문적인 기획을 통해 파티의 효과를 극대화 할 수 있는 사람이 필요

3. 파티플래너가 갖춰야 할 것

파티플래너라면 반드시 갖춰야 할 것이 몇 가지 있다. '파티&파티플래너'(눈과마음)에서는 덕목과 스킬을 나누어 살펴보았지만 여기서는 하나로 묶고 좀 더 깊이 알아보도록 한다.

(1) 리더십

파티는 파티플래너 혼자 만드는 것이 아니다. 단독으로 기획하는 경우도 있지만 대부분 아이디어 회의를 통해 함께 기획을 한다. 파티 당일에는 주최, 후원, 협찬, 외주 등을 담당하는 외부인사들과 스텝과 같은 내부인력까지 모두 관리해야 한다. 파티 후에는 구성원들에게 업무를 분담시키고 성취감을 함께 공유하고 힘을 북돋워 주는 것까지 모두 파티플래너의 역할이다.

따라서 이 모든 과정 안의 인적요소를 통솔하고 조율하며 서로 협력하게 할 수 있는 리더십은 반드시 필요한 덕목이다.

(2) 창의성

창의성이 결여된 파티플래너는 존재가치가 없다. 기존의 식상하고 일률적인 이벤트를 대체하기 위해 존재하는 만큼 생각의 폭과 감성이 남달라야 한다. 다양한 직·간접 경험을 통해 견문을 넓히고 상상력을 고양해야 한다.

의뢰자나 파티 주최자의 요구에 끌려가다 보면 파티플래너의 창의성은 묵살되기도 하지만 이러한 조율과정 속에서도 자신의 창의성과 그 효과에 대해 설득할 수 있어야 한다. 창의성이 없는 파티플래너는 단순한 이벤트 대행업자와 같다. 즉 의뢰인이 기획한 것을 그대로 실행에 옮기는 것 밖에는 되지 않는다는 것이다.

아주 작은 파티 하나를 만들더라도 고객이 신뢰하고 안심하고 공감할 수 있는 범위 내에서 충분한 창의력을 발휘하라. 참가자에게는 즐거움을 주고 고객에게는 파티 효과에 대한 만족을 줄 수 있는 것은 파티플래너의 기획력이며, 기획력을 뒷받침하는 것이 창의력이다.

창의력과 파티플래너

기획자에게 있어 창의력은 골치 아픈 애인과 같다. 함께할 수 있다면 두려울 것이 없는데 꼭 필요할 때 곁에 없기 때문이다. 그렇다고 헤어지면 정말 큰일이 나는 것이 이 창의력이란 애인이다.

우리에게 꼭 필요한 덕목이지만 창의력을 기른다는 것은 정말 어려운 일이 아닐 수 없다. 단시간 내에 개발할 수도 없기 때문이고 끊임없이 연구해야 가능하기 때문이기도 하다. 학생들이 가끔 '어떻게 해야 창의적인 기획을 할 수 있나요?'라고 물어오면 '확실한 방법은 없다. 다만 많은 걸 경험하고 느끼는 수밖에…'라고 말꼬리를 흐려야 하니 조금 미안한 생각도 든다.

하지만 그렇게 비관적인 상황은 아니다. 우리나라는 많은 것을 경험하기에 참 좋은 곳이기 때문이다. 바로 인터넷 인프라가 잘 다져져 있기 때문인데 다른 나라에 비해 현저하게 빠른 인터넷 속도로 다양한 포털사이트나 개인미디어, 커뮤니티를 간접경험을 할 수 있는 천혜의 환경이기에 희망이 있는 것이다. 단시간 내에 방대한 양의 정보와 간접경험을 할 수 있기에 이리저리 알아보고 찾아가는 수고를 덜 수 있다.

이와 함께 기존의 미디어들(영상, 전파, 인쇄매체들)에 많은 관심을 가져야 한다. 신문하나쯤은 보고 인기드라마 정도는 보며 운전할 때 라디오 듣는 정도로는 안 된다. 신문도 성향별로 구분하여 읽을 줄 알아야 하고 특성을 살린 산업별 신문부터 특정 구독자를 위한 신문들까지 가리지 말고 읽어대야 한다. 적어도 사람들에세 회자되는 책은 필수로 읽어보아야 하며 TV를 보더라도 케이블을 넘나들며 모든 채널에 관심을 가져야 하고 다양한 시대와 장르의 영화를 봐야 한다. 방에 있을 때는 라디오도 함께 듣자. 이렇게 편식없는 미디어체험은 뉴미디어가 주는 간접경험과 함께 어느새 생각할 수 있는 힘을 주고 다른 사람이 생각하지 못하는 것을 할 수 있도록 도와준다.

하지만 이것 하나는 명심해야 한다. 아무리 다양한 간접경험을 한다 해도 직접경험과 비교할 수는 없다. 역시 이것저것 닥치는 대로 해보고 그 안에서 희노애락을 느껴본 사람이 기획을 잘하는 것을 우리는 쉽게 찾아볼 수 있다.

(3) 커뮤니케이션

파티는 기획부터 섭외, 영업, 미팅, 계약, 운영과 관리까지 커뮤니케이션의 연속이다. 모든 영역이 커뮤니케이션으로 이루어져 있다. 고객과의 커뮤니케이션, 외주와의 커뮤니케이션, 그리고 참가자와의 커뮤니케이션 등 파티를 구성하는 모든 인적요소와의 커뮤니케이션 능력은 리더십과 맞물려 시너지 효과를 발휘한다. 더 좋은 조건으로 계약을 하는 것만이 커뮤니케이션이 아니다. 파티플래너의 커뮤니케이션 능력은 파티 전반에 나타나며 효과와 직결된다. 이 능력은 파티가 얼마나 유기적으로 조합되어 있는지를 나타내고 구성원간의 정보공유와 동일한 지향점을 향해 정진하고 있다는 것을 의미하기 때문이다.

많은 파티를 만들어 보면서, 또 파티 후에 비판적으로 반성하면서 자신의 커뮤니케이션 능력을 끊임없이 점검해보길 바란다.

(4) 기획력

무턱대고 독특하거나 색다른 것이 좋은 것은 아니다. 현실성은 기획요소 중 필수적이기 때문에 반드시 실현가능한 창의성이어야 하며 기획력은 창의성이 구현되게끔 하는 방법론인 것이다. 주문과는 동떨어진 테마를 기획하거나 파티의 목적에 어긋나는 기획을 한다면 제대로 된 기획이라 할 수 없다.

명확한 테마와 이에 부합하는 파티구성요소들, 또 이를 운영하는 인적요소들이 유기적으로 조합되고 논리적으로 기획되었을 때 받아들여질 수 있는 것이다.

파티의 목적에 부합하면서도 구석구석, 요소요소에 자신만의 창의력을 발휘한다면 그야말로 금상첨화다. 파티를 위한 다양한 정보들을 입수한 뒤 모든 기본정보들에 알맞게 기획하고 그 안에 독창성을 부여하자. 그것이 의뢰자 · 사 · 단체를 안심시킴과 동시에 호기심을 유발시켜 계약으로 이끌 것이다.

최초가 가지는 힘

무엇인가를 처음으로 시도한다는 것은 여러 가지로 중요한 의미를 가진다. '최초'라는 타이틀이 주는 혜택은 여러 가지이며 파생되는 상품이나 서비스도 무한하다. 이렇게 최초가 가지는 여러 가지 장점 때문에 너나 나나 '원조'라는 타이틀을 붙이기에 급급한 것이다.

특히나 오프라인 행사부문에서는 새롭고 창의적인 기획으로 인해 좋은 효과를 보게되면 매 시즌마다 반복해서 행사를 수주할 수 있게 되는 것이다. 여러분들이 알고 있는, 독특한 지역 축제를 떠올려보면 쉽게 이해가 갈 것이다. 이렇듯 이벤트건 파티건 '최초'의 행사는 기획자나 업체에게 커다란 동력이 되는 것이다.

최초가 주는 혜택

- 나를 알리는 수단
- 성공시 콘텐츠를 활용해 추후에 발생하는 이점, 수익을 독점
- 트렌드 리더로서의 입지를 굳힘

새롭고 획기적이고 효과적인 테마의 시도를 통해 '최초'가 되길 바란다.

(5) 표현력

아무리 아이디어와 기획력을 가지고 있더라도 그것을 적절히 표현하지 못한다면 아무 쓸모가 없을 것이다. 반면에 표현하는 기술, 포장할 수 있는 기술을 가지고 있다면 알맹이가 조금 빈약하더라도 커버할 수 있다. 이것이 바로 표현하는 능력이다. 자신의 생각과 의도를 100% 알릴 수 있도록 하는 문서작성 능력과 여기에 스피치, 프리젠테이션 능력을 덧붙이면 120% 전달할 수 있는 것이다.

하지만 이러한 능력은 단기간에 생기는 것이 아니며 경험이 무엇보다 중요하다. 끊임없이 시도하려 하고 도전하려 할수록 나도 모르게 발전하는 것이 표현능력이다. 기본적인 스킬뿐 아니라 현실에 적용가능한 실전적인 스킬이 필요하며, 전에 잘못알고 있거나 오해하고 있던 정보들을 과감히 버리기 바란다.

표현능력은 문서작성 능력과 프리젠테이션 능력으로 나눌 수 있다.

1) 문서작성

머릿속에 있는 기획을 문서로 표현하는 능력이다. 종이에 대략적인 구성을 하고 오피스 프로그램을 활용한다. 워드, 한글 프로그램도 활용하지만 사진이나, 영상, 도형 등을 사용하는 데에는 파워포인트를 이용하는 것이 효과적이다. 몇 가지만 각별히 유의하고 여러 개의 기획안을 만들다 보면 자연스레 발전하는 모습을 보게 될

것이다.

✠ 형식상의 유의할 점

- 철자, 띄어쓰기, 오타: 이메일로 전송받는 방법이 일반적이므로 문서 송부시 반드시 철자, 띄어쓰기, 오타확인을 해야 한다. 문서를 열어 보았을 때 빨간줄 천지라면 읽기 싫어질 뿐 아니라 신뢰감이 생기지 않는다.
- 칸맞추기: 별것 아닌 듯하나 문서를 한눈에 들어오게 하려면 질서 정연하게 배치하는 것이 중요하다.
- 일관성, 통일성
  - 도형: 1~2가지 정도만 사용하는 것이 좋다. 너무 다양한 도형 사용은 가독력을 떨어 뜨리고 읽는 이의 주의력을 분산시킨다.
  - 문단번호모양: 문단번호는 글의 순서와 논리를 파악할 수 있게 도와주며 일관성 있게 사용해야 한다.
  - 글꼴: 다양한 글꼴사용은 혼란을 가중시킨다. 강조를 위해 다른 글꼴을 사용하는 것은 상관없으나 특수한 글꼴 사용은 가급적 피해야 한다.
  - 색상: 컬러풀하고 화려한 기획안은 내용에 충실하지 못하다는 느낌을 줄 수 있으니 자제해야 한다.
  - 영문표기: 모두 대문자로 썼다든지 띄어쓸 때마다 대문자를 사용했든지 하면 처음부터 끝까지 동일한 형식으로 표기한다.
  - 어법, 서술형식: 특히 많이 실수하는 부분이 서술어의 형태다. 명사로 끝나거나 서술형으로 끝나거나 둘 중 하나인데 이 또한 하나의 방식을 채택해 초지일관 적용해야 한다.
- 고객이 원하는 디자인

도형, 색상 등 기업 · 단체의 이미지에 맞는 디자인을 해야 한다.

✠ 내용상의 유의할점

- 자신의 자랑보다는 상대방의 benefit 강조
- 자신 또는 업체의 자랑거리를 나열하여 신뢰감을 주려하지 말고 의뢰자(개인, 기업, 단체)나 제안 대상에게 무엇이 주어지는지를 강조, 설득해야 한다.
- 간략하고 깔끔한 축약된 문장

만연체는 피해야 하며 긴 설명 대신 축약된 문장으로 표현해야 한다.

- 다른 플래너, 업체와는 차별화되는 장점 부각
  주문형의 경우 두 개의 업체 이상이 경쟁하게 되어 있기 때문에 자신과 업체만이 가지고 있는 장점을 부각시켜야 한다.
- 최근 파티 혹은 유사 파티의 예를 제시
  최근의 파티나 기획한 파티와 유사한 파티를 보여줌으로써 실현가능성을 타진할 수 있도록 한다. 이는 신뢰감을 줄 수 있는 좋은 방법이다.
- 사진과 영상의 적절한 배합
  글보다 사진, 사진보다 영상이 설득하기에 효과적이다. 특히 파티의 현실성과 진행에 의구심을 가지고 있거나 파티에 부감감을 가진 클라이언트라면 더욱 비율을 높여야 한다.
- 저작권 표기
  자신 혹은 업체의 모든 기획안과 제안서에는 반드시 저작권 표기를 해야 한다.

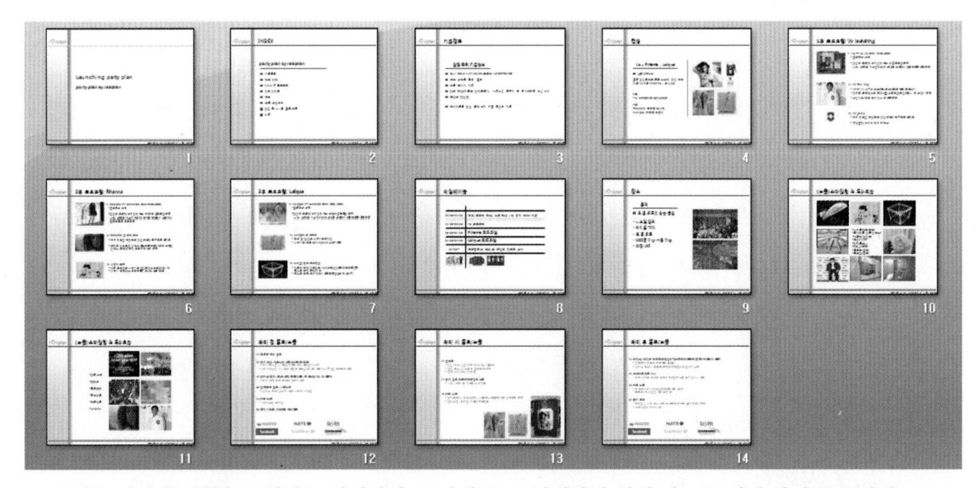

■ 문서는 자신의 기획을 표현하는 방식이며, 보기에 좋고 이해하기 쉽게 만드는 것이 가장 중요하다

2) 프리젠테이션

상대방을 잘 이해시키고 설득하는 것은 이론상으로 어려운 일이 아니다. 파티와 이벤트의 차이점에서도 알아보았지만 인간이 가지고 있는 감각기관을 많이 사용하도록 하면 생물이나 사물에 대한 마음을 움직일 수가 있다. 백문이 불여일견과 같은 한자성어들은 모두 이러한 기본적인 상식에 기반하고 있다. 다양한 감각기관을 사용하게 하면 오래 기억되고 이해도가 증진되며 감성을 자극해 긍정적인 마인드를

갖게 함으로써 이해, 설득시키는 데 용이하다.

프리젠테이션도 같은 논리를 바탕으로 한다. 문서상으로 전달되는 시각적 효과와 더불어 듣는 이로 하여금 청각, 촉각 등의 감각을 사용하게 하고 더 나아가서는 감성을 자극하면 경쟁에서 승리할 확률이 높아진다.

고객의 마음을 사로잡으려면 여러 가지 기술을 동시에 능수능란하게 구사해야 한다. 결코 쉬운 일은 아니지만 용기를 가지고 도전하다 보면 마음의 여유가 생기고 발표자체를 즐기게 될 것이다.

다음과 같은 유의사항을 염두해 두고 평상시에 연습하기 바란다. 현대의 프리젠테이션은 단순 발표가 아닌 사람과 사람의 교감을 중시한다는 것을 잊지 말아야 한다.

✠ 현란한 동작 금지

프리젠테이션의 본래 목적을 잊지 말아야 한다. 기본적으로는 정보의 전달과 이해를 위한 수단이기 때문에 과도하거나 쓸데없는 제스처로 보는 이에게 혼란을 주어서는 안 된다.

프리젠테이션 공간의 분위기를 환기시키거나 확신을 주는 동작, 긴장을 완화하는 동작들은 긍정적인 효과를 발휘하므로 배우고 익힐 필요가 있다.

■ 발표자는 자신의 기획에 대한 자신감의 표현으로 제스처를 구사할 줄 알아야 한다

✠ 버릇 인지

누구나 발표시 자신만의 버릇을 가지고 있다. 사소한 것이라면 문제될 것이 없으나 시선을 사로잡거나 불쾌감을 주는 버릇은 고쳐야 한다.

✠ 아이컨택

눈은 상대방의 심리를 보여준다. 실제로 여러 발표 논문이 있으며 일반적으로 인정되는 학설이다. 눈동자의 움직임뿐만 아니라 시선처리 역시 심리상태를 잘 나타내게 되는데, 하늘을 쳐다보거나 시선을 사람이 아닌 곳에 두거나 하는 것은 보는 이로 하여금 신뢰감을 주지 못한다.

자신의 기획에 확신이 있다면 듣고 있는 클라이언트 한 명 한 명의 눈을 볼 수 있는 용기와 여유가 생기기 마련이다. 청중 또한 이 점을 잘 알고 있다.

✠ 단순 읽기 금지

가장 흔히 범하는 실수다. 준비한 자료를 완벽히 인지하고 있다면 화면이나 문서를 보고 읽는 일은 하지 않는 법이다. 청중도 눈이 있다. 그들은 눈으로 준비한 자료를 보며 부가적인 설명이나 예시를 듣고 싶어 하는 것이다. 이해를 돕고 설득할 수 있는 추가적인 무기를 가지고 가는 사람이 발표자인 것이다.

발표자의 자세뿐 아니라 문서, 발표 내용 등도 중요하다. 하지만 자료의 스킬이나 디자인보다 발표자의 역량이 더 많이 요구되는 것이 현실이다. 자료는 내용이 알차면 되는 것이다. 나머지는 프리젠테이션 스킬이 결정한다. 브로셔나 카탈로그를 들고 다니는 영업사원을 생각하면 쉬울 것이다. 브로셔는 제품에 대한 정보를 줄 뿐 신뢰감이나 사고 싶은 충동을 주기에는 부족하다. 결국 주머니에서 돈을 꺼내게 하는 것은 '사람'이라는 것을 명심하자.

(6) 활동력

말 그대로 활동하는 능력을 의미하는데, 활동능력은 파티 전 기획단계와 파티시, 그리고 파티가 끝난 후의 활동으로 나누어 살펴본다.

파티 전의 능력은 계약을 성사시키고 파티의 각종 요소들을 만족시키는 활동이라 생각하면 편하다. 예를 들어 음식, 주류, 장소, 스타일링, 공연팀 섭외 이외에 협찬, 제휴사 유치 등을 원활하게 수행하는 것을 말한다. 간단하게 이야기하자면 부지런하고 꼼꼼해야 한다는 말이다.

파티시에는 융통성과 순발력이 요구된다. 어떠한 문제가 일어날지는 아무도 모른다. 제아무리 파티 당일을 대비해 여러 가지 예상되는 돌발 상황에 대해 방책을 마련했다고 해도 문제는 전혀 생각지도 못한 곳에서 발생하기 마련이다. 문제가 일어날만한 것들을 꼼꼼히 체크하고 대비책을 마련해두어야 한다. 그리하고도 예상치 못한 문제가 발생한다면 민첩하게 반응해야 한다. 빠른 두뇌회전과 대응 능력은 선천적이라고 생각하는 사람이 많은데 파티에서는 경험이 이러한 문제해결 능력을 지원한다. 자신에게 이러한 능력이 없다고 생각된다면 무조건 많은 파티를 만들고 경험하면 저절로 생기는 것이니 너무 걱정하지는 말자.

융통성과 순발력은 이렇게 문제발생시에만 요구되는 것은 아니다. 파티가 잘 진행되고 있더라도 첨가하고 싶은 것이나 수정 또는 삭제하고픈 것이 있다면 흐름에 맞게 잘 조절할 수 있는 능력도 포함한다. 즉 파티분위기에 맞게끔 흐름에 맞춰 가감하는 운영능력 또한 필요한 것이다.

파티 후에는 현장을 정리하고 스텝들을 관리하며 의뢰자 · 사, 협찬, 제휴사와의 계약조건에 맞는 자료를 수집, 혹은 작성하여 송부하는 것까지 최대한 신속히 이루어져야 한다.

파티가 아무리 훌륭했다 하더라도 뒷마무리가 더디고 깨끗하지 못하다면 신뢰에 금이 가기 마련이다. 향후 더 견고한 관계유지를 위해서는 사후처리를 신속 정확하게 마무리 하여야 한다.

(7) 영업력

영업은 단순히 '물건파는 일'을 의미하지 않는다. '파티'를 모르거나 '파티 효과'를 인식하지 못하는 사람이나 기업, 단체가 있다면 '파티'와 '파티효과'를 알리고 설득하는 것도 영업이다. 또한 새로운 시장을 개척하고 뿌리를 내리는 작업도 영업이며 더 나아가 자신만의 파티스타일을 만들어 시장에 어필하는 것도 영업인 것이다. 마지막으로 한정된 고객의 틈바구니에서 유혈 경쟁을 피하기 위해 새로운 고객군을 창출하는 것도 영업이지만 '나'를 아는 고객을 충실히 관리하는 것도 영업이다.

넓은 의미에서 영업은 업무 전반에 스며들어 있는 것이다.

(8) 뉴미디어에 대한 이해

방송, 전파, 인쇄매체를 기존의 미디어라 하면 인터넷과 관련된 모든 미디어는 뉴미디어라고 할 수 있다. 기존 미디어도 여전히 막강한 영향력을 지닌 것은 분명하다 하지만 파티는 이벤트와 비교했을 때 분명히 뉴미디어와의 연관성이 더 짙게 나타나며 그 활용도 또한 폭넓다고 할 수 있다.

뉴미디어는 다양한 형태로 분류되는데 파티와 특히 친숙한 매체는 커뮤니티, 블로그, 미니홈피, SNS라고 할 수 있다. 커뮤니티는 개인이 개설하지만 구성원이 함께 운영한다는 점에서 새로운 형태의 집단이라 할 수 있다. 혈연, 지연, 학연을 넘어 인터넷상의 'com연'은 현대인에게 가장 강력한 연대활동이 될 것이라고 확신한다. 또한 다양한 명칭으로 불리나 그 기본 성향은 비슷한 개인미디어(블로그, 미니홈피 등)는 표현의 도구를 넘어 사회, 경제, 정치적 소통과 소비의 중심축이 되어가고 있다.

뉴미디어는 오프라인과 가상을 끊임없이 연결, 실현시키고 있으며 제2의 생활 터전인 것이다.

온라인과 오프라인, 각 영역에서의 역할과 효과 등을 파악하는 것은 파티를 이해하는 데 큰 도움이 된다. 이미 대한민국의 모든 사업과 시장은 온/오프라인 중 어느 하나에만 치중할 수 없는 구조 안에 있으며 온/오프라인을 자유롭게 넘나들고 연계할 수 있으며 상호간의 동력이 될 수 있도록 관리하는 기업, 단체가 승리하는 것이다.

우리의 삶이 밖에서만 이루어지지 않듯이 파티 또한 밖에서만 이루어지지 않는다. 파티는 오프라인에서의 사교와 비즈니스를 하는 공간이라고 생각하는 것은 시대에 뒤떨어진 생각이다. 인터넷 통신문화가 태동한 순간부터 우리는 온라인상의 교류을 접했고 오프라인으로 타인과의 사교와 비즈니스가 확대되어 왔으며 최근에는 온라인과 오프라인의 삶이 서로 조화를 이루어야 균형잡힌 인생을 사는 것이라 말할 수 있는 시대까지 온 것이다.

블로그, 미니홈피, SNS는 이제 자신을 표현하는 수단에서 멈추지 않는다. 하나의 언론, 하나의 미디어, 하나의 광고, 홍보 매체로서 역할을 공고히 하고 있다. 커뮤니티 또한 공통점, 동질감을 가진 사람들의 모임에서 벗어나 하나의 정치, 문화, 경제, 사회를 이끄는 파워집단으로 변해가고 있다.

이러한 인터넷 미디어와 커뮤니티를 이해하지 못하면 파티를 만들 때 많은 난관에 부딪혀 효율적으로 운영하기 힘들어진다. '파티&파티플래너'에서 언급했듯이 커뮤니티는 파티를 제작하는 데 많은 인적, 물적 도움을 준다. 이는 블로그, 미니홈피, SNS도 마찬가지다.

파티공간의 흐름은 온라인에서 시작되어 오프라인을 거쳐 다시 온라인에서 마무리 되는 것이다.

즉 커뮤니티, 블로그, 미니홈피, SNS에서 파티 목적에 따라 광고 및 홍보가 이루어지며 오프라인 파티의 생성물들이 다시 커뮤니티, 블로그, 미니홈피, SNS를 통해 2차적으로 배포되고 노출되어 미래로의 연속성을 유지하게 되는 것이다.

이와 같은 흐름을 정확히 인지하고 적용하지 못하면 경쟁에서 승리할 수 없다. 이것은 기업뿐 아니라 개인, 단체가 모두 고민하고 있는 주제이다.

✠ 커뮤니티, 블로그, 미니홈피, SNS 역할과 미래

- 강력한 광고, 홍보의 도구
- 여론형성의 중심
- 정치집단화
- 소비의 중심
- 기업화
- 1인미디어의 다채널화(다중인격으로서의 다수의 미디어)

대학축제와 파티문화

축제에 목마른 당신 파티로 눈을 돌려라

학생들은 객체가 되기 보다 자발적 활동 원해
창의적인 기획을 위한 진지한 고민있어야

미니홈피 | 클럽 | 페이퍼 | 타운 | 선물가게

클럽 이야기

크리스마스의 나 홀로 을 선나는 송과 파티 따뜻한 사람이 있 멋지게 채

세상에서 가장 좋은 크리스마스 음악은 소중한 사람과 함께 듣는 캐롤입니다

새로운 사람과 번지 있는 우정을 그대에게

올해의 마지막, 사람과 사람이 만들어내는 설렘을 놓치지 마세요

크리스마스 파티에 초대합니다 ◎
FRIENDS & LOVE ◎

반갑다 12월! 연말은 우리의 독무대~

파티 하면 우리는 파티 홀릭!
금요일 밤을 새하얗게 지새우며
Party~ Party tonight~

우리 클럽, 뉴스에 뜨다! ◎
리파+ ◎

파티플래너 이우용

추천 선물 아이템

이 우 용
리얼플랜 · 대표

대한민국에 파티문화가 자리 잡은 지 약 5년이 흘렀다. 1990년대 후반부터 외국의 파티문화를 모방하려는 움직임이 일었지만, 이는 일부 유학생들과 부유층 자녀를 대상으로 한 '과시의 장'이었다. ...

성장통을 겪고 한 단계 발전하는 파티문화

...

생일을 맞은 시대군. 온종일 생일 축하한다는 말을 들으니 기분이 좋다. 오후 1시가 돼 신문제작 수업을 듣기 위해 미디어관으로 향했는데 웬일인지 강의실이 깜깜하다. 불을 켜는 순간, 친구들의 깜짝 생일 파티가 시대군을 맞았다.

누구나 한 번쯤 살면서 '파티'를 해 봤을 것이다. 어릴 적 손수 초대장을 만들어 친구들을 집으로 초대했던 생일 파티일 수도 있고 잠옷을 입고 친구들과 밤새 수다를 떠는 파자마 파티일 수도 있다. 이처럼 다양한 모습으로 즐거운 순간으로 기억되는 파티! 요즘 파티는 더욱 색다른 모습으로 탈바꿈하고 있다.

우리 함께 즐겨요

'파티' 하면 마치 서양의 문화 같기도 하고 부유한 사람들만 누릴 수 있는 특권 같기도 하다. 하지만 그렇지 않다는 사실. 뜻을 가진 사람들이 한데 모여 즐거움을 나눈다면 그 순간이 바로 파티다.

파티는 어느 순간 갑자기 등장한 것이 아니다. 옛날 우리의 할머니, 할아버지가 살던 시절에도 집안에 경사가 나면 마을 사람들과 함께 먹고 즐기는 잔치 문화가 있었다. 이처럼 사람과 사람의 만남 속에서 이뤄지는 파티는 인류가 등장했을 때부터 잔치, 모임이라는 이름으로 우리 곁에 맴돌고 있었다. '파티'라는 용어는 90년대에 들어서서 유학생들과 몇몇 동호회에 의해서 본격적으로 사용됐다. 더불어 인터넷 사용이 활성화됨에 따라 채팅 사이트, 동호회 사이트 등을 통해 새로운 사람들과의 소통이 활발해졌다. 자연스레 오프라인 모임이 많아졌고 다양한 파티 문화가 우리 생활에 스며들기 시작했다.

이러한 모임을 보조하기 위해 커뮤니티들이 만들어지기도 했다. '진정으로 파티를 즐기는 사람들'이라는 의미의 사교 커뮤니티 '리파+'의 클럽장 이우용(34)씨는 "올바른 사교문화를 위해서는 균형감을 가진 커뮤니티가 필요하다고 생각했어요. 그리고 소박하지만 양질의 인간관계가 형성되는 따뜻한 곳을 만들고 싶었어요"라며 커뮤니티를 만든 취지를 설명했다. 그는 "파티는 사람과 사람이 교류하는 장이에요. 타인과 사교하며 적극적인 파티를 즐기는 사람들의 모임이 되길 바라요"라며 덧붙였다.

파티는 특정한 사람들만 누릴 수 있는 전유물이 아니다. 누구나 마음만 먹으면 파티를 통해 소중한 사람들과 즐거운 시간을 함께 보낼 수 있다.

행복을 두려워 마세요

파티 플래너를 만나다

성심교정동문회 조기

ALL THAT PARTY

LIST BAIT

Talk 2

대중과 호흡하는 창 파티플래너의 매력적인 세계

동문 소식및 동문 동정

공 연

박수빈(가정 2회) 동문의 전시회가 성황리에 막을 내렸습니다. "좋아하의 미하전"라는 주제로 8월 18~24일까지 Gallery Ho8 에서 전시회가 열렸으며 동문회 임원진 및 여러 동문들과 지인분들이 참석해 주셔서 한결 더 성심교정 동문으로서의 자부심이 느껴지는 자리였습니다. 박수빈 동문님과 관련하여 또는 작품과 관련하여 더 많은 관심이 있으시다면 http://www. soobinart.com 참고하시기 바랍니다.

신 간

가톨릭대학교 국제학부 미국학과 98학번 이우용 동문 책 출간
제목 : 파티&파티플래너
출판사 : 눈과 마음

어느새 우리 삶에 깊숙이 자리 잡은 '파티' 그런데 이를 상업적으로 이용하려는 사람들과 색안경을 끼고 바라보는 사람들로 인해 파티는 여전히 숱한 편견과 오해에 휩싸여 있다. 그런 의미에서 이 책은 파티와 파티플래너에 관심을 두는 사람들, 그리고 파티를 활용한 마케팅과 이벤트의 한 부분으로서 파티 시장에 대해 알고자 하는 사람들을 위해 현실적으로 집필되었다. 이 책이 가장 중점적으로 추구하고자 하는 것은 '편안함'이다. 그래서 독자들이 보다 편하게 파티 문화를 접하고, 기본적인 정의를 정립하는 데 도움을 주어 이를 실제로 활용할 수 있는 팁과 용기를 전달하고자 했다. 실제로 파티와 이벤트 산업에서 종사해 온 저자의 경험과 노하우, 평소의 고민과 해결 방안을 통하여 쉽고 편안하게 파티를 이해하고, 책을 읽은 후 어느 누구라도 '나도 파티를 만들고 싶다.' 혹은 '나도 파티에 나가고 싶다.'라는 생각이 들 수 있도록 시도하였다.

∴ 이우용 : '리얼 플랜'의 대표, 파티플래너 아카데미의 대표 강사로 활동, 국내 최대의 파티 커뮤니티인 '라파+'의 클럽 장으로서 파티의 대중화에도 힘쓰고 있음. 현재 ... 오산대 동

■ 기존미디어의 인쇄매체와 뉴미디어의 온라인매체는 서로 연동된지 오래다. 다양한 매체에 소개되는 것은 파티와 파티플래너의 성공에 중요한 역할을 하기도 한다

브랜드 커뮤니티

브랜드 커뮤니티는 브랜드를 주제로 만들어진 커뮤니티이다. 자신이 좋아하는 브랜드를 주제로 만들거나 혹은 기업이 전략화시키고 싶은 브랜드를 주제로 커뮤니티를 만드는 것이 바로 브랜드 커뮤니티이다.

브랜드커뮤니티는 커뮤니티를 만든 주체에 따라서 크게 두 가지로 나뉜다. 유저가 자발적으로 만든 커뮤니티와 기업이 전략적으로 만든 커뮤니티가 그것이다. 유저가 직접 만든 커뮤니티의 경우 특정 브랜드, 상품, 혹은 서비스에 동질감의 생성이 가장 중요한 동기가 된다. 쉽게 말하면 동호회가 되는데 이러한 커뮤니티는 자발적 참여가 가장 큰 힘이다.

기업이 개설한 커뮤니티는 자신들의 브랜드, 상품, 서비스의 마니아 육성을 전략적으로 지원하기 위한 툴로서 만들어지며. 상업적인 측면이 강조된다.

최근에는 각 커뮤니티, 포털에서 기업의 브랜드 커뮤니티 개설을 돕는 서비스를 운영하고 있다. 이는 독립 호스팅/자사 사이트의 커뮤니티가 기업, 단체의 이미지제고나 홍보효과에 대한 만족을 이끌어내는 데 한계가 있다는 것을 간파했기 때문이다. 이제 기업들도 독립/자사 사이트에 커뮤니티를 만들기보다는 각 커뮤니티/포털 사이트의 클럽/까페/타운 등을 이용한 커뮤니티 생성에 박차를 가할 것이다.

사실 커뮤니티의 내용만으로도 책 한권을 써야 할 만큼 이 분야는 중요하다. 더욱 자세히 이야기하고 싶지만 시중에 커뮤니티에 관한 좋은 책들이 있으니 한번 읽어보기 바란다.

4. 파티플래너의 업무

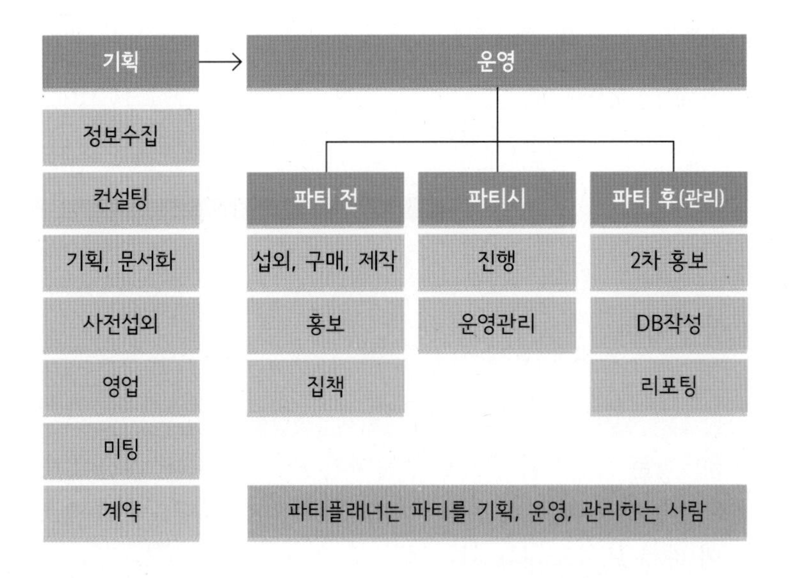

파티플래너는 파티를 기획, 운영, 관리하는 사람이다. 파티플래너라는 단어 때문인지 기획자라는 인식이 강한 것이 사실이나 기획뿐 아니라 파티 진행부터 사후 관리까지 도맡아 하는 사람으로서 사실 '플래너'라는 단어가 혼란을 가져다줄 소지가 있다.

파티&파티플래너 실전편

이벤트 산업에서 말하는 기획자, 프로듀서, 연출자의 역할을 모두 수행해야 하는 것이다. 타회사에는 기획이면 기획, 마케팅이면 마케팅, 제휴사업부 등이 분리되어 업무분담이 되어 있지만 '파티플래너'는 행사에 관한 모든 것을 도맡아 진행하기에 업무량이 적다고 할 수 없다. 따라서 상당히 많은 업무를 소화해 내야 하는 부담이 있으므로 업무의 분담을 통해 플래너끼리 협력하여 파티를 제작하는 경우도 있다. 하지만 창의력을 바탕으로 테마에 대한 총체적인 지도는 한 사람이 주도하는 경우가 대부분이다. 다수의 파티플래너가 함께 파티를 만든다면 각자 다른 이해도 때문에 혼선을 빚게 될 수도 있으니 조심해야 한다.

(1) 기획업무

정보 수집에서 계약까지의 과정을 말하며 문서를 작성하는 업무 외에 전화, 인터넷을 통한 컨설팅, 섭외 또는 영업을 위해 발품을 파는 것까지 모두 기획에 속한다.

기획요소(현실성, 수익성, 안전성, 창의성, 현재성, 지속성)에 부합하는 기획을 하기 위해서는 철저한 사전 정보 수집을 통한 최상의 테마를 설정하는 것이 무엇보다 중요하다.

1) 정보수집

파티를 기획하기 위한 제반 정보를 수집하고 확인한다. 주로 온라인에 공개된 정보들로 이루어지는데 뉴스 등의 보도 자료와 웹문서를 특히 눈여겨 볼 필요가 있다.

- 자체형: 컨셉(목적)과 테마를 설정한 후 다른 구성요소 기획을 위한 정보를 수집한다.
- 제안형: 신제품 출시, 브랜드 런칭, 개봉 영화, 음반발매 등의 정보를 입수한 뒤 테마를 설정한 후 다른 구성요소 기획을 위한 정보를 수집한다. 또한 시즌자료 등을 활용해 VIP 초청 등의 맞춤형 제안을 위해 기업 및 단체에 대한 정보를 수집한다.

2) 전화, 온라인 컨설팅 및 정보 수집

주문형(의뢰)일 경우에 해당하며 6W2H(컨설팅 조건 확인)을 확인하고 테마를 설정한 후 의뢰자(개인, 기업, 단체)의 홈페이지, 뉴스 등의 보도자료 등을 분석, 정보를 수집한다.

CHAPTER 5

3) 기획안 작성

수집된 정보를 바탕으로 1차 기획안(자체형, 주문형일 경우) 및 제안서(제안형)를 작성한다. 테마를 설정하고 구성요소 기획에 들어가며 문서의 디자인 또한 클라이언트에 맞게 제작한다.

4) 사전 섭외

파티구성요소 기획시 섭외에 관한 업무를 말한다. 섭외를 확정하는 것은 아니며 기획안 및 제안서 작성을 위해 섭외 가능 여부, 단가 또는 특이사항 등을 체크하거나 예약하는 수준이다.

5) 영업

- 제안형: 개인, 기업, 단체에 대한 기획 후 컨택, 미팅을 이끌어 내고 계약을 하는 과정을 말한다.
- 자체형: 자체적으로 파티를 기획한 후 후원, 협찬, 코프로모션 등의 방법을 통해 수익을 내는 과정을 말한다.

6) 미팅

자체형, 주문형, 제안형 기획에 모두 해당되며 1차 기획안 및 제안서가 통과되면 클라이언트와 미팅을 하게 된다. 미팅은 단순히 구두로 진행되는 경우도 있고 문서 및 프리젠테이션으로 진행되기도 한다. 자료 준비와 제작, 발표에 이르는 모든 과정이 파티플래너의 몫이다.

7) 계약

기획안 또는 제안서가 경쟁 또는 프리젠테이션을 통해 진행이 확정되면 계약서를 작성한다. 대행사 측에서 대행 계약서를 송부하는 것이 일반적이며 클라이언트 측에서 검토, 수정하게 된다. 따라서 계약서 내용을 정하는 것도 파티플래너의 업무다.

기획요소

파티를 기획함에 앞서 몇 가지 고려해야 할 사항이 있다. 파티가 반드시 가지고 있어야 할 특성과도 같은 요소들이 조화를 이룰 때 좋은 파티로 평가받게 될 것이고 기획한 자신의 보람도 찾을 수 있을 것이다.

흔히 저지르는 실수 중에 하나가 자신이 만들고 싶은 파티를 만드는 것인데 이는 내가 하고 싶고 관심이 있다면 다른 사람들도 그럴 것이라는 착각에서 비롯된다. 혼자만의 파티가 아니라 최대한 많은 사람들이 공감할 수 있는 파티, 여러 가지 목적에 부합하는 파티, 가치있는 파티로 기억되기 위해서 기획전반에 적용되는 다음의 요소들을 반드시 기억하고 실행길 바란다.

현실성

파티는 지금 우리가 살고 있는 이 시간, 이곳에서 열리는 것이다. 허무맹랑한 기획은 공감대 형성에 실패해 인정받지 못할 뿐 아니라 실현, 연출하는 데에도 부담을 느끼게 한다. 파티는 상상하고 꿈꾼 것을 현실화시킬 수 있는 도구임에는 틀림없으나 그 또한 현실에서 이루어진다는 것을 명심해야 한다.

수익성

파티를 취미로 만드는 것이 아니라면 파티를 통해 어느 정도의 금전적 이익을 얻는 지를 계산하는 것은 당연하다. 자신이 만들고 싶은 파티를 기획하기도 하지만 기본적으로 여러 가지 파티의 목적에 맞게 완성시켜 기획, 운영, 관리 대행료를 받는 것이다. 또한 다른 기업, 단체와의 협력, 제휴를 통해 공동 프로모션으로 인한 수익을 기대할 수 있다.

안전성

사람이 많이 모이는 곳에는 항상 사고의 위험이 도사리고 있다. 간단한 기술상의 사고부터 치명적인 인명 사고까지 그 범위는 다양하며 금전적 손실과 이미지 실추를 가져올 수 있기 때문에 항상 유의해야 한다. 파티는 근본적으로 즐거움을 추구하는 인간의 본성(유희적인 동물)에서 비롯되었다. 각종 사고는 이러한 즐거움에 좋지 않은 영향을 주므로 예방에 힘써야 하는 것이다. 위험성이 예측되는 기획은 피하는 것이 좋으며 파티 공간에 대한 이해를 높여야 한다. 난간, 계단, 바닥, 조명, 온/난방 기구, 음향에 이르기까지 조심해서 나쁠 것은 하나도 없으니 사전 조사를 철저히 하는 것이 옳다.

혹시 모를 인명, 기술적 사고 등에 대비책을 세워두고 스텝들과 공유하는 것이 무엇보다 중요하다.

창의성

남들과 똑같이 만드는 것, 남이 만드니까 나도 따라하는 것, 누구나 생각할 수 있는 것, 늘 해왔던 것을 또다시 하는 것은 파티의 의미를 퇴색시키고 스스로의 무능함을 알리는 가장 어리석은 기획이다. 다르지 않고 새로울 것이 없고 놀라울 것이 없고 즐거울 것이 없다면 차라리 만들기를 포기하라. 식상함과 천편일률적인 것은 파티가 버려야 하는 것 중에 으뜸이고 파티플래너가 존재하게 하는 이유다. 창의적이지 못하다면 파티와 우리의 존재가치가 떨어지는 것이다.

그렇다고 누구도 예상치 못한 파티만을 만들라는 것이 아니다. 조금만 생각을 바꾸고 조금만 더 다양성에 관심을 가지고 조금만 더 주변을 유심히 지켜보면 어떤 기획을 해야 할지 감이 올 것이다. 단순하고 간단한 변화로 사람들에게 놀라움을 주는 것은 기획자만이 가지는 기획의 묘미이다.

현재성(트렌드, 이슈, 시즌)

어쨌거나 파티는 현재의 일이다. 지금 우리가 보고 듣고 느끼는 것이 소재가 되어야 한다. 생각해 보지도 않았고 상상도 가지 않는 것을 기획했다고 창의적인 것이 아니다.

파티는 참가자 전원이 파티에 대한 이해를 가지고 자율적이고 능동적으로 참여하게 해야 한다. 이를 위해 파티플래너가 있는 것이고 파티플래너는 그러기 위해 어떤 장치들을 개발해야 하는지 고민하는 사람이다.

테마를 정하는 3가지 요소, 즉 트렌드, 이슈, 시즌을 선택, 조화시켜 누구나 만끽할 수 있는 파티가 되어야 한다. 그렇지 않다면 투자한 만큼의 파티효과를 보지 못할 것이고 파티는 1회적인 소모품이 되어버린다.

우리의 삶을 들여다 보라. 일상에서 찾는 테마야 말로 참가자와 의뢰인을 움직이고 감동시킬 것이다.

2013년의 대표적인 이슈였던 응답하라 1994를 테마로 한 파티

지속성

파티는 현재를 반영하지만 단지 현재에 그치진 않는다. 프로모션 관점에서의 파티의 강점은 앞서도 말했지만 지속성에 있다. 파티에서 생성된 콘텐츠들이 얼마나 지속적으로 효과를 가져오게끔 해주느냐에 따라 프로모션 파티의 성패가 갈린다고 해도 과언이 아니기 때문이다. 비단 홍보, 판매를 목적으로 하는 파티에만 국한되는 이야기는 아니다. 단순한 커뮤니티 파티라 할지라도 생성된 콘텐츠들은 평생 남게 되기 때문이다.

이러한 파티 생성물들은 지속적으로 다른 행사에도 영향을 주고 마케팅 홍보 툴을 변화시키는 원동력이 된다.

이렇게 파티는 과거, 현재, 미래를 연결시켜주고 현재의 파티 콘텐츠를 미래까지 지속시켜 주는 역할을 한다.

(2) 운영업무

운영업무는 크게 파티 전, 파티시, 파티 후 운영으로 분류하며 파티 후 운영은 관리를 말한다. 기획안, 제안서를 현실화시키고 이벤트와 같이 드라마성과 의외성 등의 연출요소를 도입하여 참가자에게 만족을 주거나 이슈화시키는 것을 목표로 삼는다.

문서상의 내용들을 눈앞에 펼친다는 것은 쉬운 일이 아니나 실현시켰을 때의 희열과 보람 때문에 파티플래너에게 행복감을 주는 업무다. 파티가 끝나면 파티 콘텐츠 관리뿐 아니라 고객, 참가자 관리도 맡아서 해야 하기 때문에 사람을 상대하는 기술도 요구된다.

1) 파티 전 운영

계약 후 파티 당일 전까지 준비하는 과정을 말하며 광고, 홍보, 프로모션 성격을 가진 파티는 홍보와 집객이 중시되며, 기업, 단체의 내부적으로 진행되는 파티는 내부인사들의 만족에 비중이 두기 때문에 섭외, 구매, 제작에 특히 더 많은 신경을 써야 한다.

✠ 섭외, 구매, 제작

장소, 공연팀, 외주 등의 섭외를 마무리하고 파티에 필요한 물품 및 도구를 구매,

제작한다.

✠ 홍보

세부기획안의 홍보 정책대로 시행한다. 고객의 홍보와 프로모션 성격에 맞는 홍보 수단을 강구한다. 기존미디어, 뉴미디어, 오프라인 홍보 등의 방식이 있다.

✠ 집객

내부행사일 경우에 집객에 대한 부담이 많이 줄지만 일반인을 대상으로 하는 파티는 어디서 어떻게 얼마나 집객을 했느냐에 따라 파티의 효과가 좌우되기도 한다. 참가자를 물색하고 선정하는 것도 파티플래너의 몫이다.

2) 파티시 운영

✠ 진행

시간대별 파티프로그램, 순서에 맞게 진행한다. 스텝을 통해 다음 준비사항을 지시하기도 하고 직접 진행을 하기도 한다.

✠ 운영, 관리

: 파티공간 내의 모든 시설물과 인적요소를 관리한다. 담당자를 두어 운영할 수도 있고 직접 운영, 관리하기도 한다. 이 밖에 홍보물관리와 콘텐츠 제작과 생성에 깊이 관여하는 등 파티 효과 관리에도 신경써야 한다.

3) 파티 후 운영관리

파티가 끝났다고 업무가 끝난 것은 아니다. 파티의 효과를 최대로 끌어올리기 위해서는 파티 후의 관리가 더욱 중요할 때도 있다. 비록 파티 자체에 문제가 있었거나 성공적으로 마무리되지 못했다 하더라도 사후 관리를 어떻게 했느냐에 따라 외부에서 보기에는 성공적으로 여겨질 수도 있다. 이 밖에 파티에 참여한 모든 정보를 정리하고 클라이언트에게 리포팅하는 것까지 완료해야 하나의 파티를 모두 마무리했다고 할 수 있다.

✠ 2차 홍보

사후에 일어나는 2차 홍보는 참가자에 의해 자발적으로 이루어지는 경우와 주관, 대행사에 의해 전략적으로 이루어지는 경우 두 가지가 있다. 파티에 참석했던 사람들은 파티시 촬영한 사진, 영상 등을 초대받은 커뮤니티나 자신의 미디어에 업로드하고 후기를 게시한다. 이렇게 자발적으로 올리는 콘텐츠들은 파티에 참석하지 않았던 사람들에게도 스크랩 등을 통해 유통되고 자연스레 파티관련 자료에 대한 view가 높아지는 것이다.

주관, 대행사는 촬영한 자료를 전문가가 촬영한 콘텐츠와 조합, 편집하고 관련 포털, 커뮤니티 등에 배포한다.

제휴, 섭외한 기존 미디어에 사후 노출을 요청, 수집하고 뉴미디어상의 자발적으로 유포된 콘텐츠를 수집하거나 개인미디어의 후기 URL 등을 수집정리한다. 리포팅을 위해 노출된 경로와 화면 캡쳐 이미지 등을 정리해 놓는다.

✠ DB작성

신청자, 참가자, 고객, 외주, 협찬, 후원, 홍보 경로 등에 대한 모든 DB를 작성한다. 파티를 통해 남은 방대한 양의 DB는 파티플래너의 재산이고 다음 파티를 위한 무기다.

✠ 리포팅

주최, 후원, 협찬에 관련된 기업, 단체 모두에게 리포팅을 해야 한다. 리포팅은 파티의 진행과정과 효과를 보기 쉽게 정리하고 행사 진행 담당자의 보고자료로 활용할 수 있도록 작성한다. 효과뿐 아니라 미흡했던 부분이나 보완할 점 등을 솔직하고 상세하게 기술해야 하고 일반인, 전문가, 그리고 주관/대행사 측의 콘텐츠를 수집하여 정리, 보고한다.

5. 관련 교육

파티플래너 관련 교육은 여러 가지 형태가 있다. 물론 파티플래너가 되기 위한 가장 좋은 방법은 직접 파티를 만들어 보면서 경험을 쌓는 것이다. 하지만 이 과정 속에 지치기도 하고 금전적인 문제가 생기기도 하며 자리를 잡고 자신을 알리기까지 오랜시간이 걸리기도 한다. 게다가 체계적인 이론과 실습교육을 받은 파티플래너에 비해 시장에 대한 이해와 대처, 응용 능력이 떨어져 비교적 많은 실패의 경험을 안게 되는 것이 일반적이다.

따라서 파티와 파티플래너에 대한 이론, 실전 정보습득 및 실제 파티를 만드는 실습을 통해 곧바로 파티 시장에 뛰어들 수 있는 교육기관을 선택하는 것은 어쩌면 당연한 일이다.

하지만 교육기관의 수에 비해 전문성과 실효성을 모두 겸비한 교육은 그다지 많지 않은 실정이다. 따라서 무턱대고 배우려 하기보다는 선택요령을 바탕으로 자신이 하려고 하는 분야를 확실하게 가르쳐 줄 수 있는 교육기관을 선택하는 것이 중요하다.

(1) 교육기관 선택시 유의사항

1) 자신이 하려고 하는 것이 무엇인가!

자주 언급한 바와 같이 많은 분들이 파티플래너의 업무에 대해 잘못 이해하고 있다. 특히 파티플래너를 스타일링 또는 케이터링과 관련지어 생각하는 분들이 많다. 이분들은 파티플래너를 하고 싶은 것이 아닌 스타일리스트가 되고 싶은 것임을 깨닫고 그와 맞는 교육기관을 선택하기 바란다. 많은 대학의 파티플래너학과에서는 파티기획과 마케팅 등의 필수 업무보다 스타일링, 케이터링과 관련된 교육의 비중이 높다. 수험생들은 이 점을 염두하고 선택해야 한다.

반면 대부분의 대학재학생 또는 취업, 이직, 창업, 프리랜서, 투잡을 원하는 분들의 경우 파티관련 기업의 아카데미, 교육과정을 선택하게 된다. 이들 아카데미는 위의 목적에 맞게끔 커리큘럼과 교수진을 보유하고 있고 수강생은 단기간에 체계적인 교육을 받을 수 있다는 장점이 있다. 또한 교육기관과의 유기적인 교류를 통해 실질적인 경험과 노하우를 쌓기 때문에 자신의 꿈을 펼치기 한결 수월하고 유리하다는 장점이 있다. 자신에게 맞는, 자신이 이루고자 하는 것을 도울 수 있는 교육기관을 선택하기 위해 아래의 사항들을 확인하는 것이 필요하다.

2) 교수, 강사의 이력을 살펴라

대학 또는 업체에서 파티와 파티플래너에 대해 가르치시는 분들 중에는 실제(현업) 파티플래너가 아니거나 관련업종(스타일리스트) 종사자인 경우가 있다. 현재 파티를 제작하고 있거나 과거 많은 파티제작 경험이 있어야 현장감 있고 신뢰성 있는 강의를 하는 것은 너무나 당연한 것이다.

〈강사진〉
실제 파티플래너로서 활동하는지
현재 파티를 만들고 있는지
어떤파티를 얼마나 많이 만들었는지
학문적인 성과는 있는지
전문가로서 얼마나 인정받았는지
공인으로서 정보가 공개되어 있는지

파티플래너는 미디어와 밀접한 연관이 있기 때문에 강사, 교수진의 성함을 검색해 보면 그분이 제작한 파티와 저서 그리고 언론에 노출된 것을 살펴볼 수 있다. 웹상에서 파티플래너로서의 활동을 찾아보기 힘들거나 미디어 노출을 찾기 힘들다면 현직 파티플래너가 아니거나 왕성한 활동을 하고 있지 않다고 판단해도 무방하다.

3) 학술적으로 준비되어 있는가를 살펴라

누군가를 가르치려면 학문적인 성과가 있어야 하는 법이다. 학위 또는 논문, 관련 저서 등이 있는지 알아보자. 좋은 교육자는 자신의 교육철학을 가지고 논리에 근거해 수업을 진행해야 한다. 파티와 파티플래너에 대해 체계화시킬 수 있는 사람만이 제대로 가르칠 수 있는 것이다. 대학 또는 국가기관 등에서의 강의 경험이 있는지를 살피는 것도 도움이 된다.

4) 커리큘럼을 살펴라

1)에서 언급했듯이 교육명은 파티플래너 양성인데 교육과정이나 과목은 이와 상관없는 경우가 있다. 예를 들어 커리큘럼에 벌룬아트, 테이블세팅, 푸드스타일, 꽃꽂이 등의 기능상의 업무가 포함되어있다면 백화점식 교육으로 학비나 수강료만 높아진 것은 아닌지 의심해야 한다. 위에 제시한 전문 기능들은 한 가지를 배우려고 해도 상당기간과 비용이 들어간다. 이것저것 일주일에 2~3시간 배워서 전문가가 된다는 것도 어불성설일 뿐만 아니라 이렇게 다양한 기능들을 가르치다보니 강사수가 많아지고 실습 도구 비용이 늘어 수강료만 높아지는 것이다. 더 큰 문제는 다양한

기능을 심도있게 배우지 못하고 이것저것 흉내 정도만 내는 수준으로 배우면 어설픈 기능인으로 사회에 나와 진짜 전문가들과 경쟁해야 한다.

수차례 언급했지만 파티플래너는 위에 기능적인 작업을 하는 사람이 아니며 설사 할 줄 안다고 해도 파티 전, 또는 파티시에 위와 같은 일을 할 시간적 여유조차 없다. 파티플래너는 위의 업무를 잘하는, 또는 파티에 적합한 전문가 또는 업체를 선정하여 위탁, 관리하지 실제 위의 업무를 반드시 하지는 않는다는 것을 다시 한 번 강조한다.

커리큘럼에 파티에 대한 이해와 파티플래너 본연의 업무인 기획, 운영, 관리 과정에 대한 체계적이고 논리적인 과목배치가 중요하다.

5) 졸업, 수료 후 어떠한 정책이 있는지 살펴라

정보의 전달만으로는 교육이 가지는 책임과 의무를 다하지 못한다. 수업만큼 중요한 것은 '졸업, 수료 후 어떠한 정책을 통해 교육받은 분들에게 실질적인 도움과 코칭을 해줄 것인가'이다.

취업, 이직, 창업, 프리랜서, 투잡 등을 위해 실질적으로 어떠한 도구와 방법으로 지원하고 코칭하는지 확인해야 한다.

국가가 공인하지 않는 사설 자격증이나 수료증만을 제공하는 교육기관이라면 파티플래너가 되기 위해 아무런 도움이 되지 못한다.

6) 실습다운 실습

많은 교육기관의 실습파티는 벌룬아트, 테이블세팅, 푸드스타일, 꽃꽂이 시연에 머무르고 있다. 실제 파티를 제작한다고 해도 20~30명 집객해서 소규모로 제작되는 경우가 고작인데 이런 파티는 만들어봐야 파티플래너 본연의 업무를 이해하고 응용하는 데 한계가 있다.

기업/단체와의 컨텍, 홍보, 집객, 섭외, 계약에 이르는 기획부터 파티 전시후 운영과정 등은 실제 해보지 않으면 절대 익힐 수가 없다. 지인들과 함께 하는 파티는 굳이 교육기관에서 하지 않아도 우리 일상생활에서도 얼마든지 만들 수 있는 것이다.

파티플래너 관련 교육은 강사의 이력, 커리큘럼, 사후 정책 등을 고려해 신중하게 선택해 한다.

(2) 교육기관의 종류

1) 파티업체 양성과정/아카데미

현직에 종사하는 파티플래너가 직접 수업을 진행하기 때문에 보다 현실적이고 현장감 있는 강의를 들을 수 있는 이점이 있다. 수료 후 업체와의 꾸준한 교류로 실전적인 기술들과 노하우를 익힐 수 있다. 나이와 성별에 제한이 없기 때문에 취업, 이직, 창업, 프리랜서, 투잡을 생각하는 수강생에게 인기가 높다.

대표적인 아카데미로는 ㈜리얼플랜 파티플래너 전문가 양성과정이 있다.

*㈜리얼플랜의 파티플래너 전문가 양성과정에 대한 자세한 사항은 기타 부록에서 확인하실 수 있습니다.

파티플래너 아카데미의 장점

시간 절약

파티플래너 아카데미는 전문학교 등에 비해 훨씬 교육시간이 짧다. 사실 10~15주면 파티플래너에 대해 배우기 충분한 시간이다. 수업시간 외에도 과제와 팀미팅, 그리고 실제 파티를 기획해보는 실습기회가 적절히 포함되기 때문에 집중력을 가지고 배울 수 있는 기간이기도 하다.

✤ ㈜리얼플랜 파티플래너 양성과정의 커리큘럼

1주: 파티 & 파티플래너 분석1)
- 파티의 개념, 특성, 요소
- 파티의 생성과 발전, 시장과 업계의 미래

2주: 파티&파티플래너 분석2)
- 파티플래너의 개념, 특성, 업무
- 파티플래너의 생성과 발전, 미래
- 마케팅, 프로모션 관점에서의 파티 VS 이벤트 비교, 분석

3주: 기획1)
- 파티 시장, 종류 분석
- 파티VS이벤트 차별화와 상생

Ideation, B-storming
기본제안서 작성

4주: 기획2)
주문형 파티 기획과정
개별/팀별 프리젠테이션
담당자 미팅 및 비즈니스 매너

5주: 기획3)
제안형 파티 기획과정, 영업
자체형 파티 기획과정
개별/팀별 프리젠테이션

6주: 기획4)
종류별 기획안 작성
견적, 계약, 큐시트
교양수업(파티웨딩, 와인, 음악)

7주: 운영1)
기존/뉴미디어/SNS 마케팅, PR, 홍보
스폰서십, 제휴, 협력, 후원
섭외, 스타일링, 케이터링

8주: 운영2)
파티 전/시 운영
파티 콘텐츠 관리

9주: 관리1)
사후 콘텐츠, 리포팅 및 고객관리
콘텐츠 재배포, 사후 홍보

10주: 관리2) 외
뉴미디어 SEO, 커뮤니티 전략 운영
취업, 이직, 창업, 프리랜서 상담
실습 파티 프리젠테이션
수료 후 관리, 지원 안내

실습

수료 후 1회 이상
자체형 파티와 실제 고객을 상대로 실습파티 실시

교육기간이 필요 이상으로 길다면 그 이유를 커리큘럼에서 찾아야 한다.

벌룬아트, 테이블세팅, 푸드스타일, 꽃꽂이 등의 기능적인 파티 구성요소들을 배우기 때문인데 이럴 경우 강사수는 물론 강의재료와 수강시간이 늘어나게 되어 결과적으로는 수강료가 증가하게 된다.

비용 절약

강의시간, 실습파티 등을 고려했을 때 합리적인 비용이라 할 수 있다.

실습을 위해 따로 비용이 책정되지 않기 때문에 실습기회가 많은 업체의 아카데미를 수강한다면 비용대비 양질의 파티 경험과 노하우를 쌓게 된다.

또한 '벌룬아트, 테이블세팅, 푸드스타일, 꽃꽂이' 등의 기능적인 강의가 포함되어 있지 않고 파티플래너의 본연의 업무에 충실한 강의가 진행되므로 불필요한 비용이 들지 않는다.

현실적인 강의

현장에서 직접 파티를 만드는 파티플래너가 강의하기 때문에 현장감이 있다. 특히 기획이나 마케팅 부분에서 대학시절 배우는 이론적인 내용이 아니라 실제 파티 제작과정을 시뮬레이션화하여 가르치기 때문에 실전적인 강의가 가능하다. 바로 현장에서 써먹을 수 있는 정보와 노하우 습득이 용이하다는 것은 아카데미가 가지는 강점 중 하나이다.

파티 경험

일반인은 파티를 경험할 기회가 그리 많지 않다. 클럽이나 쇼케이스파티 정도를 경험할 수 있다. 하지만 파티플래너 아카데미를 운영하는 회사에서 주관하는 파티는 수강생이 경험하거나 스텝, 또는 기획자로 참여할 수 있기 때문에 파티플래너로서 활동하기 위한 실전경험이나 마찬가지이다.

아르바이트 100번 해봐야 기획에 참여하는 것을 따라갈 수 없다.

파티플래너 아카데미는 실제 파티를 기획할 수 있는 기회를 제공한다.

실습경험

보통 파티플래너 교육과정은 수업이 끝나면 실습파티를 제작한다. 직접 기획하고 운영관리를 해보는 것이다. 하지만 친구들 몇 명 불러서 하는 실습은 별 효과가 없다는 것을 알아야 한다. 실제 고객을 대상으로 해봐야 배운 것을 활용하고 실제 기획, 운영, 관리 능력을 쌓게 되는 것이다.

실제파티를 제작하는 파티업체는 다양한 파티를 주관할 기회를 아카데미 수강생들과 함께 공유하는 것이다.

수료 후 혜택

수료증이나 사설자격증은 형식적인 것이다.

중요한 것은 취업, 이직, 창업, 프리랜서, 투잡 활동을 위해 얼마나 지원하는가이다.

이력서 컨설팅, 추천서, 프리랜서자격수여, 프리랜서 활동기간 증명, 이력공유, 면접컨설팅, 창업컨설팅 등 수료 후에도 꾸준히 케어해줄 수 있어야 한다.

광범위한 활용

파티플래너 아카데미에서 배운 것들은 생각보다 써먹을 수 있는 분야가 광범위하다. 파티플래너의 업무 특성상 일반기업이 하는 모든 업무를 혼자 할 수 있는 역량을 키우게 된다. 정보수집, 컨설팅, 기획, 문서화, 섭외, 영업, 미팅, 계약 등의 기획과정부터 마케팅, 홍보, 현장운영, 고객관리에 이르는 광범위한 교육을 마스터하게 되면 파티영역 이외의 다양한 영역에서도 활용이 가능한 장점이 있다.

파티플래너 정기 무료 설명회안내

㈜리얼플랜은 매년 2월과 8월 파티와 파티플래너에 대한 모든 궁금증을 직접 묻고 상담하며 이야기할 수 있는 설명회를 개최합니다.

파티와 파티플래너에 관한 심층적인 내용과 함께 파티플래너로서의 취업과 창업, 이직, 프리랜서 활동 등에 대해 가감없이 서로 이야기할 수 있는 시간입니다.

평소 파티와 파티플래너에 관심 가지셨던 모든 분들이 무료로 참여할 수 있으니 소중한 기회 놓치지 마시기 바랍니다.

✠ 강사

㈜리얼플랜 대표 이우용

* 설명회 구성

1. 파티란?
2. 파티플래너란?

3. 파티플래너의 업무와 파티시장
4. 파티플래너가 되기 위해?
5. Q&A

참가를 원하시면 전화(070-8755-2744) 또는 이메일(realplan1@naver.com)로
성함, 나이, 전화번호만 보내주시면 신청이 완료됩니다.
신청자에 한해 자세한 사항(일시, 장소 및 유의사항 등)을 문자로 안내해드립니다.

2) 대학

일반적으로 2년제 대학의 이벤트 학과 내 과목으로 운영되며 이벤트 관련 과목들과 함께 배우고 적용할 수 있어 효과적이다. 대표적인 학교로는 오산대학 이벤트연출과가 있으며 학과 내 파티플래너 교과과정이 있다.

고3을 위한 조언

고3 수험생 여러분들께 드리고 싶은 이야기

대학은 단지 취업만을 위한 학원이 아니다.

앞으로 평균수명 100살, 아직 남은 80년이란 세월은 여러분이 생각하시는 것보다 훨씬 길고 다채로울 것입니다.

하나의 직장과 기술로 평생직업으로 삼으며 살 수 있는 세상이 아니라는 겁니다. 변화에 발빠르게 대처하고 통섭(모든것을 섭렵)해야 자신이 원하는 것을 하며 행복할 수 있습니다.

단지 바로 앞 10년만을 생각한다면 파티플래너가 되기 위해 고등학교 졸업 후 바로 파티현장을 돌며 파티플래너가 되기 위한 경험을 쌓는 것이 옳을 수도 있습니다.

하지만 길고 넓게 생각해야 합니다.

대학에서의 인적, 물적, 지적 교류는 앞으로의 80년을 위해 트레이닝하는 것입니다. 2년 또는 4년 동안의 사회생활은 살아가는 데 큰 도움이 될 것입니다.

대학을 다닐 형편 또는 성적이 안 되는 경우를 제외하고는 대학생활을 경험하며 다양한 사람과 학문을 경험하는 것이 옳다고 하겠습니다.

커리큘럼을 확인하라

반드시 파티플래너 또는 이벤트 학과에 가겠다면 커리큘럼을 확인해야 합니다.

기능(풍신, 테이블 데코, 꽃, 케이터링) 위주의 커리큘럼을 선택해야 할지 파티플래너 본연의 업무와 광의의 개념에서의 이벤트 산업과의 교류와 마케팅, 프로모션을 아우를 수 있는 커리큘럼을 선택할지는 본인의 몫입니다.

그러려면 먼저 자신이 진짜 하고 싶은 일이 무엇인지를 확실히 해야 하겠지요?

대학강의모습

대학과 아카데미를 겸하는 것도 좋다

대학생활을 하며 파티플래너의 꿈을 꾸고 있다면 파티컨설팅업체가 운영하는 전문 아카데미를 겸하는 것도 좋은 방법입니다. 파티플래너 아카데미는 실전적인 정보와 기술을 짧은 기간 안에 최소의 비용으로 효과적으로 전달합니다. 학과공부와 파티플래너 공부를 조화롭게 진행하면 좋은 효과를 기대할 수 있을 것입니다.

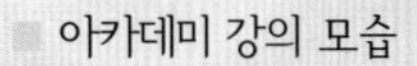

아카데미 강의 모습

3) 전문학교

노동부에서 인가를 받아 설립된 교육기관으로서 학점은행제로 운영되어 학위 이수가 가능하며 실습 위주로 교육과정이 갖춰져 있다는 것이 특징이다.

대표적인 전문학교로는 서울문예전문학교 파티이벤트 학부가 있으며 파티기획, 마케팅, 경영 중심의 수업으로 각광받고 있다.

4) 사회교육원, 평생교육원

교육전문 업체의 교육과정으로서 업체나 각 대학 평생교육원에서 파티플래너 과정을 운영중이다. 대표적인 업체로는 동아사회교육원(프로에듀)이 있다.

파티플래너 취업, 이직, 창업준비자를 위한 노하우

많은 분들이 파티플래너로서 활동하길 원하지만 어떤 방식으로 자신의 꿈을 이룰 것인지는 잘 모르는 분들이 많다. 파티플래너가 되기 위해 파티플래너 교육을 원하는 사람들의 목표는 대략 네 가지 정도로 나뉜다.

취업, 이직, 창업, 또는 프리랜서로 활동하는 것이 그것이다.

그럼 취업, 이직, 창업, 프리랜서가 되기 위해 각각 어떤 노력과 접근이 필요한지 알아보자.

취업을 원하시는 분들을 위해

1. 무엇을 공부해야 하는가

취업을 원하시는 분은 파티플래너 공부를 대학이나 학교에서 배운 사람과 관련이 없는 공부를 마친 사람, 크게 두 부류로 나누어진다.

관련공부를 한 분들은 주로 이벤트관련 학과, 관광/호텔계열, 화훼, 푸드, 조형 등의 공부를 마친 분들이다.

이 중 이벤트 관련 학과 졸업자를 제외한 나머지 관련 분야 전공자는 사실 파티플래너로서 당장 활동하기 쉽지 않다. '고3에게 전하는…'글에서도 언급했다시피 기능적인 부분(꽃, 풍선, 데코, 음식 등)을 아는 것과 파티플래너가 하는 업무와는 상당히 거리가 있기 때문이다.

따라서 이분들은 관련 교육이나 아카데미를 통해 전문적인 지식과 기술을 단기간 내에 습득하고 파티실습을 경험하고 나서 파티관련 취업을 준비하는 것이 현실적인 방법이다.

이는 관련 학과를 졸업하지 않은 분들도 마찬가지로 적용된다. 무턱대고 이력서를 파티/이벤트 관련업체에 보내봐야 현장경험이 전무하고 관련 지식이 없어 당장 투입할 수 있는 인력이 아니라면 외면받게 되는 것이다.

파티 스텝으로 참여할 수 있게 헤달라는 요청을 많이 받는다. 허나 스텝도 자기 식구(즉 제자)를 먼저 챙기는 것이 인지상정이라 스텝으로 일할 기회도 쉽지 않을 뿐더러 아무리 스텝 100번을 경험한다 해도 파티플래너의 업무, 즉 기획, 운영 관리과정을 제대로 이해하지 못하면 파티를 제작하기 어렵다.

2. 어디에 취직할 수 있는가

취업 담당자 분들은 파티 기획, 운영, 관리 경험을 가장 높이 평가한다. 따라서 최대한 다양한 행사경험이 필요하다. 단순 아르바이트 형식이 아닌 기획부터 참여해서 주도적으로 파티를 제작했다면 더 큰 점수를 받을 수 있다.

1) 파티/이벤트기업
2) 파티/이벤트 관련업체(웨딩, 결혼정보, 관혼상제, 프로포즈, 케이터링, 스타일링 등)
3) 파티 장소 관련업체(컨벤션 홀, 파티홀, 다목적 홀, 호텔 연회부 등)
4) 파티를 통해 고객을 관리하는 부서를 운영하는 기업(고객관리, 홍보부, 마케팅부, 총무부 등 다양)
5) 파티를 통해 기업 마케팅, 프로모션을 하는 기업(홍보, 마케팅부)
6) 기업의 오프라인 홍보 마케팅을 담당하는 기업(광고, 홍보 업체)
7) 기타 브랜드 관리 업종

이직을 원하시는 분들을 위해

1. 무엇을 공부해야 하는가

파티, 파티플래너 관련 지식과 경험이 전무한 상태이기 때문에 파티플래너 교육, 아카데미를 통해 빠르고 전문적으로 교육받는 방법이 가장 현실적이다.

파티플래너 아카데미, 교육 중 커리큘럼을 잘 살펴보고 보다 전문적인 기술(마케팅, 프로모션, 기획, SNS를비롯한 온라인 마케팅 등)에 대한 강의 비율이 높은 곳을 선택한다. 파티플래너는 파티를 기획, 운영, 관리를 하는 일련의 총책임자이기 때문에 기획단계부터 홍보, 섭외, 운영, 고객관리, 사후마케팅 등 일반 기업체의 모든 부서의 일을 담당하는 능력을 키울 수 있다. 단지 풍선 꽃, 음식 등의 기능들이 파티의 업무라고 생각하면 큰 오산이다.

파티플래너에 업무와 능력, 노하우에 대한 교육은 오프라인 마케팅과 온라인 마케팅을 통섭할 수 있는 좋은 기획가 될 것이다.

2. 어디로 이직할 수 있는가

위 취업을 원하는 분들과 비슷하나 경험을 통해 보면 상대적으로 파티업체나 파티를 통해 고객을 관리하는 부서를 운영하는 기업이나 파티를 통해 기업 마케팅, 프로모션을 담당하는 기업 그리고 기업의 오프라인 홍보 마케팅을 담당하는 기업이나 브랜드 관리 쪽의 이직률이 높다.

창업을 원하시는 분들을 위해

1. 무엇을 공부해야 하는가

위와 마찬가지로 파티플래너 교육, 아카데미를 통해 빠르고 전문적으로 교육받는 방법이 가장 현실적이다. 주변에 무턱대고 약간의 상담 후 창업을 했다가 쓴잔을 마신 분들을 자주 본다. 이는 파티와 이벤트문화에 대한 전문적 지식과 경험없이 노력만으로 되는 분야는 아니기 때문이다. 게다가 파티는 이벤트에 비해 소비심리와 온라인과의 연계 등에 대한 심도있는 분석이 필요하고 이는 시장에서 위치를 점할 때 필수 요건이 된다. 이는 사이트 하나 잘 만들고 열심히 영업한다고 되는 것이 아니다.

2. 어떻게 창업할 수 있는가

파티플래너 교육을 받은 후 자신의 브랜드로 창업을 꿈꾸시는 분들도 많다.

이 역시 파티 경험이 있다면 창업의 두려움을 이겨낼 수 있다.

파티 창업을 생각하시는 분들은 크게 두 가지 형태의 창업을 염두하고 있다.

첫째, 기업이나 단체 파티 전문

둘째, 개인파티 전문

창업은 생각보다 복잡한 절차를 밟아야 하고 영업에 대한 압박이 있는 것은 사실이나 좋은 아카데미를 통해 창업 컨설팅을 받는다면 큰 힘이 된다. 수료 후 창업에 대한 컨설팅이 이루어지고 있는지, 수료생 중에 창업을 하여 현재 활동중인 사람이 있는지를 알아보는 것이 중요하다.

실제 파티를 여러 번 주최하고 잘 알려져 있는 파티플래너(파티업체대표)에게서 노하우를 전수받고 지원받는다면 좀 더 원활하게 영업활동을 할 수 있을 것이다.

교육받은 업체에서 분점 형식으로 창업하는 경우와 완전히 새로운 자신만의 브랜드를 오픈하는 경우가 있는데 둘 중 어느 경우라도 적극 지원할 수 있는 업체의 교육과정과 대표를 선택하는 것이 중요하다.

프리랜서 및 투잡을 원하시는 분들을 위해

무엇을 공부하고 어떻게 시작하는가

취업과 창업에 관심이 있으나 섣불리 시작하지 못하고 조금 더 경험을 쌓은 후에 진출하고 싶어 하시는 분들이 많다. 이런 분들은 사측과 계약을 통해 프리랜서 혹은 투잡 형식으로 많은 행사 경험을 축적할 수 있다.

교육기관에 프리랜서로서 활동할 수 있는 기회가 있는지의 여부와 프리랜서로서 활동할 때의 수익분배과 같은 계약내용도 살펴보는 것이 좋다.

여러 파티플래너 아카데미에서 프리랜서 정책을 사용하고 있고 리얼플랜 또한 아카데미 수료생들에게 자동적으로 프리랜서 자격을 주어 지속적으로 파티를 제작하고 수익을 확보할 수 있게 운영중이다. 다른 직업을 가지면서도 주말이나 자투리 시간을 내어 기획에 참여하고 파티 당일 운영을 함께하기도 하며, 업체에서 감당하지 못하는 양의 파티가 수주될 경우 프리랜서에게 할애하기도 한다. 이렇게 파티에 대한 전반적인 파티플래너의 업무를 다양하게 경험하고 나면 훨씬 수월하게 취업, 이직, 창업을 할 수 있게 된다.

6. 유사 업종

(1) 웨딩플래너

웨딩플래너는 결혼과 관련된 모든 일을 대행해주는 직종이다. 파티플래너와 함께 최근 여성들로부터 많은 관심을 받고 있으며 웨딩 코디네이터, 웨딩 컨설턴트라는 다양한 이름으로 불려지기도 한다.

신랑 신부의 스케줄을 관리하고, 예산을 편성하며, 예식장 예약 및 스타일링, 공연팀 섭외, 웨딩드레스 신부화장 및 야외촬영, 혼수용품 정보 제공 및 구매 대행, 신혼여행 자문 등 실질적인 정보제공에서 대행까지 결혼과 관련된 모든 일을 책임진다.

웨딩플래너가 되기 위해서는 예식문화에 밝은 사람이 유리하다. 결혼과 관련한 노하우를 가지고 관련업종에 종사했던 사람이면 더욱 좋다. 결혼에 대한 경험이 전무할 경우 웨딩플래너 양성 교육을 받으면 파티플래너 양성과정처럼 이 분야의 접근과 정보 습득에 용이하다.

성수기와 비수기가 구분되어 수입을 올리는 데 어려움이 있었지만 초혼뿐 아니라 파티형식의 중소 규모의 재혼식과 관련된 시장도 성장하고 있어 성 · 비수기의 경계가 많이 허물어졌다고 할 수 있다.

여성들의 활발한 진출이 눈에 띄며 취업과 창업, 프리랜서 중 자신의 목적에 맞는 선택을 해야 한다. 웨딩분야 역시 '파티'사업과 더불어 점점 세련화되고 분화되고 있기 때문에 서로간의 협력이 가능하다. 우리나라에서도 최근 식상하고 의미없는 기존의 정형화된 예식문화에서 탈피해 자신만의 독특한 결혼식을 하고 싶어 하는 예비부부가 증가하고 있다.

(2) 파티스타일리스트

파티스타일리스트는 기업 파티나 개인 파티 등 모든 파티의 전체적인 스타일과 컨셉을 정하고 실행하는 것이 임무다. 꽃, 풍선, 소품 등을 사용한 파티 공간을 연출하는 공간 스타일리스트와 보기 좋고 맛있는 식음을 제공하기 위해 이를 전체적으로 기획 관리하는 푸드스타일리스트로 구분할 수 있다. 스타일리스트는 파티 내 요소들을 적절하게 소화해낼 수 있는 감각을 지녀야 하고 트렌드에 발빠르게 적응할 수 있어야 한다.

공간스타일링과 푸드스타일링을 동시에 할 줄 아는 스타일리스트가 당연히 유리하다. 색감과 미각에 자신있는 사람들은 도전해볼 만한 직업이다. 파티뿐만 아니라 방송 CF쪽도 함께할 수 있기 때문에 앞으로의 전망은 밝다고 하겠다.

점차 시각과 미각에 대한 중요성이 부각되고 있는 사회분위기와 맞물려 시장은 점차 넓어지고 있다.

파티플래너와 마찬가지로 겉보기에 비해 일 자체의 작업량이 상당하기 때문에 강한 체력이 뒷받침되어야 한다. 독창적인 아이디어 개발과 자신만의 개성을 살리는 것이 스타일리스트로 성공할 수 있는 첫 번째 길이 될 것이다.

파티플래너와 같이 올바른 파티문화 정착과 질적으로 우수한 파티를 만들어 내려는 욕심과 열정이 있다면 서로간의 협력을 통해 동반 성장할 수 있는 분야이다.

■ 리얼플랜 파티스타일리스트 김서경

(3) 벌룬아티스트 (풍선아트)

풍선을 활용해 공간을 디자인하는 스타일리스트라고 생각하면 이해가 쉽다. 돌잔치, 환갑잔치 등의 소규모 행사부터 최근에는 큰 규모의 행사에도 비교적 저렴한 비용으로 높은 시각적 효과를 낼 수 있는 풍선에 대한 활용도가 높아지고 있다. 벌룬아티스트도 다른 스타일리스트처럼 끊임없는 아이템 개발이 필요하다.

(4) 플로리스트

꽃을 여러 가지 목적에 따라 보기 좋게 꾸미는 일을 하는 사람을 말한다.

꽃이 시들지 않도록 보관하고 관리하며 고객의 요청에 따라 포장하여 판매한다. 또한 각종 파티, 행사장을 꽃으로 스타일링하는 등 꽃의 부가가치를 창출한다.

플로리스트가 되기 위한 교육은 농업고등학교와 및 대학교의 관련학과, 사설학원이나 평생교육원, 사회복지관, 문화센터 등에서 받을 수 있으며 자격증 시험도 있다.

오프라인 여가활동의 각광받는 트렌드인 '파티'시장이 성장함에 따라 위의 파티플래너 유사직종의 시장도 동반 성장하였다.

파티는 식음과 스타일링이 기본적으로 필요한 행사이다. 흔히 볼 수 있는 장소와 음식은 파티 게스트의 구미를 당기기 쉽지 않다. 기업체의 파티일 경우에는 더더욱 그러하다. 특히 패션이나 디자인을 중요시 여기는 기업일수록 스타일링과 식음에 신경쓸 수밖에 없다. 파티장 내에서의 기업과 브랜드에 대한 이미지는 파티장의 전

■ 꽃이 주는 시각적 아름다움과 향기 때문에 파티공간을 꾸미는 데 효과적으로 사용된다.
사진: 리얼플랜 스타일리스트 작품

체적인 요소들의 조화를 통해 게스트들의 머릿속에 각인되기 때문이다.

행사 목적에 맞는 기획이나 안정적인 운영과 철저한 관리도 중요하지만 파티의 여러 가지 요소들(장소, 스타일링, 식음, 프로그램 및 공연, 조명 및 음향(음악) 등)이 게스트들에게 긍정적 이미지로 받아들여질 때 파티의 효과는 배가 된다.

따라서 역량있는 파티플래너들은 능력있는 외주업체 혹은 프리렌서의 DB를 관리한다.

장소, 스타일링, 식음 그리고 시스템은 서로 완벽하게 조화되어야 하기 때문에 어떠한 상황에도 100% 능력을 발휘할 수 있는 적응력과 응용력을 지닌 외주업체 혹은 프리랜서는 파티업체, 파티플래너에게는 중요한 재산이다.

외주업체를 잘못 선택하여 파티 당일 문제가 생긴다면 그 파티는 불보듯 뻔하다.

파티 시작까지 우왕좌왕하여 철저히 준비하지 못하게 되고 파티 진행시 여러 가지 예측하지 못한 문제로 인해 매끄러운 진행을 할 수 없다.

클라이언트와 게스트들의 관리 못지않게 중요한 것이 바로 외주업체 관리다.

7. 미래

이벤트 산업과 마찬가지로 파티산업 또한 범위와 호칭 그리고 역할 정립에 대해 논란이 많다. 파티산업이 정착되고 파티플래너라는 직업이 본격적으로 활동한 지 이제 5년 남짓이다. 아직도 현장에서 뛰고 있는 사람들과 학문적으로 연구하는 사람들이 해야 할 일들은 많이 남아 있다. 하지만 긍정적인 것은 많은 이들의 노력으로 역할정의가 어느 정도 확립되었다는 점과 시장이 확대되어감에 따라 대중들의 관심과 인식도 높아졌다는 점이다.

이러한 점에서 파티플래너는 현재보다 미래가 더욱 기대되며 파티플래너와 유사한 전문가들과 함께 유기적으로 시장을 리딩해 나아가야 할 필요가 있다. '파티&파티플래너'(눈과마음)에서도 언급했지만 파티시장의 전체 '파이'를 키우는 데 역량을 총동원할 때이지 확보되지도 않은 '파이'를 가지고 싸울 필요가 없는 것이다. 각자 자신의 역할 내에서 최선을 다한다면 지난 5년간 커진 시장보다 더욱더 커진 시장에서 마음껏 역량을 펼칠 때가 올 것이다.

파티플래너의 미래

- 파티시장은 아직 완전치 않다. 성장으로 인한 파티플래너의 역할이 더욱 커질 것이다.
- 이벤트 산업과의 교류, 잠식, 편입으로 인해 파티 시장은 더욱 확대될 것이다.
- 파티업체뿐만 이니라 이벤트 업체, 장소 업체 등의 파티플래너에 대한 수요가 늘어날 것이다.
- 사람들의 의식, 문화수준이 높아감에 따라 더욱 전문적인 기획과 운영이 필요할 것이다.
- 그 수에 비해 역량 있는 업체나 파티플래너가 상대적으로 부족하다.
- 파티와 이벤트는 소멸하지 않는다.

✲ 수정, 보완해야 할 점

- 더욱 명확하고 확고한 파티플래너의 정의가 필요하다.
- 스타일리스트, 케이터링, 웨딩플래너 등의 역할 정립을 위해 학술적 노력이 필요하다.
- 경력관리 수단으로서의 자격증제도를 위해 파티와 파티플래너의 정의와 역할, 효과를 체계화하는 화문적 노력이 필요하다.
- 학교와 학원은 파티플래너 교육과정을 통한 양성뿐 아니라 관리에도 신경써야 한다.
- 이벤트 및 유사 관련업종과의 활발한 교류를 통한 시장확대에 힘써야 한다.

Chapter 6

파티제작

파티는 크게 세 가지 방식으로 제작되며 각각 그 과정이 다르다. 제작방식별 기획, 운영, 관리 과정을 살피고 세부적인 업무를 이해해야 한다.

- 주문형(의뢰형): 개인이나 기업 단체가 파티플래너 또는 파티 기획, 대행사에 의뢰하는 경우
- 제안형: 클라이언트를 찾아 제안하는 적극적 기획
- 자체형: 개인이나 기업단체가 자체적으로 기획

< 주문, 제안, 자체형 파티 제작 흐름 >

주문형	제안형	자체형
· 전화, 인터넷 상담 · 정보수집 테마설정 및 기획 · 미팅, 수정 · 세부기획안 · 계약 · 파티전운영 · 파티시운영 · 파티후운영	· 컨셉, 테마설정 정보수집 · 기획, 제안 · 미팅, 수정 · 세부기획안 · 계약 · 파티전운영 · 파티시운영 · 파티후운영	· 컨셉, 테마설정 정보수집 · 기획, 제안, 미팅, 수정, 세부기획안, 계약(후원, 협찬 진행시) · 파티전운영 · 파티시운영 · 파티후운영

1. 주문형 파티제작 과정

다른 말로 의뢰형이라고 한다. 고객의 요청으로 기획에 착수하는 방식이며 대체로 알려진 기업 또는 파티플래너의 제작방식이다. 입소문 또는 온-오프라인상의 노출로 인해 의뢰받게 된다.

(1) 컨설팅 조건 확인

파티플래너 혹은 대행사가 외부에 알려졌을 경우 행사를 수주하는 방식이다. 인터넷을 비롯한 각종 홍보로 인해 홈페이지 주소가 알려졌거나 전화번호가 공개되었을 경우인데 홈페이지에서 직접 행사문의를 받는 경우에는 기획에 필요한 정보를 확보할 수 있도록 서식을 마련해 두어야 한다. 전화로 문의를 접수할 때에도 컨설팅

조건 확인 양식을 활용해 클라이언트에 대한 세세한 정보를 확보해야 신속하고 원활하게 기획에 착수할 수 있다.

의뢰받을시 얼마나 양질의 정보를 얻어내느냐는 좋은 기획과 수주의 성패를 가르는 데 결정적이므로 가장 긴장해야 하는 순간 중 하나이다.

컨설팅 조건 확인 양식은 6W2H에 근거하여 작성하며 전화문의시 양식을 활용하여 정보를 기재하는 습관을 들여야 한다. 이렇게 양식을 활용하여 정보를 기재하는 이유는 고객 DB로 정리해 보관하여 추후에도 활용하기 위함이다.

6W2H	조건
Who(주최)	개인/회사/단체명, 홈페이지 확인
Why(이유)	어떤 목적으로 파티를 하는 것인지 확인
When(일시)	날짜, 요일, 시간(시작시간, 예상 소요시간) 확인 정해진 일시가 없어도 요일은 확인
Where(장소)	원하는 장소의 종류 확인 지역에 따른 이동거리 확인
Whom(대상)	인원수, 성비, 연령대 확인 구성원(직원, 회원 등), 대표자 성향 확인
What(내용)	정해진 프로그램 및 원하는 프로그램을 확인
How(방식)	정해진 컨셉이나 테마 있는지 확인
How much(예산)	정해진 예산이 없다면 대략적 예산 또는 예전 유사 행사시 예산을 확인
담당자	성함, 직함, 이메일주소, 직통 전화 또는 개인전화

순서대로 확인하며 고객이 아무리 급하게 기획안을 요구한다 하더라도 최소 2~3일의 시간이 소비됨을 이해시켜야 한다.

- who: 행사의 주최를 확인한다. 대부분 주최측에서 먼저 밝히는 경우가 많다.
- why: 행사의 목적(=컨셉)을 말하며 대부분 주최측에서 먼저 밝히는 경우가 많다.
- when: 정해진 날짜가 없어도 요일은 확인해야 한다. 이유는 월화수요일과 목금토요일은 행사 비용에 있어 차이가 많기 때문이다. 월화수는 비용의 상당부분을 차지하는 대관, 섭외 등에서 목금토보다 상대적으로 저렴하다는 것을 주최에게 설명하도록 한다.

- where: 파티장소는 정해진 경우와 정해지지 않은 경우로 나뉜다. 특히 정해지지 않은 경우 장소 제안을 해야 하기 때문에 구체적으로 알아야 할 것이 있다. 내부 구성원들과 하는 내부행사일 경우는 회사, 단체가 위치하는 곳에서 멀지 않고 교통이 편리한 곳을 선호하는 것이 일반적이다. 홍보나 프로모션을 목적으로 하는 외부행사일 경우 유동인구가 많은 지역(서울의 경우 강남, 홍대 등)의 파티장소를 선호한다.
  그러나 참신하고 멋진 장소라면 어디든지 제안해 달라고 하는 경우도 있으니 확인해야 한다.
- whom: 1차 컨설팅조건 확인 중 가장 중요한 항목이다. 파티 대상에 대해 제대로 알아야 그에 맞는 기획이 가능하기 때문이다. 보통 인원수와 연령대 정도만 확인하는 경우가 있는데 이렇게 기획된 기획안은 선택받기 쉽지 않을 것이다. 인원수, 성비, 연령대확인은 파티의 구성요소 기획을 위해 필수적이고 구성원와 대표자의 성향 확인은 테마와 프로그램의 수위를 결정하는 요소이다. 즉 구성원과 대표가 적극적이고 파티를 경험했다면 좀 더 새롭고 독특한 파티 테마를 설정하는 것이 효과적이다.
- what: 정해진 프로그램이 있는지 확인한다. 일상적 프로그램을 제외하고 정해지지 않은 경우가 대부분이다.

■ 사내파티일 경우 임직원 장기자랑 프로그램이 정해져 있는 경우도 있다

- how: 우리(기획자의 입장)가 이야기하는 컨셉과 테마와는 다르다. 주최입장에서 하고 싶은 분위기, 스타일이라고 생각하면 쉽다.
- how much: 어느 정도의 파티 비용을 생각하고 있는지 확인하는 것은 매우 중요하다. 정해진 파티비용이 없는 상태에서 기획을 하는 것은 주최의 상황을 제대로 파악하지 못하고 예산을 편성하는 것이므로 선택될 확률이 적다.
  주최측에서 대략적인 비용조차 제시 하지 않는 경우가 있다면 먼저 경험상 소요되는 비용을 알려주어야 한다.

(2) 2차 정보 습득

전화, 또는 인터넷을 확보한 정보만으로 기획할 수 있다고 생각하면 오산이다. 물론 기본적인 정보가 있으니 기획하는 데 무리가 없겠지만 더 나은 기획, 클라이언트의 요구에 맞는 기획, 좀 더 친근감 있고 신뢰감 있는 기획을 하려면 세밀한 추가 정보가 필요하다.

온라인상에는 수많은 정보가 존재한다. 기업이나 단체에서 의뢰가 들어왔다면 온라인상에서 자료를 찾아보기 바란다. 홈페이지가 있다면 소개, 연혁, 문화 및 성향 등을 파악하는 데 큰 도움이 된다. 이 밖에 보도, 홍보자료 등을 통해 동향을 파악할 수 있으니 기획하는 데 소중한 정보가 될 것이다. 포털사이트의 뉴스나 웹문서를 확인하는 것도 좋은 방법이다.

✠ 확보해야 하는 2차 정보

- 설립배경 및 중시하는 가치
- 기업 및 단체의 특징
- 주력 홍보 대상
- 구성원 성향
- 고유문화
- 최근 오프라인 행사
- 이미지(CI, 홈페이지상의 각종 이미지)
- 고유 색감, 도형

1,2차 컨설팅 조건이 모두 확인되었으면 A4 한 장으로 요약하고 테마를 설정하기 위해 모든 노력을 기울인다.

컨설팅조건확인 양식을 펴놓고 컴퓨터 앞에 하루 종일 앉아 있어 봐야 좋은 테마가 떠오를 리 없다. 여유를 가지고 테마를 설정하면 그 이후로 프로그램과 장소, 식음, 스타일링 등의 구성요소는 일사천리로 기획되는 것이니 너무 조급해 하지 않아도 된다.

(3) 테마설정

< 주문형, 제안형 파티의 테마설정 >

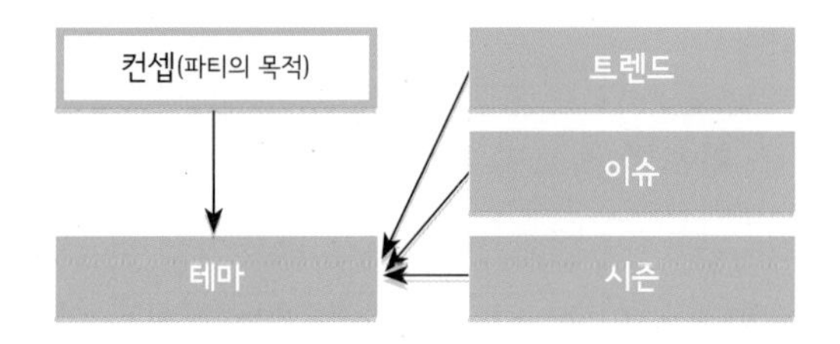

기획에 있어서 가장 중요한 것을 꼽으라면 단연 테마설정이라 하겠다. 테마는 클라이언트의 요구에 부합해야 하고 파티효과를 극대화시킬 수 있어야 한다. 파티를 구성하는 요소를 좌우하기 때문에 설정에 심혈을 기울여야 한다.

기획안 경쟁에서 살아남기 위한 첫 번째 열쇠이며 동시에 파티의 성패를 결정하는 요소 중 하나이다.

테마를 설정하기 전에 컨셉을 잡아야 하는데 '목적'이 분명한 경우 '목적'자체가 '컨셉'이 된다. 주문을 받는다는 것은 주최가 소기의 목적을 가지고 있다는 것을 의미하며 이는 곧 컨셉은 이미 정해져 있다는 것을 의미한다. 따라서 주문/제안형 파티는 컨셉은 이미 정해져 있으니 테마설정에 혼신을 다하면 된다. 예를 들어 사내파티중 송년파티라고 한다면 자동적으로 송년(묵은 한해를 보내고 새해를 맞이함)이 가지고 있는 의미가 파티의 '목적'이고 '컨셉'이 되는 것이다. 영화 쇼케이스라면 쇼케이스가 가지는 의미. 즉 '(사람의 재능 · 사물의 장점 등을 알리는) 공개 행사'가 '목적'이고 곧 '컨셉'인 것이다.

따라서 이렇게 분명한 목적을 가지고 있는 파티는 컨셉이 정해져 있으니 '테마'만 설정하면 된다. 이 경우 테마는 시즌, 이슈, 트렌드 중 한 가지를 선택해 정하게 되는데 개인적인 견해와 경험한 바에 의하면 트렌드〉이슈〉시즌 순으로 파티의 효과가 나타나는 경향이 있다. 그만큼 트렌드는 우리 삶에 알게 모르게 지대한 영향을 끼치고 있기 때문이라고 볼 수 있다.

'테마'는 컨셉을 구체화시키고 공감대 형성에 도움을 주어 참가자들의 사교를 돕고 이로 인해 파티 효과를 극대화시키는 구성요소라는 것을 다시 한 번 확인하기 바란다.

✠ 테마설정시 유의사항

- 추상적이어서는 안 된다.
- 컨셉을 구체화 시켜야 한다.
- 부정적인 것도 테마가 될 수 있다.

  이 경우에는 프로그램, 스타일링 등 파티요소를 통하여 부정적인 테마를 '사교'와 '유희'라는 파티 목적에 맞게 승화시켜야 한다.
- 자신만의 테마는 필요 없다.

  소수만이 인식하고 있는 테마는 공감대 형성, 호기심자극에 실패해 좋은 결과를 가져올 수 없다.
- 시즌보다 트렌드, 이슈를 테마로 잡아라.

  대규모 파티의 경우 시즌을 기본테마로 설정하는 것도 좋지만 파티에 희소성을 부여하고 기억에 남으며 탁월한 파티효과를 기대하려면 트렌드 또는 이슈를 테마로 정하는 것이 좋다.
- 클라이언트가 선택할 수 있도록 두 가지 테마를 잡아라.

  의뢰한 기업이나 개인, 단체는 나름대로의 고유한 성향과 문화가 있다. 전화, 인터넷 상담으로 확보한 정보와 추가로 수집한 정보는 클라이언트에게 얼마나 적합한 테마를 설정할 수 있느냐를 결정짓는 것이다. 수집한 정보를 바탕으로 테마의 '수위(테마의 독특함, 참여도, 창의성 등의 정도)'를 조절하여 제안하는 것이 좋다.

  테마의 수위가 1~5라고 가정하고, 젊고 외국생활을 많이 하신 사장님과 적극적인 성향을 가진 직원들이 소속된 회사라면 4, 5수위의 테마를 하나씩 제안하는 것이 좋다. 1~2와 같은 조금은 노멀하고 일반적인 파티를 기획한다면 식상해 할 것이기 때문이다. 반면 보수적 성향을 지닌 단체가 의뢰했을 경우에는 4~5수위의 테마를 설정한다면 부담스러워 할 것이다. 가장 난해한 경우는 대표자와 소속원의 성향이 반대일 경우인데, 2~3수위의 테마와 3~4수위의 테마, 이렇게 두 가지 테마를 기획하는 것이 좋다. 1~5라는 수위는 전적으로 개인적인 주관에 의해 설정되는 것이므로 나름의 효과적인 수위조절방법을 강구하기 바란다.

테마설정방법

테마는 트렌드, 이슈, 시즌의 조화로 이루어진다. 따라서 다양한 미디어와 경험을 통해 흐름을 파악해 두는 것이 중요하다.

트렌드

트렌드라 하면 흔히 '유행'과 혼동하게 되는데 이는 상품판매를 위해 기업이나 언론이 트렌드라는 단어를 상업적으로 활용하기 때문이다. 가령 '올여름 트렌드는?' 등의 보도자료를 많이 접할 것이다. 하지만 유행은 한시적이고 순환한다는 차원에서 트렌드와는 다르다.

트렌드의 사전적인 의미는 경제변동 중에서 장기간에 걸친 성장 · 정체 · 후퇴 등 변동경향을 나타내는 움직임이다. 트렌드라는 단어는 경제분석용어로 알려졌지만 최근에는 경제뿐 아니라 생활 전반에 걸친 추세, 흐름으로 그 의미가 확대되고 있다. 시류에 맞게 다시 정의하자면 '의식주(생활전반)에 장기적으로 영향을 미치는 정치, 문화, 경제적인 흐름' 정도로 표현 할 수 있겠다.

트렌드는 우리 삶속에 의식적이든 무의식적이든 영향을 주고 있기 때문에 파티의 테마를 설정하는 데 중요한 도구가 된다. 우리의 생활이 어떻게 흐르고 있는가에 대한 통찰 없이는 사람들이 원하는 파티를 만들 수 없으며, 이는 파티의 주최가 되는 의뢰인을 만족시킬 수 없다는 것을 의미한다. 그렇기에 테마를 트렌드를 활용해 설정하는 것은 매우 효과적이나 파티에 녹여내는 것은 쉬운 일이 아니다. 컨셉(파티의 목적)과 조화를 이루어야 하고 프로그램 등의 파티 구성요소와도 일치해야 하기 때문이다.

기획자라면 트렌드를 예의주시해야 한다. 그러기 위해서는 다양한 루트의 정보를 습득하고 스스로 판단, 적용할 줄 알아야 한다. 다시 말해 기획자의 일상은 트렌드를 찾고 분석하며 기획에 적용하는 것으로 이루어져야 한다.

✠ 트렌드의 예

- 친환경-웰빙-로하스-에너지-녹색산업
- 고령화-의학발전-평생교육-복지-실버산업
- 여성인권신장-여성경제력증가-골드미스-저출산-연상연하커플-이혼율증가-높아진 결혼적령기-성역할파괴
- 1인기업-1인가족-1인여가
- 콜라보레이션-융합-하이브리드-통합-통섭

트렌드는 한 단어로 딱 떨어지게 표현할 수도 있는 반면 문장으로 표현해야 하는 경우도 있다. 또한 다른 영역의 트렌드는 서로 유기적으로 연결되어 있는 경우가 대부분이다.

1인가족과 여권신장, 그리고 고령화 등은 서로 연관되어 우리들에게 영향을 주는 것들이다.

이슈

사전적인 의미로는 '쟁점, 논쟁거리'를 의미하나 여기서는 조금 더 광의의 의미로 '우리 사회에 쟁점, 논점이 되는 사안, 사건, 사고'라고 생각하면 좋겠다. 이슈는 언론에서 가장 쉽게 찾아볼 수 있으며 사람들의 대화에서도 찾을 수 있는데 다른 말로 '화제거리'라고 생각하면 이해가 용이하다. 이슈는 트렌드보다 현재성이 강해 파티에 접목시킬 경우 사람들의 관심이나 이목을 끌기 유리하다.

이슈는 TV 나 뉴스에서 쉽게 접할 수 있다.

시즌

시즌은 단어 그대로 '계절, 철, ~시즌, 때'를 의미한다. 우리가 알고 있는 '날'은 거의 시즌이라고 봐도 무방하다. 야구, 월드컵, 올림픽 시즌 등의 스포츠관련 시즌부터 축제, 결혼, 입학, 졸업시즌 그리고 발렌타인데이, 할로윈, 크리스마스 등 이벤트성 기념일까지도 포함한다.

< 대표적인 시즌 >

월별	시즌
1월	신년
2월	발렌타인데이
3월	화이트데이
4월	꽃놀이
5월	결혼, 가정의달, 대학축제
6월	단오, 보훈의 달
7월	바캉스, 레저, 월드컵
8월	바캉스, 레져, 말복, 올림픽
9월	가을소풍, 결혼, 운동회, 가을야구
10월	한가위, 가을레저/관광, 할로윈
11월	빼빼로데이
12월	크리스마스, 송년, 카운트다운

이와 같은 시즌 자료 이외에도 아시아, 유럽 등 다른 문화권의 시즌자료를 파티에 접목시키면 색다른 느낌을 주어 차별화할 수 있다.

✠ 파티제작에 용이한 대표적인 시즌

- 할로윈
- 크리스마스
- 12월 31일 카운트다운
- 2월, 3월 14일 발렌타인데이/화이트데이
- 올림픽, 월드컵 등 국가대표 주요경기일
- 기타 해외 유명 축제(독일 옥토버페스트, 스페인 토마토축제 등)

위 시즌을 테마로 파티를 제작할 경우 협찬, 후원 등 실질적인 도움을 받아 예산을 줄일 수 있을 뿐 아니라 많은 사람들의 기대심리를 활용하여 전체적으로 규모가 큰 파티를 만들기 좋은 환경이 마련되기 때문이다. 따라서 미디어, 언론의 섭외를 통해 이슈화시키기에도 용이하며 영화, 음악 쇼케이스와 접목시키기에도 좋다.

(4) 테마에 따른 파티 구성

일단 테마 설정이 완료되었다면 다음은 테마에 맞게 파티 구성요소들을 갖춰나간다. 구성요소 중 가장 큰 비중을 차지하는 것은 프로그램과 장소이다. 테마보다 장소를 더 중요시하는 사람들도 있으나 예전 파티장소가 귀했을 때 이야기다. 최근에는 너무나 다양하고 좋은 파티장소들이 많아 테마와 프로그램을 연출하기 적합한 파티장소를 얼마든지 찾을 수 있다.

한국인의 특성상 아무것도 정해진 것이 없는 상태에서 파티를 즐기기를 바라는 것은 무리가 있다. 일단 무엇인가 준비되어 있고 시간이 정해져 있으며 누군가가 리딩해줘야 적극적으로 파티를 즐기기 시작하는 것은 한국사람이라면 누구나 공감하는 점이다. 따라서 수집한 정보에 맞는 프로그램을 기획해야 하는데 이때 결정적으로 작용하는 단서가 바로 '참가자, 대표자, 임직원 등 대상의 성향'이다.

연령대, 성비, 대표자, 직원, 참가자 성향에 따라 테마 수준과 프로그램의 참여 정도가 결정된다.

장소와 프로그램이 정해지면 테마에 부합하는 식사방식과 메뉴, 주류, 음료 등을 정한다. 음식은 전문 푸드스타일링, 케이터링 업체나 출장뷔페, 호텔뷔페 등에 외주를 주지만, 장소와 식음은 함께 고려해야 하는 경우가 많으므로 장소 물색시 식음관련 문의는 필수적이다.

장소, 프로그램, 식음과 같은 주요 요소들의 기획이 끝나면 외주를 통해 스타일링에 대한 시안을 받아 테마와 적합한 업체를 결정한다.

시스템은 일단 예상 장소 측에 문의하여 프로그램에 필요한 시스템 구비 여부를 묻고 외주를 통해 보완하도록 한다.

파티 테마와 분위기를 고려해 알맞은 음악장르를 선정하고 필요시 드레스코드 설정 여부를 판단한다.

1) 프로그램

파티에 있어 프로그램은 파티 참가자들의 활동과 호응을 이끌어 내는 도구라고 할 수 있다. 이벤트라고 표현하기도 하며, 테마와의 연관성 유무와 중요도에 따라 메인이벤트(main-event)와 서브이벤트(sub-event)로 나누어 구분하기도 한다.

혹자는 메인이벤트는 규모가 크고 비용이 많이 드는 것이고 서브이벤트는 그와 반대의 개념이라고 생각하기도 하지만 메인과 서브를 나누는 기준은 테마와의 연관성이다.

메인이벤트는 반드시 테마를 뒷받침하고 구체화하는 것이어야 한다. 이에 반해 서브이벤트는 전반적인 파티 분위기와 참가자들의 긴장을 완화시켜주는 것이며 파티테마와 연관성이 없어도 무방하다.

메인이벤트의 경우 2~3가지면 충분하며 서브이벤트도 마찬가지다. 간혹 빡빡한 일정으로 참가자를 쉴 새 없이 움직이게 하기도 하지만 결코 올바른 기획이 아니다. 참가자들이 충분히 대화하고 파티를 여유있게 즐길 수 있도록 해야 한다.

■ 서브프로그램은 파티의 분위기를 환기시키는 데 용이하나 파티 테마와 직접적인 연관이 없어도 무방하다

파티프로그램은 파티에 있어 절대적인 것이 아니다. 타이틀과 마찬가지로 과도하게 신경을 쓰는 경우가 많은데 정해진 프로그램 없이도 충분히 멋지고 효과적인 파티를 만들 수 있다는 것을 명심해야 한다.

강의시 파티를 기획하는 것을 지켜보면 타이틀과 프로그램에 연연한 나머지 테마 설정이 뒤로 밀려나는 경우를 본다. 다시 강조하지만 테마 아래 프로그램과 타이틀이 있는 것이다. 프로그램과 타이틀에 연연하는 것은 겉만 그럴싸하게 포장하면 멋진파티가 된다는 안이한 태도에서 나온다.

< 전형적인 이벤트 프로그램의 종류 >

이벤트 패턴	내용	예
세레머니	새 점포의 오픈이나 기념일, 특별행사 등에 실시하는, 말하자면 의식	테이프컷, 고사, 밴드연구, 축하무대, 건배, 점화식, 기타
보여주는쇼	보여주는 중점	패션쇼, 연극, 캐릭터쇼, 기계장치쇼, 동물사용, 춤공연
들려주는쇼	이야기, 노래, 음악을 들려준다	토크쇼, 개그, 판소리, 밴드, 합창, 오케스트라 등
콘서트	들려주는 이벤트 중 핵심	가요, 팝, 록, 재즈 등
실연, 사인회	유명인, 프로그램 등을 보여줌	제작과정 실연, 사인회
상영영사	필름, 테이프, 실사를 이용	영화, 8미리 슬라이드, 뉴미디어 등
평면전시	회화, 서예, 미술	사진전, 일러스트전, 만화전, 디자인전, 포트서전 등
입체전시	공예품, 예술작품	조각전, 유리공예전, 인형전, 의상전, 관광전 등
게임	고객, 게스트와 함께 어울림	테마에 맞는 게임 창조 OX퀴즈, 보물찾기 등
학습	참가형, 수강형, 지식기술 습득기회	강연회, 강습회, 전문인 초대시연, 세미나, 심포지엄
촬영	피사체 촬영	사진, 디카, 녹화
콘테스트	게스트들이 서로 겨룬다	사진, 후기, 작품 콘테스트 등
스포츠	참가형, 참관형	야구, 골프, 탁구 등
퀴즈	관심을 높이기 위한 퀴즈	OX, 엽서응모, 인터넷 응모 등
추첨	경품제공	명함추첨, 로또 기계 추첨

위와 같이 프로그램을 나열하고 비용과 순서에 맞게 배치하는 것은 상당히 위험한 기획방식이다. 아니 기획자로서의 자세가 아니다. 신속하고 효율적인 기획을 위해 프로그램을 매뉴얼(manual)화시키는 것 자체가 파티의 근본적인 특성을 완전히 무시한 것이라고 할 수 있다. 파티기획시 프로그램은 어느 하나 정해진 것이 없다.

없는 공연, 없는 게임, 없는 이벤트를 테마와 파티 성격에 맞게 만들어 낼 때도 있다. 뻔한 공연 식상한 프로그램도 파티 테마에 맞게 수정하고 창의력을 발휘해서 창조해낼 수 있어야 한다.

프로그램을 매뉴얼화시켜 껴맞추다 보면 일관성도 주제도 없는 백화점식 기획이 되어버린다. 매뉴얼은 기획자의 창의력을 발휘할 기회조차 제공하지 않으며 파티플래너의 존재가치를 망각하게 만든다는 것을 알아야 한다.

■ 테마에 맞는 프로그램을 개발하여 파티효과를 극대화 시키자

- 19:00~ 입장, 포토존 촬영
- 19:30~ 인사말, 건배
- 20:00~ 식음 시작
- 20:30~ 마술 공연
- 21:00~ 댄스 공연
- 21:30~ 행운권추첨
- 22:00~ 마무리 인사

무엇이 느껴지는가? 이런 기획에도 기획자가 필요한가? 위와 같은 기획은 단 2~3분이면 충분하다. 여기서 고민해야 하는 것은 어떤 종류의 마술사를 섭외하는가와 어떤 댄스 공연팀을 섭외하는가, 그리고 어떤 MC가 진행하게 하는가만 남아 있다. 천편일률적이고 식상한 이벤트, 파티는 살아남을 수 없다. 혹시 아직도 매뉴얼화되어 있는 기획에 익숙한 사람이 있다면, 저런 기획을 하고자 했다면 파티에 잘못 발

을 들여 놓은 것일지도 모른다.

2) 장소

각 테마에 따라 1~2곳 정도를 제안한다. 장소는 클라이언트가 대행사 선택시 가장 눈여겨 보는 요소 중 하나며 이동거리 또한 염두해둬야 한다.

대관 비용뿐아니라 교통편, 편의시설, 시스템 구비, 식음 반입 여부 등을 확인하고 장소관련 이미지를 확보하여 기획안 작성시 활용한다.

파티 장소를 찾아라

파티를 기획할 때 가장 골치가 아픈 부분이 바로 장소 섭외 부분이다. 일단 테마에 맞는 장소를 찾아내야 하는데 일일이 발로 찾아다닐 수는 없는 노릇이라 답답할 것이다. 불과 10년 전만 해도 자신이 기획한 테마에 맞는 장소를 찾아내는 것은 하늘에서 별따기만큼 어려웠다. 그래서 고육지책으로 장소를 먼저 정하고 테마를 설정해야 하는 경우도 허다했다. 하지만 지금은 다양한 파티공간 덕분에 잘 찾아내기만 하면 무리없이 파티를 진행할 수 있게 되었다. 게다가 기존의 파티장소에 대한 개념이 파괴되고 있는 시점이라 파티공간에 대한 스트레스는 예전에 비해 상당히 줄어든 편이다.

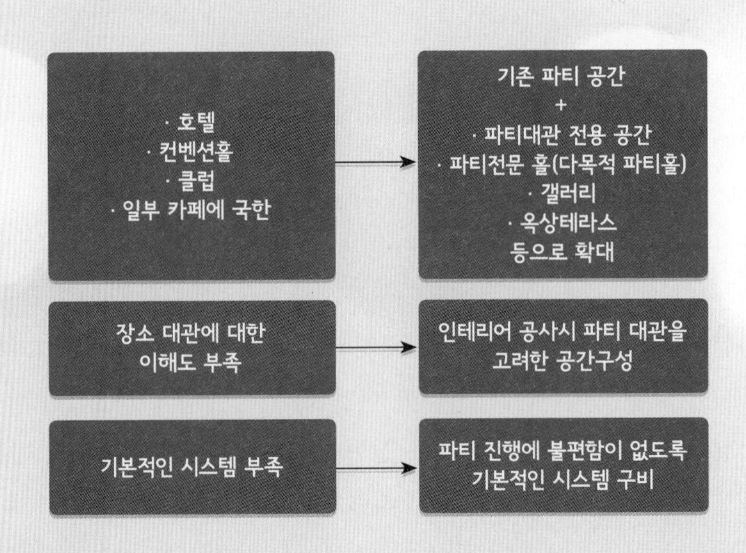

파티공간의 변화

그렇다면 파티 공간은 어떻게 찾을 수 있을까. 수년 전만 해도 발로 뛰어다니며 일일이 조사할 수밖에 없었다. 장소 하나하나마다 필요한 정보를 기입해 정리하는 것이 일반적이었지만 최근에는 파티공간의 변동이 심해 이러한 DB 작성은 불필요하게 되었다.

기존의 장소 DB

- 주소 및 위치
- 대관료
- 시스템
- 편의시설
- 식음 반입 여부
- 스폰서 유치 여부
- 장소 전경 사진
- 담당자 및 연락처

장소를 하나하나 방문해 확인하다보면 파티기획이 시간에 쫓기게 되고 새로운 파티 공간을 찾는 것보다 기존에 사용했던 곳을 계속 찾게 된다. 파티에서의 장소는 파티의 질에 상당부분을 차지하는데 새롭고 멋진 공간을 활용하지 못한다면 뒤쳐질 수밖에 없는 것이다. 이러한 악순환을 끊기 위해서는 빠른 시간 내에 원하는 장소를 찾을 수 있어야 한다. 장소에 대한 정보역시 인터넷상에서 구할 수 있는데 직접 검색을 하려하면 오히려 홍보성 글에 현혹되기 십상이다.

따라서 파티 공간들은 모아 놓은 곳을 활용하기 바란다. 이미 장소에 대한 기본정보와 사진까지 게재되어 있어 자신이 기획한 테마에 맞춰 선별하기 용이하다. 예를 들어 컨벤션홀이나 호텔은 결혼정보업체 사이트에 가면 방대한 양의 장소 정보가 있다. 예쁜까페나 독특한 분위기의 클럽, 바를 찾고자 한다면 인테리어 관련 사이트를 방문하길 바란다. 이렇게 목적에 맞게 공간정보를 다량으로 가진 곳을 찾는 것이 자신이 원하는 장소를 찾는 지름길이다.

파티 공간의 종류와 특징

1. 호텔: 연회홀, 라운지, 바, 클럽

파티문화가 정착될 때부터 아직까지 빼놓을 수 없는 파티공간이다. 일단 기본 시스템이 구비되어 있고 별다른 스타일링이 필요없다는 것이 장점이다. 식음의 반입이 힘들기 때문에 파티 음식과 주류의 한계가 있으나 책임소재가 확실하기 때문에 식음에 각별히 신경을 써야 하는 파티에는 적합하다. 이 밖에 연말에는 자리잡기가 쉽지 않고 대중교통과도 비교적 멀리 위치하고 있다는 점도 유의해야 할 사항이다.

2. 컨벤션홀 or 다목적 파티홀(하우스웨딩홀, 돌파티홀 등도 포함된다)

호텔과 비슷한 장단점을 지니고 있다. 최근 들어 급속히 그 수가 증가하고 있으며 나름의 테마, 색감, 기능의 차이를 두어 구미에 맞게 홀을 고를 수 있도록 하고 있다. 특히 다목적 파티홀의 경우 소규모 행사에서 대규모까지 그 활용범위가 넓고 식음의 반입도 장소에 따라 가능한 곳도 있어 효과적으로 파티를 진행할 수 있다. 특히 이벤트, 파티플래닝을 배운 사람들의 취업이 많이 이루어지는 업종 중에 하나이다. 이는 장소 대관에서 그치지 않고 다이렉트로 기획과 운영, 관리까지 할 수 있는 서비스를 구축하고 있다는 것을 의미한다.

호텔에 비해 대중교통과 가까이 있다는 장점도 지니고 있다.

3. 대관 전용 공간

불과 몇 년 전만 하더라도 다른 영업은 하지 않는 대관전문 공간이 있었다. 지금은 많이 사라졌지만 당시 대규모 공간을 대관하려면 수백에서 많게는 수천만원을 지불하기도 했다. 하지만 다양한 용도와 인테리어의 파티공간이 많이 생기고 합리적인 대관료를 받는 장소업체들이 대거 나타나면서 대관전용 파티 공간은 점차 사라지게 되었다. 명맥을 유지하는 장소도 있으나 영업을 겸하는 체계로 변화한 공간이 대부분이다.

4. 클럽, 라운지클럽

홍대와 강남이 대표적인 밀집지역이다. 언급한 바와 같이 홍대 클럽 문화는 파티문화 생성초기 힙합클럽으로 대거 전향하였다가 현재는 다양한 장르의 음악을 즐길 수 있었던 예전의 모습으로 돌아가고 있다.

주로 젊은 층이 참가자일 때 많이 상용하는 공간으로서 시스템이 잘 구비되어 있고 인지도가 높아 운영이나 집객에 편리하다. 다만 섹시코드, 향락의 이미지가 강해 목적과 테마에 맞게 잘 선택해야 할 것이다.

5. 까페, BAR, PUB, 대형 하우스맥주 매장

어쩌면 양적, 질적으로 가장 많이 성장한 공간이라 할 수 있다. 인테리어 공사시 이미 파티 대관을 고려하여 구성하는 경우가 많고 기존의 공간 또한 리모델링을 통해 파티하기에 적합한 공간으로 탈바꿈하고 있다.

6. 레스토랑

파티의 구성요소 중 '식음'을 특화시키기에 용이하다. 다양한 메뉴와 분위기를 가지고 있는 레스토랑을 파티의 기획에 맞게 섭외하는 것이 중요하다. 최대한 편안하게 식사를 즐길 수 있게끔 구성되어 있어 파티를 위해 구조를 바꾸기가 쉽지 않다는 단점을 가지고 있다.

7. 갤러리

최근 들어 각광 받는 공간 중 하나다. 파티와 예술작품이 잘 어우러져 양질의 콘텐츠가 생성되고 차분하고 고급스러운 이미지가 강해 VIP 초청이나 런칭 파티 등에 적합하다.

8.선상 까페 or 연회홀

한강변에는 다양한 파티공간에 존재한다. 아름다운 야경과 강바람을 만끽 할 수 있어 관심이 높아졌다. 반면 교통이 불편하고 계절별로 확연한 단점을 지니고 있어 공간에 대한 이해가 필요하다.

9. 스카이라운지, 테라스

많은 수가 존재하지는 않지만 희소성 때문에 참가자들에게 환상을 주는 공간이다. 외부와 내부를 연결해 놓은 공간이 대부분이며 도심의 야경이 파티와 잘 어울린다는 것이 장점이다. 우천 등과 같은 천재지변에 대비하는 기획이 필요하다.

10. 야외 공간

파티하기 적합한 날씨에는 가든이나 공원 등의 야외 공간이 인기다. 갑갑한 실내, 지하공간보다는 사람들과의 사교를 이끌어 내기에도 분위기상 유리한 면이 있다. 그러나 시스템의 문제와 날씨의 갑작스러운 변화에 대응할 수 있는 기획이 필요하다.

■ 불과 몇 년 전만 해도 좋은 파티장소를 구하는 것이 쉽지 않았지만 최근에는 대관료도 저렴하면서 세련되고 깔끔한 인테리어의 장소가 너무나도 많다. 사진: 홍대 뉴욕샌드위치

3) 식음

예전보다는 아니다 하더라도 한국인에게 식음은 여전히 중요한 요소다. 파티 종류, 목적에 따라 식음의 중요도가 결정되며 다양한 방식으로 서비스된다.

파티장소와도 밀접한 관련이 있어 기획안 작성시 파티 공간 물색과 함께 가장 먼저 기획해야 한다.

✠ 음식

파티의 종류, 파티공간, 파티 운영 방식, 좌석의 유무, 연령대, 참가자 성향 등의 요인에 따라 식사 방식을 결정한다. 일반적인 식사방식에는 5가지 정도가 있으며 식사에 따라 음료, 주류가 결정되기도 한다. 주류가 테마에 많은 영향을 줄 경우에는 주류에 따라 식사방식을 정하기도 한다.

〈식사방식〉

- 장소측 제공 코스 or 뷔페식사
- 출장 코스 or 뷔페식사
- 파티케이터링(메뉴자체가 푸드스타일리스트에 따라 상당히 다양하고 실험적이다)
- 까나페, 핑거푸드(식사라기보다는 요깃거리 정도의 양이나 다양한 종류와 화려한 스타일링이 가미되며 주류에 따라 결정된다)
- 스넥(식사시간 이전 또는 이후의 파티 진행시 간단한 요깃거리로 제공되며 주로 맥주가 제공될 때의 방식이다)

✠ 음료, 주류

식사방식에 따라 알맞은 음료와 주류를 준비한다. 주류의 종류를 파티 컨셉이나 테마의 전면에 내세울 경우에는 주류가 식사의 방식을 좌우하기도 한다.

'술'은 한국뿐만 아니라 타국에서도 파티시 없어서는 안 되는 것으로 인식되고 있다. 특성상 식욕을 증진시키고 사람의 마음을 열어주며 스트레스를 해소하고 긴장을 완화시켜 파티 분위기를 고조시키는 데 훌륭한 역할을 하는 것이 사실이다. 하지만 자율성이 담보된 파티에서 지나친 음주는 파티의 분위기를 순식간에 망칠 수 있으니 제공하는 주류의 양을 적절히 조절해야 한다.

하나의 파티에 여러 가지 주류가 제공되는 경우도 있다. 또한 하나의 주류에 다양한 종류가 제공되는 경우가 있는데 와인이 특히 그러하다.

음주를 할 수 없는 참가자들을 위해 음료수와 무알코올 칵테일을 준비하는 것도 하나의 배려이다. 또한 '물'은 어떠한 파티든 상관없이 준비해야 한다.

파티에 어울리는 술이라는 것은 없다. 어떤 주류라도 테마와 잘 조화되고 사람들의 솔직함과 즐거움을 이끌어 낼 수 있으면 파티에 어울리는 술이 되는 것이다.

〈주류〉

- 발효주: 맥주, 와인, 막걸리, 청주 등
- 증류주: 소주, 위스키, 코냑, 보드카 등
- 칵테일: 혼성주라고도 하며 특히 증류주를 다른 음료와 섞어 알코올도수를 낮추고 쉽게 마실 수 있도록 함

■ 맥주와 와인은 가장 일반적으로 사용되는 주류이며 다양한 파티분위기와 잘 맞는다.

■ 양주는 제공되는 양을 잘 조절해야 한다

■ 최근에는 다양하고 편리하게 즐길 수 있는 칵테일이 많이 개발되었다

4) 스타일링

외국이라면 모르겠지만 한국에서의 스타일링은 몇 가지 한계를 지니고 있다. 첫째는 일회성 꾸미기에 많은 예산을 투입하지 않으려 한다는 것, 두 번째는 최근 들어 장소 자체의 인테리어가 워낙 뛰어나기 때문에 굳이 할 필요성을 못 느낄 때가 많다는 것이다.

따라서 비용이 많이 들고 시들 염려가 있는 플라워데코 대신 값싸고 오래가는 풍

선데코가 많은 사랑을 받고 있고 수준도 높은 편이다. 이 밖에 여러 가지 조형물이나 천, 초 등의 갖가지 용품을 가지고 공간을 꾸미는 것을 공간스타일링, 또는 공간데코라고 한다.

1차 기획안에서의 스타일링은 어떤 재료로 어느 정도를 꾸며 어떤 분위기를 내겠다 정도의 대략적인 내용이 포함되며 미팅 후 수정기획안 또는 세부기획안 때 구체적으로 기술하면 된다.

5) 시스템

공연이 없는 경우에는 기본적인 시스템만 구비되어 있으면 파티를 진행하는 데 무리가 없다. 하지만 파티의 종류, 공연에 따라 음향, 조명, 특수효과 등이 강화되어야 할 때가 있다. 이벤트 업체 중 출장형태로 설치, 진행, 철거까지 해주는 곳을 찾아 제휴를 맺어 놓으면 파티 때마다 신속하게 상담받고 신뢰할 수 있어 기획시 수월하다.

시스템 강화 유무는 장소측에 구비된 시스템을 확인한 뒤 프로그램에 맞는 시스템을 업체에 문의하면 된다. 음향, 조명 등은 전문적인 기술을 요하는 분야이므로 하루아침에 배워 쓸 수 있는 것이 아니다. 전문가에게 맡기는 것이 훨씬 더 효과적이다.

■ 시스템은 전문가에게 맡기는 것이 훨씬 안정적이다. 파티플래너라고 해서 모든 것을 혼자 책임지려 하지 않아도 된다

6) 음악

음악과 술이 있다면 다른 것은 필요없다고 말하는 파티어들도 있다. 그만큼 음악은 파티에 있어서 빠질 수 없는 구성요소라는 것인데 안타깝게도 파티에 틀면 좋은 음악이라는 것은 없다. 파티를 위해 만들어진 컴플레이션 앨범이라도 있으면 좋겠다고 생각할지도 모르지만 파티와 음악 둘 중 어느 하나도 상대를 의식하지 않을 수 없다. 그래서 더욱 음악선곡이 어려운 것이다.

파티의 테마와 분위기에 잘 조화될 수 있는, 또는 더 업시킬 수 있는 음악이 필요한데 대부분 유행가, 최신음악만 알고 있을 뿐 대중음악의 전반적인 흐름과 장르적 고민은 없다고 봐도 과언이 아니다. 그래서인지 어떤 파티를 가도 나오는 음악은 거기서 거기며 DJ들도 마찬가지다.

DJ만 음악을 알면 되는 것이 아니다. 파티플래너에게 음악은 꽤나 중요한 요소이기 때문에 지속적으로 관심을 가지고, 이해하고 파악하려는 노력이 필요하다.

7) 드레스코드

아직도 '드레스코드가 없는 파티는 파티도 아니다'고 외치시는 분들이 있어 다시 언급할 수밖에 없다. 파티&파티플래너에서도 말했듯이 파티에 절대적이라는 것은 없다. 단 하나 있다면 파티는 즐거워야 하며 참가자들이 서로 사교하고 정보를 공유하며 비즈니스할 수 있어야 한다는 것뿐이다.

드레스코드가 반드시 필요하다라고 말하는 것은 자신의 비즈니스와 접목시키려는 상술 그 이하도 이상도 아니며 파티문화의 대중화에는 오히려 부정적인 효과를 가져온다.

위와 같은 구성요소들을 기획하는 것은 클라이언트에게 송부할 1차 기획안 작성을 위한 것이며 확정 사안이 아님으로 각 요소별 세부사항까지 체크할 필요는 없다.

기획안과 추정예산 작성을 위한 각 요소별 기본정보와 비용정도만 파악하도록 한다.

■ 드레스코드는 참가자의 연령대나 성비를 고려해 설정여부를 신중하게 고려해야 한다

(5) 1차 기획안 작성

의뢰시 작성하는 기획안의 종류는 두 가지다. 하나는 2~3장 정도로 간소화시킨 것이며 주로 소규모 파티의뢰에 대한 기획안으로 사용된다. 중 · 대형파티는 파워포인트와 같은 각종 이미지와 영상을 첨부하기 용이한 문서작성 프로그램을 주로 사용한다.

후자의 경우에는 두 가지 이상의 테마를 설정하여 기획안을 작성한다.

문서는 자신의 기획을 표현하는 도구로서 효과적이고 명확하게 전달되기 위해서는 몇 가지 사항에 유의해야 한다.

✠ 1차 기획안 내용

- 목차: 기획안 내용 순서
- 기본정보: 일시, 장소, 대상 등
- 테마: 설정 이유와 효과
- 프로그램: 메인, 서브 이벤트별 설명
- 진행순서: 표로 시간별 진행 사항을 나타냄
- 실행: 집객, 홍보, 준비에 관한 내용
- 예산/견적: 행사 비용에 관한 내용
- 기타: 최근 파티, 유사 파티 사례 또는 자신만의 강점 표현

타이틀에 연연하지 말라!

어떤 제목, 어떤 타이틀이 붙여지냐에 따라 행사나 모임의 성패에 영향을 주기도 한다. 하지만 절대적이진 않다. 어쩌면 잘 만들어진 타이틀보다 행사의 목적이 뚜렷하게 느껴지는 일관성이 전달된다면 번지르르한 타이틀보다 더 좋은 효과를 발휘한다.

학생들에게 이벤트나 파티를 기획해보라고 하면 기획시간의 상당부분을 타이틀 정하는 데 할애하는 경우가 많다. 심지어 타이틀부터 정하고 컨셉을 정하는 모습도 보았다. 이렇게 타이틀에 집착하는 데에는 두 가지 정도의 심리가 작용한다. 첫째는 기획이 조금 부족하더라도 타이틀이 보완해줄 것이라는 막연한 믿음과 둘째, 사람들은 기획전반을 이해하려하기보다 제목, 대문만 보고 온다라고 하는 오해가 저변에 깔려 있는 것이다.

이벤트에서 타이틀은 파티에서보다 더욱 중요하게 다뤄진다. 몇몇 이벤트 전문서적에는 상당지면을 제목만들기가 차지한다. 이는 파티와 이벤트의 또 다른 차이점에서 기인한다. 이벤트는 파티보다 집객(모객)에 예민하다. 물론 사람없는 파티는 파티가 아니지만 파티는 비교적 이벤트보다 집객(모객)이 행사의 성패를 가르지는 않는다. Chapter 1의 '4. 파티와 이벤트'에서 자세히 다루었지만 집객(모객)이 예상대로 이루어지지 않았다 하더라도 파티는 성공사례로 남을 수가 있기 때문이다. 집객(모객)을 하는 과정과 '사교'를 바탕으로 하는 행사장 운영, 그리고 생성된 콘텐츠의 관리가 기본적으로 이벤트와 큰 차이를 만들어 낸다. 다시 말해 이벤트는 몇 명이 왔

는가, 얼마나 많은 사람을 또는 예상한 인원을 모으는가가 행사의 중대한 목표이다. 이벤트는 본질적으로 많은 사람에게 효율적이고 효과적으로 유형, 무형의 정보를 제공하는 것이기 때문이다.

이와는 달리 파티는 적은 사람이라도 파티의 목적과 방향에 맞는 사람들을 집객하여 파티 안에서 능동적이고 자율적으로 정보를 습득함으로써 스스로 콘텐츠를 생성해 내고, 생성된 콘텐츠는 다시 확대, 재생산, 재배포됨으로써 파티에 참석하지 않은 사람들에게도 영향을 미치게 하는 것을 목표로 한다.

따라서 우리는 타이틀에 집착할 것이 아니라 파티의 방향과 목적에 맞는 알맞은 테마를 설정하고 테마를 뒷받침할 수 있는 유기적인 프로그램과 파티구성요소를 일치시킴으로써 참여하고자 하거나 관심있는 사람들에게 이해를 유도해야 한다. 이렇게 여러 사전 홍보물들을 통해 테마, 프로그램, 파티 구성요소들이 올바로 전달된다면 타이틀은 그다지 화려하지도 톡톡 튀지 않아도 충분히 어필할 수 있다.

타이틀은 기획된 모든 것을 쉽고 간단하게 표현하는 도구에 지나지 않는다. 타이틀이 주는 '임팩트'를 맹신하는 것은 내면과 외모보다 이름에 신경쓰는 바보와 같다.

1차 기획안에는 파티의 구성요소별로 간결하고 명확한 설명과 구성요소에 따른 예산 그리고 이해를 돕기 위한 사진, 영상 등을 첨부한다. 클라이언트에게 송부하기 전 마지막으로 기본적인 사항(철자, 오타 등)을 다시 한 번 체크하도록 한다.

예산/견적 설정방법

예산/견적은 파티진행여부를 결정하는 주요요인 중에 하나다. 파티를 의뢰하는 기업이나 단체의 경우 대체로 예산에 큰 비중을 두지 않지만 예산안의 각 항목대비 가격을 타 제안사와 비교하고 타당성을 평가하여 최종 대행업체를 선택하는 잣대 중 하나인 것은 분명하다. 타업체와의 경쟁에서 이기려면 적합한 최종 비용과 항목별 가격대비 양질의 내용과 사양이 필수다.

예산안을 작성하는 데에는 다양한 방법이 있지만 가장 보편적이고 효율적이 방법을 제시한다. 파티제작 경험이 그다지 많지 않을 경우 예산안을 가장 어렵다고 생각하는 기획자도 적지 않음을 감안하여 많은 연습을 통해 빠르고 효과적으로 작성할 수 있도록 해야 기획에 소비되는 시간을 절약할 수 있다.

1. 프로그램 테이블 순서대로 나열

먼저 기획된 프로그램 테이블을 순서대로 나열하고 각 프로그램마다 투입되는 예산을 책정한다. 소요되는 물품 및 금액을 하나하나 나열한다.

2. 프로그램상에 없는 예산 책정

프로그램 테이블상에는 없는 항목을 나열하고 항복별 내용과 사양에 맞게 예산을 책정한다.

- 스타일링
- 기타행사비용

3. 많은 예산이 들어가는 순서대로 나열

프로그램별 예산과 프로그램상에 없는 예산이 책정되면 액수가 큰 파티요소별 항목을 순서대로 나열한다. 이때 중복되는 것을 체크하여 예산이 두 번책정되는 것을 방지해야 한다.

- 대관료(식음포함일 경우도 있음)
- 식음

4. 기획, 운영, 관리비용 책정

대행료를 책정하고 최종비용을 확정한다.

예산안 작성시 장소섭외 유의사항

테마와 프로그램을 기획하면 가장 먼저 섭외해야 하는 곳이 장소다. 장소에 따라 다른 항목의 금액이 변동하기 때문인데 사전에 미리 체크하지 않으면 안 되는 것이 있다. 파티 공간을 대관하는 방식에는 크게 여섯 가지가 있는데 이에 따라 식음의 반입과 장소업체에 지불해야 하는 최종 비용이 결정된다.

대관 방식

1) 대관료가 정해져 있지 않아 협상을 통해 대관료를 지불하는 경우
2) 정해진 대관료만 지불하면 되는 경우
3) 식음의 비용이 곧 대관료가 되는 경우
4) 식음의 비용이 곧 대관료이나 주류의 반입은 허용되는 경우

5) 대관료 따로, 식음 비용 따로 지불해야 하는 경우

6) 대관료 따로, 식음 비용 따로 지불해야 하나 주류의 반입은 허용되는 경우

먼저 테마와 프로그램에 맞는 파티공간을 선별한 후 전화나 인터넷으로 대관방식과 비용을 문의해야 한다. 4), 6)과 같은 경우에는 주류반입시 생기는 charge를 반드시 확인하고 반입시 비용과 공간 내 주류를 구입할 경우의 비용을 비교 선택해야 한다.

3), 5)의 경우 일인당 식음비용을 문의하고 인원 미달 혹은 초과시 어떻게 비용을 지불하게 되는지도 확인해야 한다.

✻ charge(글라스와 디캔터, 얼음 등을 제공하여 서브하는 데 따르는 비용을 말한다)의 종류

- 와인반입시: 코르크차지(cork charge)=콜키지(corkage)
- 와인 또는 양주 반입시: bottle charge

(6) 기획안 송부

작성된 기획안은 전화, 인터넷 상담시 받아놓은 담당자 이메일로 송부하고 확인 요청을 문자로 보내는 것이 좋다. 사진이나 영상이 첨부된 경우 기획안의 용량이 커지게 되므로 담당자가 부담없이 다운받을 수 있도록 그림압축을 통해 용량을 줄이는 것이 좋으며 수신자의 문서작성 프로그램이 최신버전이 아닐 경우를 고려해 최신 바로 아래 버전으로 저장, 송부하도록 한다. 회사소개서 또는 파티플래너 소개서 등을 첨부해도 좋다.

송부한 뒤 하루 이틀 후에 확인전화를 하는 것은 문제없으나 자주 확인하고 재촉하는 것은 좋지 않은 이미지를 주기 때문에 삼가야 한다.

(7) 미팅

미팅요청이 들어왔다는 것은 1차 기획안이 타업체와의 경쟁에서 살아남았다는 것을 의미한다. 클라이언트의 성향에 따라 선정을 확정하고 미팅을 하는 경우와 미팅을 통해 최종선택을 하는 경우가 있으니 안심해서는 안 된다.

담당자가 가장 걱정하는 것은 역시 기획안대로 실행에 옮길 수 있는지와 파티효

과에 대한 내용들이 모두 현실화될 수 있는지 여부다. 따라서 미팅시에는 상대방이 궁금해할 만한 내용에 대한 답을 미리 준비하고 예를 들어 설명할 수 있도록 유사파티 사진이나 영상을 준비해 직접 보여주기도 한다.

그 밖에 논의를 통해 프로그램이나 예산 등을 수정하기도 하며 역으로 제안하기도 한다. 문제는 고객의 요청이나 제안을 무작정 받아들이다 보면 기획된 파티의 전체적인 분위기나 효과에 좋지 않은 영향을 줄 수 있으므로 신중해야 한다.

파티플래너는 고객에게 자신의 기획을 설득하고 의문점을 해소시키는 등 자신감을 표출해야 한다. 저변이 미약한 파티문화이기에 고객은 부담감을 지니고 있는 것이 사실이다. 따라서 안정감과 신뢰감을 주어 기획대로 원활하게 진행될 수 있도록 하는 것 또한 파티플래너의 역할이다.

미팅을 통해 논의된 사항을 첨삭, 수정한 2차 기획안을 작성해야 한다. 일반적으로 2차 기획안을 받고서 세부기획안을 요청하거나 계약을 하는 경우도 있지만 미팅시 세부기획안을 요청하는 경우가 대부분이다. 따라서 일단 세부기획안을 요청받았다면 진행이 확정되었다고 판단해도 무방하다. 함께 진행하지 않을 대행사에 세부기획안을 요청하는 고객도 있으나 이는 대행사에 대한 예의가 없는 것이나 이러한 경우는 거의 없다고 봐도 된다.

✠ 미팅시 유의사항

클라이언트와의 미팅이 잡혔다면 1차관문을 통과한 것이다. 보통 기획, 대행사 2~4곳에게 의뢰를 하는 것이 일반적이다. 기획안이 클라이언트에게 전달된 후 답신을 통해 미팅이 성사되었다면 경쟁사는 1~2곳 정도밖에 남지 않았다는 것을 의미한다.

그렇다면 미팅을 통해 파티 수주가 확정되려면 어떻게 해야 하는가?

먼저 파티의뢰를 담당한 직원의 입장에서 생각해야 한다. 둘째는 회사의 입장에서 자신이 기획한 파티를 바라볼 줄 알아야 한다. 셋째는 앞선 두 가지 입장을 이해하고 설득하기 위한 무기를 마련해야 한다.

상부의 지시로 파티의뢰를 책임지게 되었다고 상상해보자. 기획안을 통해 테마와 파티 효과 그리고 예산 등의 기획요소들이 나쁘지 않다고 판단되었기에 미팅을 하게 된 것이다. 미팅에는 의뢰한 담당자뿐 아니라 상관도 참석하게 된다. 그렇다면 우리는 먼저 기획한 바를 차근차근 설명하고 이해시키며 머릿속으로 그려볼 수 있도록 해야 한다.

다음에는 클라이언트가 우려하는 부분에 대한 명쾌한 답을 할 수 있어야 한다. 클라이언트는 기획이 과연 현실로 완벽하게 실현될 수 있는지와 기획안 속의 파티 효과들에 대해 확신을 가지고 싶어한다. 결국 새롭게 접하는 파티에 대한 두려움을 불식시키는 작업이 관건인 것이다.

따라서 이해시키고 설득할 수 있는 도구를 마련하고 클라이언트가 우려하는 부분에 대한 해답을 준비해야 한다. 이를 위해 가장 효과적인 도구는 바로 여러 가지 자료를 통해 사례를 보여주어 안심시키는 것이다. 이것은 곧 대행사와 기획에 대한 신뢰로 이어지는 것이다.

✤ 준비물

- 기획된 파티와 유사한 사례
- 기타 사진, 후기, 영상 자료
- 파티 효과에 대한 보충 자료

(8) 프리젠테이션

규모가 큰 행사의 경우에는 공개적으로 대행사를 모집하고 임직원 앞에서 경쟁하는 경우도 있다. 이를 경쟁 PT라고도 하는데 대규모 이벤트 산업에서는 흔히 있는 일로 문서상의 내용과 형식도 중요하나 발표자(presenter)의 역량 또한 결과에 큰 영향을 준다.

따라서 발표(프레젠테이션)를 위해 평소에도 많은 훈련을 해야 하며 유명한 프리젠테이션 동영상 등을 보고 모방하는 것도 좋은 방법이다.

(9) 세부기획안 작성

흔치 않은 경우이긴 하나 계약 후 세부기획안을 요청하기도 한다. 세부기획안을 확인하고 대행사에 대한 신뢰를 쌓은 뒤 계약하는 것이 일반적이다.

세부기획안은 1차 수정기획안에 비해 이미지, 영상 등을 활용한 설득내용보다는 실행방법, 스텝 운영, 관리 사항 등을 구체적으로 기재하여 행사장 전반의 흐름을 알 수 있도록 한다. 보통 세부기획안에서 제시한 것을 바탕으로 계약을 하기 때문에 신중하게 작성해야 한다.

✤ 세부기획안 내용

- 기본정보
- 프로그램 세부설명
- 진행안
- 식음 구성안
- 스타일링 구성안
- 시스템 구성안
- 인력 구성안
- 준비(섭외, 제작, 구매)사항
- 홍보방안
- 세부예산

(10) 계약

대부분의 기업이나 단체는 행사대행에 관한 계약서를 가지고 있지 않다. 따라서 계약서를 작성(온라인상에서 참고할 만한 계약서들을 찾을 수 있다)하고 클라이언트와 계약서를 공유하여 양자간에 문제될 것이 없는지 확인한다. 중견기업 이상이나 단체의 경우 법무팀을 운영하고 있기 때문에 빠른 시간 안에 협의가 가능하다.

계약서상에서 대행비용의 지불은 상황에 알맞게 적용해야 한다. 행사일 전 행사비용의 100%를 지불하는 방법과 행사 전후에 나눠서 지불하는 방법, 그리고 행사 후에 100%를 지불하는 방법이 있다.

계약서는 한 부씩 소장하며 계약 후 바로 파티 운영 과정에 돌입하게 된다.

✤ 경쟁에서 이기는 법

제품구매시 가격을 비교하거나 더 신뢰가는 업체를 찾는 것은 당연한 일이다. 클라이언트도 마찬가지로 파티를 주최하는 입장에서 대행사를 선택하기 위해 2곳 이상의 업체에 문의하게 된다. 의뢰문의를 받은 대행사는 경쟁에서 승리하기 위해 다양한 노력을 하게 되는데 기획 자체에만 신경을 쓰다보면 정작 클라이언트가 원하고 고민하는 것을 놓쳐 경쟁에서 탈락하는 경우가 있다.

1차 기획안이 통과되면 미팅을 통해 기획안에 대한 세부적인 설명을 하게 되고 준비한 자료로 신뢰를 얻기 위해 노력한다. 일반적으로 이러한 두 가지 과정을 통해 최종적으로 대행사가 결정되는데 고객의 입장에서 몇 가지만 고려하고 신경쓰면 더 좋은 결과를 얻을 수 있을 것이다.

1. 합리적이고 적당한 예산

파티를 의뢰한다는 것은 예산에 어느 정도의 여유를 가지고 있는 경우가 많다. 파티를 일반적인 행사보다 '화려하다'라는 선입견을 가지고 문의를 하기 때문이다. 그렇다 하더라도 반드시 고객이 원하는 예산 내에서 기획을 하는 것이 원칙이며 제시한 예산을 초과할 경우 미팅, 상담을 통해 하향 수정되는 경우도 있다. 반대로 애초에 기획한 예산보다 초과되어 확정되는 경우도 있으나 기본적으로는 고객이 정해 놓은 예산을 바탕으로 기획하는 것이 옳다.

기획안 내 소요예산내역의 항목, 품목의 비용이나 가격이 합리적으로 책정되었는지도 의뢰자의 입장에서는 중요한 판단 요소이므로 비교를 통해 알맞게 책정하도록 노력한다.

2. 주최자와의 적합성

아무리 새롭고 독특한 테마와 프로그램 그리고 장소가 담긴 기획안이라 해도 행사의 주최와 참가자에게 적합하지 않다면 무용지물이다. 행사의 주인은 기획자인 내가 아니라 주최와 참가자임을 명심해야 한다. 따라서 컨설팅 조건 확인 중 행사의 대상 즉, 'Whom'에 대한 철저한 분석이 필요하다. 참가자의 인원수와 연령대, 성비와 성향 등을 파악하고 그에 맞는 기획을 한다면 경쟁에서 승리할 확률은 그만큼 높아진다.

3. 테마와 프로그램

파티 대행사에 행사를 맡긴다는 것은 '식상함으로부터 탈피'하고자 하는 것이다. 그리고 즐거움과 참가자들간의 사교 그리고 온라인과의 연계를 통한 프로모션에 대해 기존의 행사가 만족을 주지 못했기 때문이다.

이러한 다양한 요구를 만족시키기 위한 도구가 바로 테마와 프로그램이다. 부수적인 구성요소들에 신경쓸 시간에 테마와 프로그램 기획에 더 많은 노력을 기울여야 하는 이유다.

4. 안전성과 현실성

역지사지, 행사의 담당자의 입장에서 생각하는 것이 중요하다. 어떠한 단체라도 모두 마찬가지다. 담당자에게 행사는 잘하면 본전 못하면 본전도 못찾는다. 직장 내 가장 맡기 싫은 업무가 '행사'라는 설문조사가 있을 정도이니 담당자들의 고충을 헤아릴 줄 알아야 한다. 행사가 안전하게 안정적으로 진행될 것이라는 확신과 기획대로, 의도한 바대로 모두 현실화될 것이라는 믿음을 전달하기 위해서는 다양한 자료와 도구를 활용해 기획안을 작성하고 미팅에 임해야 한다.

5. 의뢰자가 얻는 이익(효과)

'잘할 수 있으니 맡겨달라'기보다 '우리와 함께하면 이러한 효과가 있습니다'가 더욱 설득력 있다. 최근의 주최와 주관은 신뢰를 바탕으로 목적을 달성하는 동반자적 관계다. 예전처럼 갑과 을의 수직적 관계에서 벗어나 좋은 파트너를 만나는 것은 효율적으로 최대의 효과를 이끌어 낼 수 있기 때문이다. 행사를 통해 얻고자 하는 효과를 파악하고 어떻게 현실화시킬 것인지에 대해 구체적으로 설명할 수 있어야 한다.

다양한 제휴/협력사, 홍보능력, 인력시스템 등은 주최로 하여금 기대감과 신뢰감을 주므로 중요한 판단기준이 된다.

(11) 파티 전 운영

계약이 마무리 된 후부터 파티 당일 전까지의 운영을 말한다. 세부기획안상의 내용을 실행하며 섭외, 구매 , 제작, 홍보, 집객 등이 속한다.

1) 섭외

클라이언트와의 계약이 완료되었거나 직접 주최하는 파티의 진행이 확정되었다면 외주업체에 대한 섭외를 시작한다. 이미 언급했다시피 파티플래너의 업무가 외주업체나 섭외팀이 해야 하는 것까지 모두 직접해야 하는 것은 아니다. 오히려 자신이 해결한다기보다 얼마나 능력있고 실력있는 팀이나 개인에게 외주를 주어 파티의 질을 높이느냐가 중요하며 합리적인 가격으로 계약을 맺는 것 또한 파티플래너의 역할이다.

하지만 막상 섭외를 진행할 때 적지 않은 어려움에 봉착하게 되는데 어떤 경로를 섭외를 해야 할지 모르는 경우와 계약 조건에 대한 세부적인 지식이 없는 상황, 가격책정 및 합의에 이르는 노하우가 없을 경우 섭외는 우리에게 부담으로 작용한다.

기획시에 장소나 공연팀 외 파티를 구성하는 요소들을 맡아 책임질 업체나 개인과 대략적인 협의를 통해 가격을 책정하고 기획안에 명시하게 된다. 하지만 클라이언트와 계약 이후부터가 진짜 섭외과정이라 할 수 있다.

섭외시 유의사항

파티의 주최인 클라이언트와의 계약이 확정된 후 파티 구성요소들을 맡을 외주업체 및 개인은 우리와 '을'의 관계가 된다. 따라서 클라이언트가 파티를 주관한 업체나 파티플래너를 선택하는 과정과 마찬가지로 외주업체나 개인의 경쟁을 통해 보다 좋은 조건으로 섭외를 해야 하는 것이다.

외주업체, 개인, 공연팀 등을 섭외할 때 서로 경쟁을 통해 합리적인 가격을 섭외비를 책정해야 하지만 서비스와 재화의 양과 질에는 변동이 없어야 한다는 점을 명심해야 한다.

1. 장소섭외

파티기획시 가장 먼저 확인해야 할 것이 장소다. 장소측 상황이나 일정이 맞지 않거나 이미 예약이 끝난 상황일 경우를 대비해 미리 체크해야 한다. 예산 작성과정에서 살펴보았듯이 식음 반입 문제나 시스템, 편의시설 등에 대한 기본적인 정보를 확인하고 일반적으로 적용하는 대관료를 확인, 책정한다.

계약을 통해 파티 진행이 확정되면 수정된 기획이 파티공간에 적용가능한지 답사를 통해 세부적으로 확인해야 한다.

대관료 절감이나 합리적인 대관료 협의를 위해 장소측이 원하는 바를 잘 파악하고 메리트를 부여하는 제안을 곁들이면 좀 더 수월한 장소 섭외가 될 것이다.

2. 공연 섭외

이벤트의 경우, 공연의 종류 선택이나 섭외에 상당히 많은 신경을 쓰는 것이 사실이다. 하지만 파티는 이벤트에 비해 공연에 대한 의존도가 상대적으로 낮으며 유명한 공연보다 새롭고 참신하며 실험적인 것이 오히려 호응도가 높은 편이다.

때로는 아마추어의 공연이 더 큰 호응을 얻기도 한다

파티의 종류나 테마에 맞게 섭외를 하게 되지만 기본적으로 홍보비용을 많이 들이는 전문가 집단보다 아마추어 커뮤니티, 동호회, 대학 동아리를 눈여겨 보는 것이 파티 본연의 모습에 더 가깝게 다가설 수 있지 않을까 싶다.

3. 스타일링 섭외

재료에 따라 알맞은 스타일리스트 혹은 업체를 섭외해야 한다. 1차 기획안 작성시 접촉했던 개인/업체는 물론 규모에 따라 두 세 곳의 개인/업체에게도 의뢰하여 기획안을 받는 것이 좋다. 파티 목적과 공간, 예산에 부합하는 기획안을 제출한 개인/업체를 최종적으로 섭외한다. 또한 스타일링에 들어가는 재료비 사용 내역 확인을 위해 영수증 첨부를 요청하는 것이 좋다.

4. DJ섭외

클럽에서 직접 섭외하는 방법도 있으나 춤이 주가 되지 않는 파티라면 굳이 유명한 DJ를 섭외하지 않아도 된다. DJ를 자칭하는 사람들은 거의 모든 음악을 공유하며 아마추어 DJ는 Club과 Clubber 분위기에 맞게 음악을 선곡하는 수준에 그친다.

DJ들이 활동하는 커뮤니티에 일시, 장소, 음악장르, 섭외비용 등을 게시하여 신청자를 모집하고 선별하는 것이 효율적이다.

5. 식음팀 섭외

파티의 목적에 따른 식사 방식과 규모에 맞게 푸드스타일리스트, 케이커링업체, 뷔페업체 등을 섭외하며 2~4곳의 개인/팀으로부터 메뉴, 예산 등이 포함된 기획안을 받아 최종 채택한다.

6. 스텝(staff) 섭외

아르바이트 커뮤니티 혹은 파티 관련 커뮤니티에서 참여신청을 받기도 하지만 staff의 역할과 비중에 따라 전문인을 섭외해야 하는 경우도 있다.

〈staff는 파티경험이 많고 믿을 수 있는 사람을 고용해야 한다〉

7. 시스템

음향, 조명, 특수효과 등의 섭외는 업체를 통하는 경우와 직접 대여하는 방법이 있다. 각 시스템들의 조화가 필요한 경우는 하나의 업체에 외주를 주는 것이 효과적이다. 개별적인 단순 시스템은 렌탈(rental) 관련 사이트를 통해 쉽게 대여가능하다.

8. MC섭외

파티플래너가 직접 진행을 맡기도 하나 파티공간의 원활한 운영을 위해서는 섭외를 통해 맡기는 것이 좋다. 이벤트 업체에 소속되어 있거나 프리랜서로 활동하며 매니지먼트 업체를 통해 섭외할 수도 있다.

2) 구매, 제작

세부기획안의 준비사항을 체크하고 구매 제작에 착수한다.

제작이나 구매해야 해야 할 것이 있다면 미리미리 해놓는 것이 좋다. 제작기간이 오래 걸리는 것은 체크해서 파티 전까지 준비할 수있도록 한다.

3) 파티 전 홍보

홍보나 프로모션을 목적으로 하는 파티일 경우에 해당한다. 물론 간혹 송년파티와 같은 내부행사를 전략적으로 홍보의 수단으로 이용하는 경우도 있다. 보도자료 등을 통해 노출시켜 트렌드와의 친숙함 등을 간접적으로 보여주어 이미지를 제고하는 데 노력하기도 한다. 하지만 대개 기업이나 단체의 홍보나 프로모션을 위해 파티를 활용할 때 적용되며 다양한 경로를 통해 효과적으로 노출하는 방안을 모색해야 한다.

특히 뉴미디어의 활용은 비용이 거의 들지 않는다는 장점 이외에도 홍보 자료의 유통이 무한대라는 특성 때문에 각광받고 있는 홍보수단이다.

✠ 기존미디어

전파, 방송, 인쇄매체를 말하며 비용을 들여 적극적으로 노출하는 방식도 있으나 제휴를 통해 비용을 들이지 않고 노출하는 방법도 있다. 주로 인쇄매체를 활용해 기획기사 식의 형태로 노출된다. 양자간의 이해가 맞아야 성사되는 것이 제휴다. 이 경우 기존미디어의 청취자, 시청자, 독자를 초청하고 홍보를 해주는 방식이 일반적이다.

✠ 뉴미디어

포털사이트, 커뮤니티, 개인미디어를 사용하여 홍보한다. 집객과도 맞물리지만 집객과 홍보는 그 대상이 같을 수도 있고 다를 수도 있다. '초대'라는 이벤트를 통해 간접적으로 노출하는 방법과 온라인 포스터 등의 홍보물을 게시, 배포하는 방법이 있다. 영향력 있는 개인미디어를 섭외해 각종 메리트를 선사하고 노출과 후기를 요청하는 방법도 유용하다. 이 밖에 영상물을 편집해 UCC의 형태로 노출하는 방법도 있다.

✠ 오프라인

포스터, 현수막, 전단지 등을 통해 홍보하는 방법이나 효과는 미미하며 비용 및 관리가 필요해 최근에는 많이 사용하지 않는다. 특히 파티와는 동떨어진 느낌 때문에 고객이 원한다 하더라도 사용을 자제하는 것이 현명하다.

✠ 기존 DB 활용

파티 후에 정리했던 축적된 DB에 이메일링, 문자 등을 활용해 홍보한다.

4) 집객

파티참가자들을 모으는 일을 말하며 집객의 경로는 홍보 경로와 대체로 일치한다. 현장에서 티켓의 형태로 집객이 이루어지기도 하나 참가자의 기본적인 정보를 통해 프로모션과 홍보에 부합하는 타깃을 집객하기 위해서는 미디어를 활용하는 것이 효과적이다.

✱ 기존미디어

초대 이벤트 형식으로 클라이언트의 타깃에 맞는 참가자를 모집한다.

✱ 뉴미디어

경우에 따라 파티 초대를 위한 커뮤니티를 개설해 참가를 희망하는 사람들을 모으는 방식과 타깃이 모여 있는 영향력 있는 커뮤니티에 티켓을 주어 자체적 이벤트를 통해 집객하게 하는 방법이 있다. 뉴미디어를 통한 집객은 개인정보를 통해 확실한 타깃만을 선별할 수 있다는 결정적인 장점을 지니고 있다.

✱ 오프라인

현장 티켓 배포와 구매형식으로 이루어지나 홍보시와 마찬가지로 뒤쳐진 방식이라 할 수 있다. 사전집객이 예상대로 진행되지 않아 참가자 수에 문제가 생겼을 때 사용하기도 하나 효과적인 집객방법은 아니다.

5) 큐시트/운영표 작성

< 큐시트, 운영표의 예 >

000 파티 운영표

시 간	소요시간	내 용	준비 사항	담당자	assistant	비고
15:30:00		스타일링	메인무대현수막, 맥주냉장, 스넥배치			
		스타일링	포토존(미니CI, 폼아트, 포토존소품, 조명, 전구, 촬영기사, 추억포스터)	조은주	석지영	촬영: 010-4358-xxxx
		스타일링	행사장(폼아트 ,경품배치, 뽑기 배치, 추억식품배치)	윤다정	장선하	이젤(아씨씨 확인), 뽑기판, 경품확인(리얼플랜)
16:00:00		시스템	DJ부스(노트북 음악체크, MIC체크, 특수조명), 노래맞추기게임 시스템	엄기열		각종조명(초. 천, CD 등), 특수조명(싸이키,더비,UFO,물결조명)
		시스템	영상이미지, 장기자랑시스템, 추억의 DJ 시스템	엄기열		음향:010-8230-xxxx, 음악파일, 게임음악 파일, 안내 이미지
		시스템	행사장 벌룬데코, DJ테이블데코	석지영	윤다정	벌룬: 010-8230-xxxx
리허설		프로그램	가족오락관 도구 준비(빙고, 문서, 진짜찾아라, 맥주빨리) / 복고맨걸	석지영	전종성	소주, 물, 플라스틱잔, 맥주잔12개(맥주채워서) , 복고맨걸의상, 딱지
17:30		리허설	미팅, 점검, 최종확인	조은주		
게스트 입장						
18:00	15	입장	소품, 촬영, 식사,파티안내,대표님말씀	전종성	장선하	완장, 촬영, 소품, 안내이미지, 마이크,딱지
18:20		식사	복고맨걸, 8090DJ신청, 알파벳찾기	장선하	전종성	안내이미지, 지우개, 딱지, 의상, 악어이빨, 마이크
19:00		프로그램	8090DJ,8090음악맞추기	엄기열		멜론,음악파일,안내이미지, 마이크,문서,딱지
19:40		장기자랑	직원장기자랑	전종성	윤다정	소품, 마이크, 특수효과
20:20		프로그램	가족 오락관, 맥주빨리마시기	장선하	석지영	마이크, 딱지, 문서, 빙고판, 볼펜, 안내이미지, 소주, 물, 맥주잔12, 플라스틱컵
21:00		경품	경품증정, 베스트드레서, 인사말	윤다정	석지영/전종성	안내이미지, 경품보따리, 뽑기판, 이젤
		freetime				
스템배치		컨텐츠	촬영팀			추억의 DJ BGM CD0/파일, 로고폼아트, 음향시스템, 뽑기판, 딱지, 미니폼아트
		물품관리	조은주			완장, 야광팔찌, 이젤, 복고소품, 추억과자, 악어이빨, 지우개, 각종문구, 빙고판, ufo
		스타일링	석지영			조명1, 사이키,더비,물결조명,안내문 이미지파일, 포스터, 경품보따리
		시스템	윤다정			음악BGM, 복고의상2, 오퍼레이팅, 노래맞추기답안, 촬영, 노트북, 충전기, 검정천
		섭외	장선하			각종조명, 맥주, 스넥, 포토존, 현수막4, 무전기, 칵테일

✠ 시간

준비 시간이나 진행시간을 표기한다. 이벤트 영역에 비해 철저하게 지켜지지 않는 경우도 있으나 기획과 실재간의 차이가 너무 커서도 안 된다. 5~10분 정도 여유를 두고 편성하는 것이 좋다.

✠ 내용

파티요소나 프로그램을 의미한다. 파티시작 전에는 설치, 준비해야 하는 요소 중에 가장 시간이 많이 소요되는 것을 제일 위에 표기한다. 파티시작과 함께 입장이 이루어지며 이후 세부기획안상의 파티프로그램 순서대로 나열한다.

✠ 준비사항

각 내용을 위한 준비사항과 시간대 별로 이루어지는 프로그램들을 적는다.

✠ 담당자

각 내용별로 담당자를 정하여 준비와 진행에 차질이 없게 해야 한다. 내용 중에는 담당자 혼자 할 수 없는 것들이 있으므로 보조요원, 스텝(assistant)을 지정해 놓아야 한다.

✠ 비고

특이사항을 적기도 하고 섭외팀, 외주업체 등의 전화번호를 기재하기도 한다. 파티 시작 후에는 다음 내용(프로그램)에 대한 준비사항을 표기한다.

✠ 스텝배치

각 요소별 담당자와 보조요원의 역할, 책무를 명시한다.

✠ 준비물

파티에 소비되는 모든 준비물을 기재하여 파티장소에 도착하자마자 체크하는 것이 일반적이다.

대책마련

오프라인 행사에는 다양한 사고가 발생하기 마련이다. 사람과 사람이 만나는 것이다보니 이런저런 일이 생기는 것은 어쩌면 당연한 일이다. 문제는 발생가능한 문제들에 대해서 인식하고 있느냐 하는 것이다. '모두 잘 될거야'라는 생각이 나쁘다는 것은 아니다. 언제나 긍정적인 사고는 필요하다. 하지만 잠재되어 있는 문제를 무조건적인 긍정으로 덮으려 했다가는 언젠가 예상치 못한 순간에 문제는 치명적으로 다가온다. 따라서 사전점검하는 자세는 기획자에게 꼭 필요한 덕목이다.

파티의 특성상 대비책은 필요없다고 주장할 수도 있지만 안정성과 기본적으로 필요한 진행이 확보되지 않는 한 자율성과 능동성은 그 의미가 퇴색될 수밖에 없다.

우천시

야외 행사시 가장 우려되는 사항이다. 자연환경에 많은 영향을 받다보니 우천뿐 아니라 바람, 뜨거운 햇볕까지도 신경쓰일 수밖에 없다. 특히 이벤트에서는 우천시에 대한 대비를 철저히 하는 편이다. 참여보다 보여지는 부분이 강조되다 보니 음향 조명 등의 시스템과 관객으로서의 편의에 신경을 곤두세울 수밖에 없는 것이다. 파티는 이에 비해 자연환경에 조금 덜 지배받는 편이긴 하나 기본적인 대비는 이벤트와 마찬가지로 필요하다.

기본적으로 우비와 시스템 커버를 구비하면 별문제는 생기지 않는다. 경험에 비춰보면 비가 오든 눈이 오든 그에 맞게 참가자들은 즐길 마음자세가 되어 있다. 이 또한 파티의 매력 중에 하나다.

야외 행사시 우천시를 대비해 천막, 캐노피 등의 섭외를 미리 해놓기도 한다

시간지연(delay)시

프로그램상에 공연이 준비되어 있을 경우에 많이 나타나는 문제점이다. 미리 와서 준비하는 공연팀도 있지만 시간에 맞춰 오는 경우도 있기 때문인데 교통상이나 천재지변 등으로 인해 섭외팀이 시간약속을 지키지 못하는 되면 파티를 진행하는 입장에서는 난감하기 짝이없다. 앞서도 설명했지만 한국인은 파티에서 프로그램의 순서에 신경을 많이 쓰는 편이다. 자유롭게 파티를 즐기는 사람도 많지만 반대로 정

해져 있는 프로그램을 기대하고 기다리는 사람도 있다. 시간이 미뤄지게 되면 이런 사람들은 조금씩 불평을 하게 되고 파티 분위기도 영향을 받게도는데 이를 방지하기 위해 기획자는 대비책을 마련해 두어야 한다.

영상 등의 시각적인 도구를 활용해 시선을 돌려 시간을 버는 방법과 간단한 게임 및 경품 증정 등을 통해 시간을 메울 수 있다.

우천시와 마찬가지로 파티만의 자유로운 분위기 덕분에 이벤트의 경우처럼 시간을 정확하게 지켜야 하는 것은 아니나 너무 많이 지체될 경우 파티 분위기에 안 좋은 영향을 줄 수도 있으니 적절한 대응책을 마련해 두는 것이 좋다.

각종 사고시

사고는 인적 사고와 시스템 사고로 나뉘며 인적사고는 참가자간의 마찰, 신체사고, 주류로 인한 사고 등이 있으며 시스템 사고는 에어컨, 조명, 음향기기 등의 고장으로 발생하는 것을 말한다. 인적사고는 스텝들과의 긴밀한 협력과 대응이 필요하며 문제가 발생한 참가자를 즉각 격리시키는 것이 필요하다. 시스템사고는 파티전 점검 및 리허설을 통해 충분히 대비할 수 있다. 에어컨의 경우 작동되고 있음에도 불구하고 사람의 열기로 인해 충분히 역할을 하지 못하는 경우가 있으니 대형 선풍기 등을 준비해 조금이라도 완화시키는 대응책도 마련해야 한다.

(12) 파티시 운영

파티 당일 운영을 말하며 파티 시작 전 업무와 파티시간 동안의 업무로 구성된다.

1) 파티 전

파티는 자체공간이 없는 한 기본적으로 대관에 의존할 수밖에 없다. 따라서 장소측과의 커뮤니케이션이 파티 당일에는 무엇보다 중요하다. 공간을 속속들이 알 수는 없기 때문에 공간 관계자, 담당자와의 협력이 요구된다.

파티 당일에는 최대한 빨리 준비하는 것이 좋다. 문제는 대관료 책정시 파티시간 전, 준비시간을 얼마나 확보하는 데에 있다. 평소 영업을 겸하는 공간일 경우에는 파티시간 전 최대한 적은 시간을 할애하려 할 것이며 준비하는 입장에서는 최대한 많은 시간을 확보하려 노력할 것이다. 양자간의 접점을 찾는 것도 플래너의 기술 중에 하나라고 할 수 있다.

작성된 오퍼레이팅 스케줄(큐시트)에는 파티 전 준비사항들도 나열되어 있다. 각 파트별 담당자를 두어 일사분란하게 준비에 돌입해야 한다.

✠ 파티시작 전 운영내용

- 스타일링 및 공간배치
- 시스템 설치 및 점검
- 공연 및 프로그램 리허설
- 식음 준비
- 전체 미팅 및 최종 리허설(점검)

파티종류, 목적에 따라 다르겠지만 준비시간에서 가장 많은 시간이 편성되는 분야는 스타일링이다. 여기서 말하는 스타일링은 공간 데코레이션부터 공간, 홍보물, 부스, 등록장소(레지스트레이션에어리어), 바, 코트락(물품보관) 배치까지 공간을 구성하는 모든 요소를 뜻한다. 데코레이션의 경우는 외주업체를 관리하면 되지만 나머지는 직접 스텝을 투입해서 함께 진행하는 것이 옳다.

부스, 등록장소, 식음(바), 코트락은 사전 장소 답사시 기획한 대로 신속히 배치하면 된다. 바의 경우 일정한 장소가 없다면 동선이 적은 곳에 배치하고 코트락의 경우 눈에 잘 띄지 않는 곳을 선택해야 한다. 코트락이 마련되면 '지갑, 귀중품 등 도난시 책임지지 않는다'는 안내문구를 마련하여 혹시 있을 도난에 대비해야 한다. 단, 유료로 코트락을 운영할 시에는 도난에 대한 책임을 져야 하므로 신중을 기해야 한다.

공간배치와 스타일링이 진행되는 동시에 시스템을 점검한다. 스타일링과 함께 시간이 많이 소비되는 부분이므로 동시에 진행한다고 생각하면 무리가 없다. 파티 테마나 목적에 따라 시스템이 가장 중요할 경우도 있기 때문에 준비단계부터 철저하게 시뮬레이션하는 것이 중요하다. 외주업체가 시스템을 담당할 경우 시스템 담당자와 커뮤니케이션이 용이하도록 서로 명확하게 주지하는 것도 중요하다. 각 진행별, 프로그램별 음향 조명에 대한 특이사항을 정해 놓는 것이 진행을 수월하게 하지만 '파티'의 본질을 생각해볼 때 너무 기계적으로 돌아가는 것보다 융통성 있고 분위기에 맞는 대처도 필요함을 잊지말아야 한다.

보여주기 위한 공연이나 참가자와 함께 하는 프로그램이 있다면 시스템 분야와 함께 리허설을 해보는 것이 필요하다. 특히 공연팀의 경우 파티시간 전에 시스템, 프로그램 담당자와 함께 호흡을 맞춰야 한다. 규모가 큰 파티일 경우 분장하지 않은 상태로 진행하는 드라이 리허설과 의상, 소품, 화장 등이 모두 준비된 상태에서 실행하는 드레스 리허설이 있다.

파티시작 30분~1시간 전에 식음을 배치하고 이물질이 들어가지 않도록 한다. 식음 준비와 동시에 파티플래너의 주재로 스텝과 외주업체 담당자, 장소측 관계자와 파티 주최 및 후원, 협력사 모두가 한 자리에서 미팅을 통해 상호 의견조율과 파티 진행 순서를 숙지하는 최종 점검 시간을 갖도록 한다. 특히 파티를 운영하는 스텝들은 직접 참가자가 되어 입구부터 퇴장까지 프로그램테이블(프로그램 순서표)에 맞게 상상하며 직접 해보는 시간을 갖는 것도 좋은 방법이다. 참여 프로그램 공연 등도 함께 시뮬레이션 해보며 파티 전반의 이해를 돕는다.

마지막으로 파티 운영 스텝요원들의 업무를 확실히 주지시켜 차질없도록 한다.

■ 파티 전 모든 인적요소와 구성요소를 체크하고 관리한다.
이미지 순서대로 사전미팅(1), 행사장구성(2~5), 시스템점검(6) , 식음준비(7~8)

2) 파티시

참가자(게스트)의 입장부터 퇴장 후 파티공간에서의 철수까지를 말한다. 파티공간 내 인적, 구성요소의 관리가 주 업무이며 파티플래너가 직접 진행하기도 한다.

✠ 진행 및 운영

큐시트(운영표)에 따라 원활하게 파티가 진행될 수 있도록 인적, 구성요소들을 관리하며 MC 등의 형태로 직접 진행하기도 한다. 특히 고객의 파티 목적과 연관된 요소들의 철저한 관리가 요구되며 충실히 이행될 수 있도록 파티 시간 내내 점검해야 한다.

■ 파티플래너가 경우에 따라 직접DJ나 MC를 맡기도 한다

✠ 파티시 홍보

주로 홍보, 프로모션을 목적으로 하는 파티의 경우에 해당하며 일반적인 홍보 방식은 다음과 같다.

- 파티 현장 중계
- 현수막, 베너 노출
- 체험 부스 설치
- 프로그램 활용 노출
- 포토존 로고 노출
- 홍보 동영상 상영

✠ 콘텐츠 제작

파티시에 만들어지는 각종 파티산물이라고 할 수 있는데 사진, 영상 등이 대표적이다. 보통 사진과 영상은 일반 참가자들에 의해 자연스럽게 만들어지는 것이라고 생각하기 쉬우나 섭외한 전문가 또는 대행사측에서 사후 유포를 위해 전략적으로 연출하여 찍는 것도 포함된다.

질 좋은 콘텐츠가 많이 생성된다는 소리는 그만큼 참가자들이 흥에 겨워 자발적으로 만들어 내고 있다는 소리가 되며 이러한 파티 분위기가 전문가 및 미디어, 대행사의 촬영에도 고스란히 반영된다는 것을 의미한다.

파티 콘텐츠는 담당자를 두어 체계적으로 파티 내내 생성과정 및 상황을 관리하는 것이 좋다. 또한 파티가 생각대로 진행되지 않고 참가자와 클라이언트가 불만족스러워 한다고 해서 파티를 포기해서는 안 된다. 파티 후 관리를 통해 멋진 파티로 탈바꿈시킬 기회는 얼마든지 있으므로 양질의 콘텐츠를 만들어 내는 데 더욱 힘을 쏟아야 할 것이다.

파티 콘텐츠(생성물, 내용물)의 중요성

일반적으로 파티는 참가자들이 재미있어 하면 성공적이라고 말한다. 하지만 '재미'가 없어도 성공적인 파티로 평가받기도 한다.

기업의 제품이나 브랜드, 기타 단체의 판매와 이미지, 홍보를 위한 프로모션 성격의 파티일 경우에는 파티 자체가 재미없을지라도 양질의 '콘텐츠'로 인해 파티 후 빛을 발해 소기의 목적을 이루는 경우를 오히려 긍정적으로 평가한다.

물론 파티가 새롭고 즐겁다면 더 좋은 콘텐츠가 더 많이 양산될 것이다. 반대로 아무리 참가자들이 만족했다 하더라도 파티 후 남길 만한 것이 별로 없다면 파티의 효과는 당일에 한해 소멸된다. 즉, 파티의 효과가 장기적으로 지속되어 프로모션의 역할을 할 수 있도록 콘텐츠 관리에 최선을 다해야 한다. 이러한 중요성 때문에 스텝 중 파티 콘텐츠 담당자를 따로 배정하기도 한다.

뉴/인터넷 미디어 콘텐츠의 종류

사진, 이미지

파티를 알리기 위해 제작된 이미지와 사진들, 파티시에 찍은 일반인과 전문가의 사진, 그리고 파티 후에 유포된 사진 등이 모두 해당된다. 사진과 이미지의 양과 질, 그리고 확산 정도는 파티효과를 짐작하게 하는 잣대 중 하나로 사용된다.

파티를 홍보하기 위해 만들어진 온라인포스터가 인터넷 홈페이지, 커뮤니티, 블로그 등의 개인 미디어에 게시되어 널리 알려진다. 사람들은 게시물을 통해 파티에 참석하게 되고 파티를 즐기며 자유롭게 사진을 찍게 되는 것이다. 이때 중요한 것은 파티를 나타내는 사진의 질이다. 일반인이 자유롭게 찍은 사진도 중요하지만 파티분위기와 참가자들의 표정이 살아있는 전문가의 사진은 사후 파티를 홍보하는 데 있어 귀중한 자료가 되는 것이다.

파티가 끝나고 사람들은 파티의 경로가 된 홈페이지, 커뮤니티 등에 사진을 올리기도 하고 스크랩하기도 하며 블로그, 미니홈피 등 개인미디어에도 게시하게 되는 것이다. 이렇게 이미지, 사진은 온라인상에 여기저기 확산되며 다시금 홍보역할을 하게 되는 것이다.

영상

사진과 마찬가지로 일반인이 직접 촬영하는 경우와 전문가가 촬영해 편집된 것을 말한다. 파티 홍보를 위해 영상을 만들어 미리 배포하는 경우도 있다. 참가자들은 파티를 즐기며 UCC를 제작하고 전문가나 주최측에서는 영상을 찍어 그럴듯 하게 편집하게 된다. 이렇게 만들어진 영상들이 다양한 미디어를 통해 노출되고 확산되는 것이다.

후기

후기는 영상, 사진, 글을 혼합하여 표현한 개인의 경험을 의미한다. 글만으로 이루어지는 후기도 있으나 역시 보는 이로 하여금 흥미를 유발하게끔 하려면 사진이나 영상이 적절히 배합되어 있어야 한다.

인터넷이 보급될 당시 후기는 자신의 느낌을 표현하는 정도였지만 지금은 정보를 전달하고 여론을 형성하며 소비에도 영향을 주는 매체가 되어버렸다.

다른 사람에 비해 탁월하게 후기를 잘써서 개인미디어를 벗어나 하나의 커다란 미디어가 된 사람들을 바로 파워블로거라고 하는데, 일반인의 후기보다 그 영향력이 크기 때문에 파티에 초대하여 사후 홍보효과를 극대화시킬 수도 있다.

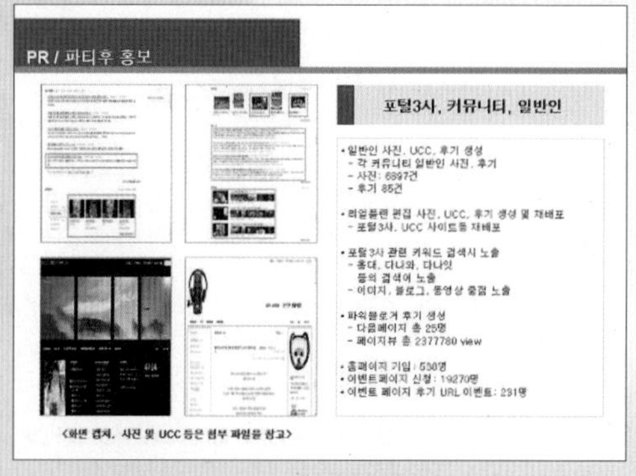

까페, 블로그, 미니홈피, 페이스북 등의 온라인 미디어를 통해 전파되는 파티 후기

(13) 파티 후 운영(관리)

파티후 운영, 즉 관리를 어떻게 하느냐에 따라 파티의 효과가 지속되느냐 사라지느냐가 결정된다. 파티플래너는 기획만 하는 사람으로 잘못 알고 있는 사람들도 많은데 오히려 관리과정이 더 중요하다고 해도 과언이 아니다. 이유는 관리가 파티를 더 돋보이게 할 수도 있지만 당시에는 잘 진행된 파티라 해도 관리정책이 실패하면 다른 사람들의 눈에는 좋은 파티로 각인되지 않기 때문이다.

파티는 참가하는 사람도 중요하지만 참가하지 않은 사람도 중요한 것이다. 파티의 효과가 지속되려면 참가하지 않았던 사람들의 눈에 비치는 파티의 모습도 대단히 중요한 것이다.

뿐만 아니라 파티를 세세하게 분석한 리포팅 자료를 만듦으로써 나에게 파티를 믿고 맡겨준 담당자의 업무량을 줄여주고 주최가 활용가능한 자료들을 수집하여 전달한다.

1) 콘텐츠 수집

파티시 만들어진 콘텐츠를 수집한다.

기업, 개인, 단체 등의 내부인사들끼리의 파티일 경우에는 홍보성 콘텐츠의 제작이 불필요하여 미디어와 관련된 사후 노출형 콘텐츠가 없을 때가 많다. 단, 내부행사를 통해 이미지를 제고하기 위해 전략적으로 내부행사를 노출하기 위한 파티일 경우에는 미디어가 제작한 콘텐츠를 수집하여 전달해야 한다.

- 사진: 전문가&미디어촬영, 일반인 촬영, 대행사촬영
- 영상: 전문가&미디어촬영, UCC, 대행사촬영
- 후기: 기존/뉴미디어 후기, 개인미디어(블로그, 미니홈피, 페이스북 등) 후기

기존, 뉴미디어 후기는 섭외한 미디어의 전략기사, 기획기사, TV 방송분, 인터넷 방송분 등을 의미한다.

2) 파티 후 홍보

촬영, 제작, 기사화된 콘텐츠를 활용하여 다시 배포하고 노출, 홍보하는 것을 의미한다. 사후 홍보 경로는 기존미디어와 뉴미디어로 구분해서 나눠볼 수 있다. 파티플래너의 최종적인 업무로서 기획시만큼이나 심혈을 기울여야 한다. 사후 홍보는

클라이언트뿐만 아니라 기획자로서의 '나'를 홍보하는 데에도 유용하기 때문에 전략적으로 이루어져야 하는 부분이다.

- 기존미디어: 영상매체(관련 TV 프로그램), 인쇄매체(기획기사, 보도자료 등) 노출
- 뉴미디어: 포털 사이트, 각종 미디어, 1인 미디어(블로그, 미니홈피 등), 커뮤니티 외 각종 UCC 사이트

3) 리포팅

전반적인 파티의 진행이 기획하고 계약한 대로 되었는지를 분석하여 보고서를 작성한다. 리포팅은 대행사와 함께 파티를 진행했던 담당자가 상부에 파티에 대한 내용을 보고할 때 유용하게 쓰이기 때문에 우리입장보다 주최측의 입장에서 분석하는 것이 좋다.

객관전인 사실을 수치화하여 작성하고 파티에 대한 장단점과 보완해야 할 점을 책임자의 입장에서 솔직하게 기술한다.

리포팅

많은 사람들이 파티는 관리보다 기획이 중요하다고 생각한다. 파티플래너라는 단어에 기획이라는 단어가 포함되어 있어서인지 몰라도 일단 기획이 통과되어 파티가 실현되면 그것으로 책임은 끝났다고 생각하곤 하는데 이는 대단히 위험한 생각이다.

오프라인행사는 앞서 언급했다시피 안정성이 보장되어야 한다. 이를 달리 표현하면 안전하고 효과적으로 잘 마무리된 파티를 대행한 회사라면 다음에 믿고 또 맡긴다는 의미다. 오프라인 행사 담당자가 되어 보면 알지만 대행사를 선정하는 것은 매우 부담스러운 일이라고 한다. 행사는 잘되면 그만이지만 잘못되면 담당자에겐 치명적이기 때문이다. 따라서 행사 담당자는 안정적으로 잘 운영했던 대행사를 다시 찾게 마련인 것이다. 다른 이벤트, 행사도 이럴진대 파티는 오죽할까. 가뜩이나 '파티'가 주는 새로움과 자율성, 즉흥성 등의 '파티'만의 특성들 때문에 담당자의 걱정은 이만저만이 아니다.

파티를 경험하고 파티가 주는 효과를 만끽했다면 기존의 이벤트를 찾는 일은 줄어들 것이다. 따라서 추후 파티의 대행을 맡기 위해서는 완벽한 리포팅(보고서)이 필

요한 것이다. 현대의 마케팅은 신규고객의 발견보다 기존고객의 관리에 있다고 한다. 파티시장도 마찬가지로 한 번 나의 파티를 경험한 의뢰인은 다시 나를 찾게 만들어야 하는 것이다.

파티 리포팅의 분류

자체 리포팅

파티기획사 또는 대행사가 자체적으로 파티를 주최했을 경우에도 리포팅은 중요하다. 직접 주최한 파티의 경우 티켓수익과 관련된 부분이 리포팅에 주요 부분을 차지하며 파티의 효과에 대한 리포팅을 포함한다.

리포팅 문서의 구성

- 파티 기본 정보: 장소, 시간, 인원, 식음, 스타일링 등
- 파티 전 홍보와 집객사항
- 유료입장으로 인한 티켓 수입과 지출
- 파티 구성 요소들에 대한 평가
- 파티 인적 요소들에 대한 평가
- 파티 후 홍보와 파티 효과의 수치화

개인, 사내파티 리포팅

개인이 의뢰하거나 사내파티를 의뢰한 경우에는 파티 진행과 콘텐츠(사진, 영상 자료)에 대한 리포팅이 중요하다. 주로 지인들과 이루어지는 파티기 때문에 파티 홍보와 관련된 리포팅을 하는 경우가 드물기는 하나 개인리사이틀이나 전시, 그리고 사내파티 중에서도 보도자료나 홍보를 목적으로 하는 일부의 경우에는 반드시 파티 전, 시, 후 홍보에 관한 리포팅이 필요하다. 최근에는 젊고 트렌디한 기업이미지를 위해 사내행사를 보도자료나 콘텐츠 제작을 통해 외부에 일부러 알리는 경우가 늘어나고 있다.

리포팅 문서의 구성

- 파티 기본 정보: 장소, 시간, 인원, 식음, 스타일링 등
- 파티 구성 요소들에 대한 평가

- 파티 인적 요소들에 대한 평가
- 파티 프로그램 진행사항: 참가자들의 호응, 참여 정도 분석
- 파티 콘텐츠 취합 및 편집: 참가자 및 전문가가 촬영한 사진이나 영상을 취합하고 편집하여 전달

프로모션 파티 리포팅

판매나 홍보를 목적으로 하는 파티의 경우에는 파티홍보의 경로나 파티시 홍보 도구들의 노출, 파티 후 콘텐츠의 배포, 보도자료 등의 미디어 노출을 가장 중시하기 때문에 리포팅도 이들을 중점적으로 다뤄야 한다.

✠ 리포팅 문서의 구성

- 파티 기본 정보: 장소, 시간, 인원, 식음, 스타일링 등
- 파티전 홍보 경로와 집객
- 파티시 홍보 수단, 노출 빈도 및 호응
- 파티후 홍보 경로와 사후 콘텐츠 노출
- 파티 효과의 수치화

스폰서, 후원업체 리포팅

기본적으로 판매, 홍보를 목적으로 하는 프로모션 파티의 리포팅 문서와 거의 동일하다. 이에 덧붙여 협찬, 후원금 또는 물품이 어떻게 얼마나 사용되있고 어떤 효과를 가져왔는지에 대해 리포팅하여야 한다.

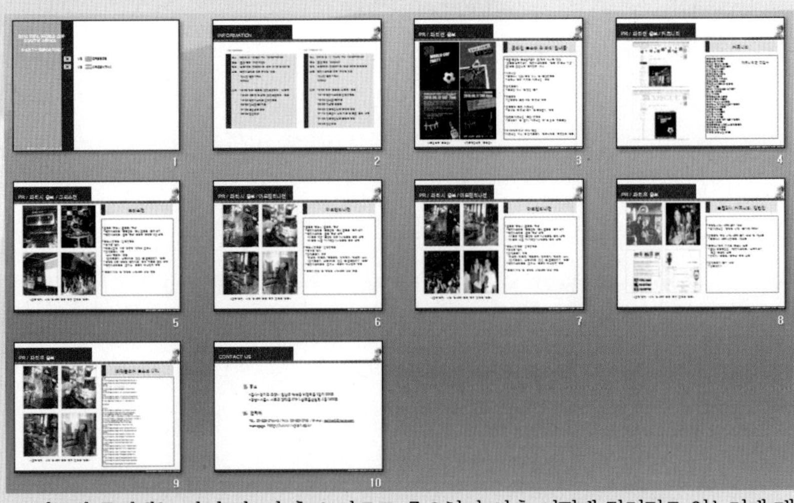

리포팅 문서에는 파티 전, 시 홍보 자료도 중요하나 사후 어떻게 관리되고 있는지에 대한 보고가 더욱 중요하다.

✠ 리포팅 문서의 구성

- 파티 기본 정보: 장소, 시간, 인원, 식음, 스타일링 등
- 파티 전 홍보 경로와 집객
- 파티시 홍보 수단, 노출 빈도 및 호응
- 파티 후 홍보 경로와 사후 콘텐츠 노출
- 협찬, 후원금 또는 물품의 사용
- 파티 효과의 수치화

파티가 끝나고 1주일 안에 파티콘텐츠(사진, 영상, 후기 등)를 일반인, 전문가, 상품/홍보물 노출 폴더로 나누어 수집하고 파티를 제작하면서 작성했던 모든 문서들(제안서, 기획안, 세부기획안, 계약서, 큐시트 등)을 정리하여 제출한다.

특히 프로모션 유형의 파티나 스폰서, 후원업체가 있는 경우에는 파티 전, 시, 후 노출 또는 홍보에 대한 증거자료(URL, 화면캡쳐 등을 활용)를 제출하여 신뢰도를 높이는 것이 좋다.

마지막으로 파티기획, 운영, 관리자로서의 솔직한 평가를 담는 것도 좋은 방법이다.

4) DB 작성

하나의 파티를 제작한 후에는 업체, 참가자 개인정보, 의뢰자 정보, 섭외, 외주 업체 정보 등 다양한 DB가 남는다. 이러한 정보들을 체계적으로 정리해 놓으면 앞으로의 파티제작에도 많은 도움이 될 것이다.

✠ 개인정보 수집 및 업체 DB확보

파티현장에서 집객이 이루어지는 경우도 있으나 다수를 차지하지는 않는다. 거의 대부분이 온라인상으로 집객이 이루어지며 정보는 고스란히 남는다.

하나의 파티가 제작되는 과정에서 우리는 다양한 DB를 확보하게 되는데 참가자 DB뿐만 아니라 파티에 참여하는 기업이나 단체의 DB도 포함한다. 이렇게 모인 개인정보 등의 DB들은 추후 파티에 또다시 활용되고 누적되어 파티의 기획, 홍보, 모객을 위한 도구가 되는 것이다.

따라서 파티 후에는 반드시 신청자, 참가자, 관련업체(단체), 외주업체 등의 정보를 체계적으로 정리해 놓는 습관을 들여야 한다.

파티효과 지속의 의미

파티는 현재성이라는 특성과 함께 지속성을 동시에 가지고 있다. 이벤트와 비교했을 때 강점으로 평가받는 이러한 특성은 기획요소에도 포함되어 기획시 중점적으로 고려해야 하는 사항이다.

파티는 일회적으로 마무리가 되지만 그 효과는 거기서 끝나지 않는다. 파티 전에 홍보했던 파티관련 이미지, 문구들은 여전히 인터넷상에서 검색시 노출되며 파티시의 콘텐츠들은 다양한 경로(기존/뉴미디어)를 통해 전파된다. 이렇게 온-오프라인상에 누적된 글, 사진, 영상들은 다음 파티, 다다음 파티에 지속적으로 연계되어 활용할 수 있는 것이다.

이는 역시 이벤트가 운영, 진행 중심인 데 반해 파티는 참가자 개개인 중심의 공간이기 때문이다. 즉, 파티의 특성-참가자 중심-온라인과의 밀접한 연관성이 파티 효과를 지속시킬 수 있는 원동력이 되는 것이다.

2. 제안형 파티 제작과정

제안형 파티의 진행과정은 영업과 유사하며 특정 기업/단체에 제안하는 방식과 불특정 다수의 기업/단체에 제안하는 방식이 있다. 기업이나 집단에 주최를 권유하여 행사를 이끌어 내는 방법으로 무엇보다 상대가 원하는 것을 짚어내는 안목과 파티를 통해 효과적으로 실현할 수 있게끔 기획하는 능력이 요구된다.

영업은 비즈니스의 기본이다

신규고객을 창출하고 기존고객을 관리하라.

현 파티 시장과 기업의 '파티'에 대한 인식상 신규 클라이언트를 확보한다는 것은 그리 쉬운 일이 아니다. 특히 세일즈 프로모션의 경우 대부분의 기업들이 안정적운영을 기대할 수 있는 기존의 이벤트, 행사 대행업체를 찾기 마련이다. 런칭, SP 분야에 비해 사내 행사는 그 문턱이 상대적으로 낮은 편이다. 신제품이나 브랜드 런칭, 프로모션 행사는 많은 경험과 노하우가 축적되고 많은 클라이언트와의 성공적인 결과물이 있어야만 영업이 가능한 분야다.

하지만 사내행사의 경우 그 규모(물론 대기업의 경우 상당히 큰 규모의 사내행사들이 많다.)와 행사의 성공여부에 대한 담당자의 부담이 상대적으로 적기 때문에 파티업체나 플래너들에게 좋은 타깃이 될 수 있다.

연말 송년파티를 기본으로 창립기념일 등과 같은 기념일들에 대한 정보를 수집하고 대략적이지만 파티의 효과와 자신이 가지고 있는 노하우를 적절히 제시한 제안서를 작성해 송부하거나 방문하는 형식의 영업이 있을 수 있다.

만약 이 정도 규모(송년파티의 경우 100~200명 정도가 가장 보편적이다)도 아직은 감당하기 쉽지 않다고 판단될 경우에는 지인들을 통해 작은 규모의 파티라도 기획, 제작해 가면서 콘텐츠들을 지속적으로 수집하고 경력을 쌓아가야 한다.

변화를 싫어하고 새로운 것에 대한 시도를 부담스러워 하는 것은 인간 본연의 성질이라고 한다. 행사가 성공적으로 끝났다면 다음 번에도 맡길 확률은 상당히 크다. 따라서 파티를 마친 다음에 전화, 이메일, 방문 등을 통해 친근감과 유대감을 유지해야 한다. 현대의 영업전략은 신규고객 창출보다는 기존고객 유지와 관리에 더 역점을 두고 있다. 고정되어 있는 행사는 파티사업의 운영에 있어 저축이나 보험과 같은 존재다. 이러한 고정적인 행사를 수주하기 위해서는 무엇보다 기존고객의 관리가 중요하다.

행사를 수주할 능력이 없다면 직접 만들어라

파티업체의 주수입원인 행사 수주방식은 두 가지다. 하나는 고객이 찾아오는 '주문'방식이고 하나는 찾아가는 '제안'방식이다.

전자의 경우 미디어든, 입소문이든 우리가 만든 파티가 노출이 되어야 기대할 수 있는 부분이다. 후자의 경우에도 마찬가지로 많은 '파티'를 만든 경력이 있어야 고객이 안심하고 행사를 맡길 것은 불보듯 뻔한 일이다. 그렇다고 수주된 행사가 없다하여 손놓고 기다릴 수는 없는 노릇이다. 어떻게든 '파티'를 만들어 "우리는 꾸준히 행사를 만드는 기업, 혹은 파티플래너입니다"라는 인상을 심어줘야 한다.

자체적으로 커뮤니티파티를 만드는 방식도 있으나 재정적인 리스크를 감수해야 함으로 권할 만한 방식이 아니다. 따라서 리스크를 줄이고 규모를 키워 경력에 도움이 되는 코프로모션 파티를 추천한다. 파티 구성요소 중 비용이 많이 드는 장소와 식음 부분을 공동 주최형식으로 해결하고 파티를 통해 생긴 수익을 분배하는 것이다. 이렇게 하면 단독 주최의 부담을 줄이고 규모를 키울 수 있어 양질의 콘텐츠를 기대할 수 있다.

제휴, 협력, 협찬을 활용하면 돈 한푼 없이도 파티를 제작할 수 있다. 이렇게 만들어진 파티 생성물들을 이용해 또 다른 파티를 제작할 수 있도록 도와주는 자료들을 축적하는 것이 필요하다.

(1) 컨셉, 테마설정

< 주문형, 제안형파티의 테마설정 >

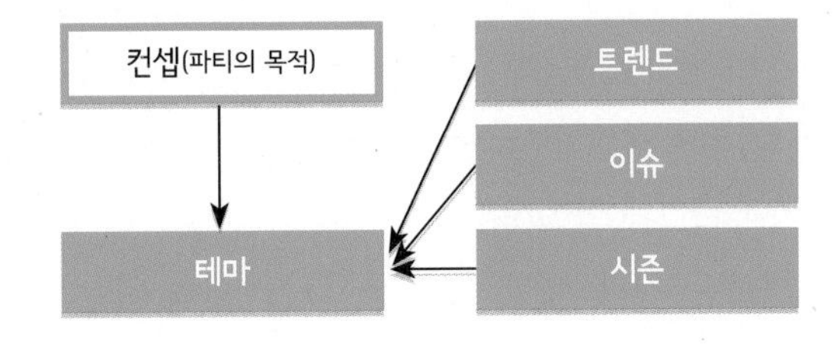

어떠한 기업, 단체에 어떠한 제안을 할 것인가에 따라 컨셉은 자연스럽게 결정된다. 예를 들어 브랜드, 제품, 영화, 매장 등에 대한 정보를 입수해 제안을 하는 것은 일반인을 대상으로 하는 런칭, 쇼케이스 등의 파티가 되어 목적과 컨셉이 동시에 설정되는 것이다.

제안 대상에 관한 정보를 습득하고 기업/단체에 부합하는 테마를 설정한다. 테마설정방법은 주문형 파티의 테마설정방법과 동일하다.

(2) 테마에 따른 파티 구성

제안형은 고객의 요청으로 만들어진 것이 아니기 때문에 구체적인 내용이 필요하지는 않다. 제안서가 채택된다 하더라도 고객과의 논의를 통해 수정, 변경되기 때문이다. 파티구성요소들은 테마와 대상에 따라 대략적으로 기획된다.

(3) 제안서 작성

자체형 파티의 제안서 작성과 마찬가지로 두 가지 형태의 문서(원페이지 제안서, 중/대규모 파티형 제안서)를 작성하게 된다. 제안형파티의 제안서는 프로그램 등의 세부적인 내용보다 파티를 통해 고객이 얻을 수 있는 이익과 이를 위한 실행 계획 등이 얼마나 구체적이고 설득력이 있느냐에 따라 채택이 결정된다.

기획서와 제안서

기획서(안)와 제안서

이벤트, 파티의 문서작성을 하다보면 기획안과 제안서라는 단어가 자주 등장한다. 문서가 어떠한 역할을 하느냐에 따라 기획서(안)라고 하거나 제안서라고 부르게 된다.

흔히 제안서와 기획서를 구분하지 않고 사용하기도 하나, 일반적으로 의뢰를 받고 작성하여 클라이언트에게 송부하는 문서는 기획서(안)라 하고 잠재적인 고객에게 제안하기 위해 만들어진 문서를 제안서라고 생각하면 헷갈리지 않을 것이다. 바꿔 말하면 고객의 요청이 있어 작성하는 것을 기획서(안), 요청이나 의뢰가 없으나 제안하는 용도로 쓰이는 문서를 제안서라고 생각하면 무리가 없다.

(4) 제안서 송부 및 미팅 수정

제안서는 이메일, 팩스를 사용해 송부한다. 특정 기업/단체를 대상으로 하는 제안서는 행사 담당 부서나 담당자에게 전달하는 것이 좋으나 불특정다수의 대상에게 송부할 경우에는 수신자를 표기함으로써 포워딩, 전달되도록 한다.

제안형은 주문형과 달리 시즌 성향을 지닌 파티가 아니라면 경쟁이 치열하지 않다. 따라서 기획이 좋고 파티의 효과에 대한 내용이 잘 전달되면 채택될 가능성이 주문형보다 오히려 높다고 할 수 있다.

제안대상에서 연락이 오면 미팅이 성사되고 파티의 진행은 거의 확정된다. 미팅이 이루어졌다는 이야기는 제안이 받아들여졌다는 것을 의미하기 때문이다. 이후 고객과의 논의를 통해 수정작업에 착수한다.

기다림의 미학

기획자에게 있어 열심히 연구하고 오랜시간이 걸려 완성된 기획안 또는 제안서는 자식과 같다. 하지만 자식에게 너무 많은 것을 기대하고 집착하면 관계는 더욱 소원해지고 후회하게 되는 것과 같이 자신의 기획 하나하나에 너무 집착하다보면 해야 하는 다른 일들과 또 다른 기회들을 놓치게 된다.

자신의 기획에 자신감을 가지고 애착을 갖는 것은 좋으나 결과 하나하나에 매달리다보면 더 많은 것을 간과하게 될지도 모르는 것이다. 일단 고객에게 보내진 기획안, 제안서에 대해서는 미련을 갖지 말아라. 열심히 기획했다면 답이 올 것이고 무언가 부족하거나 내부상황으로 인해 틀어진다면 답은 오지 않을 것이다. 오매불망 답신만 기다리고 궁금해 하느니 또 다른 기획에 빠져보는 것이 낫지 않을까?

최선을 다했다면 결과에 집착하지 말고 기다리라. 기획안은 1년 후에 또는 2년 후에 빛을 보게 될 수도 있고 다른 의뢰로 되돌아 올 수도 있다. 재촉하지 않고 기다리는 것이 내 기획에 만족한다는 증거다.

(5) 세부기획안 작성

실행방법, 스텝 운영, 관리 사항등을 구체적으로 기재하여 행사장 전반의 흐름을 알 수 있도록 한다. 계약은 보통 세부기획안에서 제시한 것을 바탕으로 하기 때문에 신중하게 작성해야 한다.

(6) 계약

〈주문형 진행방식과 동일〉

(7) 파티 전 운영

〈주문형 진행방식과 동일〉

(8) 파티시 운영

〈주문형 진행방식과 동일〉

(9) 파티 후 운영(관리)

〈주문형 진행방식과 동일〉

파티의 평가

기획, 운영, 관리 중 가장 중요한 것은 관리라고 자신있게 말한다. 파티플래너라는 단어에 떠오르는 기획자의 이미지가 강해 많은 사람들이 기획에 무게를 두는 경향이 있으나 아무리 대단한 기획이라 할지라도 운영과 관리가 엉망이라면 기획은 빛을 잃게 된다.

관리는 자신이 기획한 파티를 되돌아 보게 하고 객관적 시각으로 평가하게 도와준다. 관리는 정산, DB 정리, 콘텐츠 정리, 리포팅 등 다양한 업무가 포함된다. 관리시 업무를 토대로 파티를 평가하게 되는데 파티는 목적에 따라 다양한 평가가 가능하므로 평가의 방식과 의의에 대해 알아둘 필요가 있다.

파티의 성패를 무엇으로 판단하고 평가할 것인가?

- 뛰어난 기획으로 이슈화되었는가?
- 파티 전 홍보와 집객은 잘 되었는가?
- 참가자들이 만족하였는가?
- 클라이언트(주최, 의뢰인, 후원사, 협찬사 등)가 만족하였는가?
- 원활하게 운영되었는가?
- 수익은 어떠한가?
- 양질의 콘텐츠가 생산되었는가?
- 파티 후 2차 홍보가 원활하게 되었는가?

사실 위의 다양한 평가기준은 서로 연관되어 있다. 기획이 뛰어나면 참가자나 클라이언트가 만족할 가능성이 높고 양질의 콘텐츠가 양산될 확률도 높다. 또한 이렇게 만들어진 콘텐츠는 자발적으로 혹은 의도적으로 2차 홍보가 월활하게 이루어질 테니 말이다. 하지만 참가자들이 만족하지 않아도 클라이언트가 만족하는 경우가 있을 수 있고 파티 기획과 운영이 조금 미숙했다 하더라도 2차 홍보가 활발하게 이루어져 좋은 평가를 받을 수도 있다.

동일한 관심사, 공통점을 가진 사람들이 사교를 목적으로 다양한 테마를 즐기는 커뮤니티 파티의 경우 특유의 자율적인 분위기가 더 중요하므로 원활한 운영보다는 참신한 기획력으로 이슈화시키는 것이 더 중요하다.

지인(임직원)과 함께 하는 사내파티나 개인파티는 참가자의 만족을 최우선으로 하며 홍보는 특수한 경우(사내행사를 전략적으로 사용, 보도자료 등을 통해 홍보의 수단으로 삼는 경우)가 아닌 이상 중요도가 떨어진다고 할 수 있다.

알리거나 홍보하는 것이 목적인 경우나 대외적인 이미지를 중시하는 파티의 경우에는 역시 콘텐츠와 홍보부분이 가장 중요하다는 것을 알 수 있다.

이렇게 목적에 따라 파티를 최종적으로 평가하는 기준이 다르다는 것을 알고 기획시 충분히 고려해야 할 것이다.

3. 자체형 파티 제작과정

자체형 파티의 대표적인 진행방식은 장소, 식음 등의 업체와 함께 공동으로 제작하는 코프로모션 형태와 참가자의 입장료로 수익을 창출하는 커뮤니티 파티가 있다.

- 코프로모션: 시즌을 활용한 테마 설정이 효과적이며 파티 구성요소 중 필수적이나 비용이 드는 부문을 업체와의 협력형식으로 해결한다. 두 업체 이상이 참여할 수도 있기 때문에 업체간의 조율과 협조가 필수적이며, 파티에서 발생한 수익은 참여 업체끼리 쉐어(상호분배)하는 형식이다.
- 커뮤니티 파티: 컨셉과 테마를 모두 설정해야 하며 참가자의 입장수익이 곧 예산이므로 리스크가 큰 편이다. 따라서 협찬 방식과 결합된 형태로 진행하는 것이 일반적이다.

(1) 컨셉, 테마설정

흔히 '꺼리'라고 말하는 아이디어가 생기면 간단한 관련 정보를 확인하고 바로 컨셉과 테마 설정에 돌입한다. 주문형, 제안형 파티의 경우 목적 자체가 분명하기 때문에 '컨셉'을 따로 정할 필요없이 트렌드, 이슈, 시즌을 고려해 테마를 설정하였으나 자체형 파티는 '사교', '비즈니스'라는 파티 정의상에 보편적인 목적이 있을 뿐 특정 목표가 있을 수 없으므로 '컨셉과 '테마'를 모두 설정해야 하는 것이다.

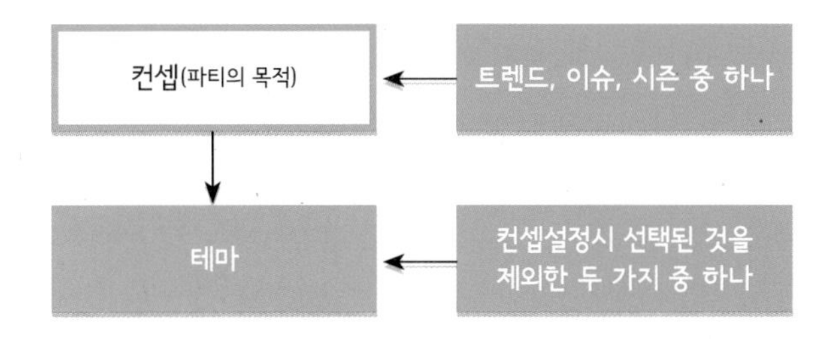

예를 들어 파티의 컨셉을 트렌드, 이슈, 시즌 중 시즌을 고려하여 설정하였다면 테마는 트렌드, 이슈 중에서 설정해야 한다. 이때 파티의 컨셉과의 테마의 유기적인 결합은 참가자 호기심을 유발하고 이해와 참여도를 높이기 위해 서로 연관성이 있어야 하며 테마는 컨셉이 구체화된 것이어야 한다. 컨셉과 테마가 각기 다른 요소의 결합이기 때문에 서로 연관성이 없다면 정체불명의 파티가 만들어 질 수밖에 없다.

따라서 자체형 파티는 주문형, 제안형 파티보다 더욱 까다로운 컨셉, 테마 설정 단계를 거쳐야 하고 이를 위해 정치, 문화, 경제적인 흐름에 대한 안목 없이는 기획하기 힘든 파티 중의 하나다.

컨셉과 테마가 대충 설정된 상태에서 파티를 진행하였다가 금전적 손해를 보는 수많은 파티를 보았을 것이다. 커뮤니티 파티의 특성에 대한 이해 없이 가장 쉽고 재미있을 것 같다고 하여 무턱대고 덤벼드는 일은 없어야 할 것이다.

자체형 파티 컨셉, 테마 설정의 예

1. 컨셉: 트렌드(로하스) –> 테마: 이슈(각막기증)

웰빙보다 한 차원 진일보한 트렌드인 로하스(개인의 건강을 넘어 환경, 이웃까지 고려하는 트렌드)라는 컨셉 아래 당시 이슈였던 MBC '눈을 떠요'(열악한 국내 장기기증 문화에 새로운 바람을 일으킨 프로그램)의 각막기증을 접목.

2. 컨셉: 시즌(할로윈) –> 테마: 이슈(마이클잭슨의 죽음)

10월 마지막 주의 할로윈 데이를 컨셉으로 설정하고 당시 최고의 이슈였던 마이클잭슨의 죽음을 접목, 마이클잭슨의 환생을 메인으로 설정.

■ 마이클 잭슨의 환생을 형상화한 파티와 공연

(2) 테마에 따른 파티 구성

코프로모션 파티의 경우 공동 주최의 형태를 띠기 때문에 서로간의 협조와 조율이 필요하다 해도 기획과 운영을 맡은 파티플래너의 기획이 수정되는 일은 거의 일어나지 않는다. 파티플래너의 기획이 이미 받아들여져 참여가 된 것이기 때문이다. 이는 커뮤니티 파티도 마찬가지다.

이처럼 파티플래너의 기획이 가감없이 파티에서 모두 구현될 가능성이 높다는 점 때문에 자체형 파티는 파티플래너에게 가장 매력적인 파티의 종류인 것이다.

클라이언트가 존재하지 않는 상황에서 기획이 견제되거나 수정 · 보완되는 경우는 거의 존재하지 않는다. 따라서 테마가 설정된 다음 파티를 구성하는 요소들을 기획 할 때에도 파티플래너의 무한한 창의력을 마음껏 발휘해도 좋다.

-장소-식음-프로그램-스타일링-음악-시스템 등의 파티 구성요소를 여지껏 하지 않았거나 하지 못했던 시도들을 통해 구현할 수 있는 기회다. 바로 이 점 때문에 자체형 파티가 이슈화되기 쉬우며 파티플래너를 알리기에 좋은 수단이 되는 것이다.

(3) 1차 기획안, 제안서 작성

자체형 파티라 하여 내부용 기획안을 작성하지 않는다. 커뮤니티파티 형태라 하더라도 협찬업체에 제안하는 문서가 파티의 기본 기획안이 되는 것이다. 따라서 제안형 파티 제안서 작성과 마찬가지로 두 가지 형태의 문서(원페이지 제안서, 중/대규모 파티형 제안서)를 작성하게 된다.

1차 기획안/제안서의 4가지 유형

기획안의 목적에 따라 혹은 필요한 예산에 따라 기획안은 4가지로 분류할 수 있다. 모두 1차적인 기획안으로 이를 바탕으로 2차 기획안과 세부기획안을 작성한다. 자체적으로 제작하는 파티의 경우에는 규모에 따라 어떤 기획안으로 작성할지 선택한다.

주문형

개인, 기업, 기타 단체로부터 의뢰가 들어왔을 때 쓰는 기획안 양식이다. 규모에 따라 두 가지 유형으로 나뉘며 테마에 따라 두 가지 정도로 기획하는 것이 좋다.

1. 소규모 파티

개인파티 등 규모가 작은 경우에 사용하며 한글이나 워드를 사용해 2~3장 정도의 분량으로 기획한다. 내용은 기본정보, 프로그램,

일반적으로 참가자 50인 이하의 파티를 소규모 파티로 분류한다. 사진: 부부동반 송년파티

장소, 스타일링, 식음과 대략적인 예산이 포함된다. 사진이나 영상 등 보여지는 것이 적으므로 문장표현능력이 요구된다.

2. 중 · 대규모 파티

주로 기업이나 기타 단체의 행사의뢰시 사용하며 파워포인트와 같은 프로그램으로 작성한다. 각종 도형과 사진, 영상 등을 최대한 활용하고 구체적으로 표현함으로써 의뢰인으로 하여금 빠른 이해를 도와야 한다. 소규모 파티와는 다르게 색이나 구성선택 같은 디자인적인 요소들도 중시되며 여러 장으로 이루어지기 때문에 무엇보다 일관성과 통일성이 요구된다.

제안형, 자체형

개인파티 등 규 고객을 찾아 먼저 제안하는 방식을 뜻하며 정보수집을 통해 앞을 내다볼 줄 알아야 가능하다. 고객의 관심을 유도하기 위한 여러 가지 스킬이 요구되며 제안하는 시기 또한 적절해야 한다. 주문형 기획안에 비해 선택될 확률이 낮을 수도 있으나 반대로 기획이 좋으면 오히려 더 쉽게 진행되는 경우도 많다. 또한 파티를 진행함으로 해서 생기는 '효과'를 중점적으로 부각시켜야 하며 홍보를 목적으로 하는 파티의 경우에는 구체적이고 현실적인 홍보 루트를 제시해야 한다.

1. 원페이지 제안서

단 한 장으로 상대방을 설득시켜야 하기 때문에 간결하게 표현할 수 있는 문장압축능력이 필요하다. 한 장 안에 모든 정보가 들어가야 하며 사진사료 등을 사용할 수 없기에 읽으면서 그림이 그려지도록 생생하게 표현해야 한다. 원페이지 제안서는 비슷한 대상에게 동시에 제안을 할 수 있다는 장점이 가지고 있다. 따라서 제안할 상대를 고르는 것도 중요하다.

원페이지 제안서를 통해 잠재 고객의 반응을 살피고 진행이 되면 다시 구체적인 제안서 작성이 필요하다.

광고주 행사 대행 제안서

귀사의 광고주의 사내 행사 및 마케팅, 프로모션 행사 대행을 제안합니다.

제안동기

- 광고대행사 자체적으로 행사 대행은 무리가 있음.
- 기존 이벤트, 파티 행사 대행 업체에 대한 불만족 해결.

목표

최근 2년간 가장 많은 파티를 만든 파티플래너 그룹인 리얼플랜의 노하우를 바탕으로 귀사 광고주의 행사를 기획단계에서부터 운영, 진행, 사후관리까지 대행하고자 함.

1. 기존의 진부한 이벤트에서 벗어나 자율적이고 적극적으로 행사에 참여하게끔 유도하는 특별한 사내행사를 선사.
2. 200회 이상의 기업, 커뮤니티 컨설팅 파티 주관의 노하우를 바탕으로 귀사 광고주의 마케팅, 프로모션의 성공적인 목적 달성.

제안내용

귀사의 광고주의 사내 행사 및 마케팅, 프로모션 행사 일절.
→ 런칭파티, VIP초청파티, 쇼케이스 파티, 고객감사 파티, 송년파티, 창립기념파티, 비전선포식, 단합대회, 체육대회, 사내커플매칭 데이, 워크샵 등.

리얼플랜

- 200회 이상의 기업, 커뮤니티 컨설팅 파티 주관 플래너 그룹.
  : SK, 대우건설, 디아지오코리아, 만도, 메트로, UBS, 큐릭스, CJ 외 다수.

1. 기획의 차별화 : 젊은 Brain의 Creative를 바탕으로 귀사의 성향에 맞는 행사기획.
2. 운영의 차별화 : 국내 최대의 파티커뮤니티 직접 운영.
   다양한 제휴사(장소, 식음, 미디어) 보유, 다양한 협찬사 보유.
3. 관리의 차별화 : 파티 후 사진, 동영상, 후기등의 컨텐츠 관리 및 전달.

실행

- 본 제안서를 검토한 후 귀사의 광고주 행사 대행을 의뢰하고자 한다면 리얼플랜에 문의 바람.
- 세부 기획안 및 예산은 행사가 확정되면 상호 논의 후 제출하도록 함.

문의 (리얼플랜 이우용)

T. 02-589-2744 ‖ F. 02-589-2746 ‖ E-mail. realplan1@naver.com
Homepage: www.r-plan.co.kr

■ 원페이지 제안서의 예

2. 중 · 대규모 파티

제안할 대상이 원페이지 제안서처럼 여러 곳이 아니고 한곳, 하나의 브랜드 또는 제품일 때 사용한다. 대상이 명확히 정해져 있는 상태이므로 완벽한 맞춤제안서가 되어야 한다. 따라서 제안할 상대에 대한 정보 수집이 중요할 뿐 아니라 제안서에서 제안할 대상의 느낌이 물씬 풍겨야 친숙함을 높여 채택될 가능성이 높아진다. 즉 도형, 색감 등의 디자인적인 요소들도 신중을 기해야 한다.

설득할 수 있는 다양한 자료들과 함께 '파티효과'에 대한 내용을 중점적으로 다뤄야 하며 홍보를 목적으로 하는 파티의 경우에는 경로를 구체적이고 현실적으로 표현하여 관심을 유도해야 한다. 원페이지 제안서에 비해 시간과 노력이 많으며 제안 대상을 잘못 선정하였을 경우 헛수고가 될 위험이 크기 때문에 사전 정보 수집단계에서부터 신중하게 접근해야 한다.

(4) 협찬, 후원, 코프로모션 대상 기업/단체 선정 및 제안

제안서 작성과 맞물려 진행하며 순서가 바뀌는 경우도 있다. 협찬, 후원, 코프로모션 제안을 위한 특정한 기업이나 단체가 있다면 완벽하게 부합되는 제안서가 마련되지만 불특정 다수의 기업과 단체에 제안하는 경우에는 제안서 작성 뒤 대상을 선정한다.

파티와 Sponsorship의 관계

대학생 시절을 떠올려보자. 축제나 동아리, 학회 발표회 등이 다가오면 지령이 떨어진다. 우리들은 팜플릿을 들고 학교 주변 음식점, 주점, 문구점 등을 돌며 행사에 필요한 자금을 충원하기 위해 발품을 판다. 거의 애원하다시피 해서 협찬, 후원금을 받으면 좋아서 뛸듯이 기쁘다. 마치 공짜로 얻은 돈처럼 생각되기 때문이다. 허나 1년이 지나고 2년이 지난 후에 다시 찾을 땐 주인은 시큰둥한 표정으로 거절하기 일쑤다. 무엇때문일까?

스폰서십(후원, 협찬)은 그저 막무가내로 돈이나 물건을 받아내는 것이 아니다. 아무리 조그만 구멍가게라도 스폰서십을 통해 원하는 것이 있다. 만약 스폰서십에 실패했다면 스폰서가 원하는 바를 제대로 파악하지 못했기 때문이다.

스폰서는 파티진행에 있어 큰 도움이 되는 것이 사실이다. 현금이든 물품이든 파티에서 유용하게 사용되며 파티의 질을 높이는 데에도 한몫하기 때문이다. 이렇다 보니 파티를 만드는 사람입장에서는 어떻게 해서든지 협찬을 통해 자금이나 물품을 확보해 수월하게 파티를 진행하고 싶어할 수밖에 없다. 하지만 스폰서를 구하는 것은 그리 쉽지도 않을 뿐더러 좋은 스폰서를 만난다 해도 그에 상응하는 책임을 져야 한다.

스폰서십은 파티의 종류, 목적, 테마에 따라 다양한 분야에서 진행할 수 있으며 그 규모도 다양하다. 파티에 큰 도움이 되는 스폰서십, 어떻게 하면 원활하게 이루어질까?

첫째, 가상의 스폰서가 원하는 것을 파악하라.

둘째, 그들이 원하는 것을 어떻게 현실화 할지 고민하라.

셋째, 원하는 것 이상의 것을 제시하라.

넷째, 담당자의 고충을 이해하라.

먼저 스폰서가 원하는 것은 무엇일까. 파티에 무엇을 보고 현금 혹은 물품을 지원할까? 답은 이미 모두가 알고 있다. 역지사지로 당신이 스폰서업체의 사장이라고 생각해보면 간단하다.

- 판매촉진, 매출로 연계
- 브랜드, 제품 이미지 제고
- 홍보, 노출

판매촉진, 매출상승, 브랜드, 제품 이미지 제고 등의 목적은 모두 어떻게 홍보하고 노출하는지에 따라 결정된다. 따라서 기획안에는 홍보, 노출에 대한 명확하고 구체적인 방안이 제시되어야 하는 것이다.

스폰서가 원하는 바를 알았다면 어떻게 현실화시킬지에 대한 고민이 있어야 한다. 또한 앞서 말했던 다수의 스폰서가 존재할 경우 스폰서간의 조율과 협력에도 신경써야 한다.

다음은 흔히 사용되는 스폰서 노출 방안이다.

1. 파티 전

1) 온라인 포스터 게시

- 포털사이트 커뮤니티
- 타깃 소비자가 활동하는 사이트
(온라인 기업, 온라인 미디어 등)
- 블로그, 미니홈피, SNS
- 이메일링

2) 오프라인 포스터 게시

- 파티 주변
- 타깃 소비자 이동 구역

■ 온라인포스터는 파티에 대한 기본정보를 제공하고 호기심을 자극시킨다

2. 파티시

1) 홍보물 게시

- 베너, 포스터 등 각종 게시물

2) 홍보 영상

3) 협찬사 홍보 이벤트(프로그램을 통한 간접 홍보)

4) 전문가/일반인 협찬사 관련 콘텐츠 생성

3. 파티 후

- 전문가/일반인 콘텐츠 게시 및 자발적 배포 유도
- 편집 사진, 영상 등의 배포
- 키워드검색시 노출 유도

일반적으로 위의 홍보/노출 전략이면 충분하나 더 세련되고 새로운 방안이 있다면 추가로 제안해도 좋다. 기획자는 늘 스폰서의 홍보/노출을 위한 도구개발에 힘써야 한다. 획기적인 동시에 효과적인 방식의 홍보/노출은 스폰서의 구미를 당길 가능성이 크기 때문이다.

파티가 성공적으로 마무리되었다고 스폰서에 대한 우리의 책임이 끝난 것은 아니다. 스폰서를 담당하는 사람은 회사의 사장이 아닌 직원이다. 따라서 스폰서십에 대한 보고를 해야 할 의무가 있는 것이다. 파티 전,시,후에 홍보/노출된 경로와 수치를 구체적으로 표기하고 효과를 분석하여 리포팅하는 것까지 깔끔하게 마무리되어야 다음에도 더 좋은 관계로 함께 할 수 있는 것이다. 리포팅 자료를 확실히 제작해 전달함으로써 스폰서십 담당자의 보고의무에 대한 짐을 덜어주어야 한다.

스폰서에 대한 책임이 있다고 하지만 그렇다고 원하는 것을 뭐든지 다 받아들여야 하는 것은 아니다. 자칫 파티의 질이 좋아지기는커녕 너무 상업적으로 비춰져 오히려 양사 이미지에 손상을 입힐 우려도 없지 않기 때문이다. 서로간의 유기적인 커뮤니케이션으로 최대한의 효과와 파티의 조화를 동시에 이루어내야 한다.

스폰서와 우리는 상하관계가 아니다. 파티를 통해 함께 원하는 것을 얻고자 하는 동반자이자 협력관계임을 명심해야 한다.

(5) 제안서 송부 및 미팅 수정

〈제안형 진행방식과 동일〉

(6) 세부기획안 작성

〈제안형 진행방식과 동일〉

(7) 계약

물품협찬시에는 인수증이 계약서를 대체하며 현금협찬과 코프로모션에 대한 계약은 주문형, 제안형과 동일하다.

(8) 파티 전 운영

홍보와 집객에 있어 공동주최와 협찬, 후원 업체 및 단체의 성격과 목적에 조금 더 부합해야 한다는 것 외에는 전반적으로 〈주문형, 제안형〉 진행과정과 거의 흡사하다.

(9) 파티시 운영

자체형 파티는 주관, 대행이 아닌 주최의 입장에서 운영하기 때문에 의뢰, 제안형 파티보다는 자율적이고 유연한 진행이 가능하다. 시간 연장이나, 조금의 실수 등은 파티분위기에 따라 어느 정도 용납이 되며 때로는 더욱 자연스운 분위기에 도움이 되기도 한다. 파티공간에서의 운영이 다른 목적을 지닌 파티에 비해 수월하다고는 하지만 홍보를 해야 하는 업체가 둘 이상일 경우에는 상호간의 조율이 필요하며 문제발생을 미리 차단하기 위해 업체간의 홍보기획안 및 시안을 서로 공유해 마찰을 줄여나가는 것이 좋다. 아무런 사전 조율없이 행사장에서 업체간의 협의를 이끌어 내는 것은 그리 쉬운 일이 아니다. 때에 따라 계약의 수정이나 파기까지 이를 수 있는 민감한 사안이니 반드시 사전 협의, 조율해야 한다.

(10) 파티 후 운영(관리)

〈주문형, 제안형 진행방식과 동일〉

직접 주최 유료 파티의 경우 유의할 점

파티를 만드는 사람들 누구나 꿈꾸는 것이 있다. 자신의 상상력이 고스란히 현실이 되는 자신만의 파티를 만드는 것. 아마 파티를 꿈꾸고 기획하는 사람이라면 누구나 벼르고 있는 계획일 것이다.

하지만 그렇게 만들기를 원하는 사람이 많음에도 우리는 주변에서 이런 유형의 파티를 찾아보기는 쉽지 않다. 이유는 역시 현실의 벽 때문인데 파티에서의 수익을 생각하지 않을 수 없기 때문이다. 자금이 넉넉해서 베푸는 셈치고 만든다면 무언인들 만들지 못하겠냐만은 파티도 하나의 비즈니스라는 관점에서 보면 선뜻 만들기 어려운 것이 바로 '기획자가 하고 싶은 파티'다.

상황이 이렇다보니 대중들의 호기심을 자극하여 집객을 하는 파티를 주최하는 것이 거의 유일한 길인데 협찬 등을 통해 자금을 충당하려 하면 협찬사에 대한 프로모션에 치중해야 하기 때문에 순수하게 자신이 원하는 파티를 만들기 힘들다. 따라서 많은 사람들이 내고 참가하는 '입장료'를 수익원으로 삼는 파티를 제작하게 되는 것이다.

굳이 파티의 종류로 따지자면 '커뮤니티 파티'가 될 것인데 이는 참가자들이 파티에 대해 관심을 가지고 있다는 동질감이 집객의 원천이 되기 때문이다. 따라서 커뮤니티 파티가 갖는 단점과 장점을 모두 가지고 있다. 특히 장점 중에 파티플래너가 기획한 파티에 관심을 가지고 온 참가자들이기에 가장 즐겁고 사교하기 수월하며 보람있는 것이 이러한 종류의 파티인 것이다. 하지만 사람들을 모아 입장료로 수익을 낸다는 것은 생각처럼 쉬운 일이 아니다. 요즘같이 각종 공연 가격을 하향 책정하는 사회, 문화적인 분위기에서는 더더욱 그렇다. 게다가 파티 특성상 검증할 수 있는 방법이 별로 없기에 파티를 기획한 업체나 기획자를 보게 되고 온라인포스터 등 파티를 홍보하는 게시물로 파티를 판단해야 하기 때문에 더욱 신경이 쓰이게 된다.

✠ 유의사항

1. 60~70% 집객을 예상하여 티켓가격과 예산을 책정한다.

파티에서 제공되는 서비스의 양과 질을 감안하여 티켓가격을 설정하는 방법도 있으나 현실적으로 이러한 성격의 파티는 입장 수익이 곧 예산이 되기 때문에 예상 집객에 따라 티켓가격을 설정하는 것이 조금 더 안전하다. 파티 수용인원수의 60~70% 정도만 집객이 된다 하더라도 손익분기점을 넘도록 가격을 책정하는 방식이다.

2. 컨셉-테마-프로그램, 장소 등이 완벽히 조화를 이루지 못하면 집객에 실패하기 마련이다.

파티의 즐거움은 여러 가지가 복합적으로 작용한 결과다. 사교가 활발히 이루어지는 것과 콘텐츠가 많이 양산되는 것, 이 모두가 파티를 구성하고 있는 요소들이 적절히 배치되었거나 원활하게 상호작용하고 있다는 것을 의미한다. 따라서 파티를 이루는 주기둥이라 할 수 있는 컨셉과 테마 그리고 테마를 받쳐주는 프로그램과 장소가 서로 조화를 이루어야 한다.

파티에 오는 사람들은 이 점을 미리 파악하게 되어 있다. 세세한 부분까지는 모르더라도 홍보자료들을 보면서 파티요소들이 잘 구성되었는지 감을 잡게 되는 것이다. 파티의 정보들이 홍보물에 잘 표현되어 전달되었을 때 사람들이 알아서 찾아오는 것이다.

3. 식음, 스타일링 등에 연연하지 않는다.

커뮤니티 파티의 특징은 파티 참가자들이 테마로 인해 더욱 활발하게 사교할 수 있다는 것이다. 즉 가장 중점이 되는 것은 참가자들의 즐거움인 것이다. 멋진 파티를 위해 음식과 주류 등의 음료도 물론 필요한 요소지만 파티 성패를 좌우하는 것은 아니다. 따라서 식음에 과도한 예산을 지출하는 것은 피하는 것이 좋다.

몇 년전만 하더라도 파티에 식음이 충분치 않으면 참가자들이 불쾌함을 표현하는 등 기획하는 사람에게 있어 식음은 신경이 많이 쓰이는 요소였으나 파티문화가 상당히 정착되었고 파티에 대한 이해도가 높아짐에 따라 식음은 파티의 절대요소에서 선택요소로 변화하고 있다.

4. 파티장 내에서 수익구조를 만든다.

입장수익으로 만족스러운 성과를 내기 힘들다면 파티공간 안에서 수익을 낼 수 있는 방법을 강구해야 한다. 물품의 판매나 이벤트에 참여하는 요금 등을 개발해 추가 수입을 얻도록 한다.

5. 협찬을 통해 예산을 절감하고 게스트에게 동기부여한다.

협찬으로 자금의 부담을 줄이는 것은 누구나 원하는 방법일 수도 있으나 문제는 협찬사가 요구하는 사항들이 파티분위기 전반에 얼마나 잘 조화될 수 있느냐 하는 것이다. 따라서 너무 많은 협찬사를 유치하거나 테마를 해치는 요구사항들은 과감히 제거해야 한다.

6. 현장은 부수적인것. 반드시 예매를 통해 집객해야 한다.

현장 집객에 많은 기대를 하면 안 된다. 현장 유료 입장은 부수적인 수입으로 생각하고 예매를 통한 입장수익을 위해 홍보에 최선을 다해야 한다. 예매와 현장입장의 요금이 다른 것은 이 때문이다.

4. 파티 종류별 유의사항

파티는 목적과 대상에 따라 우선적으로 고려해야 할 사항이 다르다. 종류별 특성을 감안한 유의사항과 추구해야 할 방향을 파악하고 접목시켜 최대의 효과를 이끌어 내야 한다.

(1) 기업

1) 사내

송년, 신년, 워크샵, 축하, 기념(~주년)식 등의 행사를 말하며 구성원간의 친목과 단합이 가장 중요한 목적이다. 가장 성장세가 뚜렷한 시장으로서 명확한 목표인식과 기업이미지에 부합하는 기획이 요구된다.

✠ 유의사항

• 식상함으로의 탈피

기존 이벤트업체의 식상한 진행과 일률적인 기획에서 탈피하고자 파티를 여는 것이다. 사내행사는 안정감 있는 운영보다 공감하고 호응할 수 있는 테마설정이 중요하다. 모든 파티 구성요소의 변화를 주는 데 주력하고 새로움을 시도한 보람을 느끼게 해야 한다.

• 직원이 우선

파티의 결정권자는 물론 회사의 단위별 대표지만 주인공은 직원이다. 여지껏 인사, 연설, 노래 모두 대표자 위주였다면 파티만큼은 직원들이 우선시되어야 한다. 직원이 원하고 직원이 파티에서 얻고자 하는 것을 캐치해야 한다.

• 보여주기 자제

공연으로 참가자의 눈을 사로잡으려고 하지마라. 공연이 난무하는 파티는 그만큼 참가자들의 참여가 결여된다는 것과 일맥상통한다. 눈요기를 하려고 파티를 하는 것이 아니다. 이제 직원들은 정말 즐겁고 보람있는 사내행사를 원한다.

2) 사외

매장, 브랜드 등의 런칭 / 영화, 음반, 출판 등의 쇼케이스 / VIP 초청 고객감사 파티 등이 속하며 홍보, 프로모션을 주 목적으로 한다. 가장 상업적인 형태의 파티로서 파티의 효과가 가장 두드러지게 나타난다.

✠ 유의사항

• 노골적인 홍보 자제

사외행사는 주로 기업의 홍보, 프로모션을 위한 파티를 의미한다. 일반인을 초대해 브랜드, 제품 등을 체험하게 하거나 VIP를 초청해 대접하기도 한다. 어쨌거나 기업의 홍보와 이미지 제고, 판매 등의 이익과 맞물려 있는 파티이기 때문에 홍보물의 사용이 필수적이다. 그러나 홍보에 너무 주력하다보면 오히려 부정적인 이미지가 형성되는 등 역효과가 날 수 있으니 간접적이고 감성을 활용한 홍보에 신경써야 한다.

- 콘텐츠 생성에 주력

파티는 현재성 외에 지속성을 가지고 있다. 즉 파티의 효과가 파티가 끝난 후에도 지속되어야 한다는 것인데 이를 가능하게 하는 것이 바로 콘텐츠다. 사진, 영상, 후기, 보도 등의 콘텐츠가 많이 생성될 수 있도록 파티 전, 시, 후 전략적인 기획이 요구된다.

- 대상의 확대

기업은 참가자들만을 위해 파티를 주최하는 것이 아니다. 하나의 파티로 더 많은 효과를 얻고자 하는 것이 기업의 입장이다. 따라서 파티를 통해 파티에 오고 싶어 했지만 참가하지 못한 사람들, 파티가 끝난 후 파티에 관련된 콘텐츠 등을 보고 느끼는 잠재 고객 모두를 염두하고 제작해야 한다.

이벤트와 파티 비용

파티를 보는 몇 가지 오해 중 하나는 파티가 이벤트보다 비용이 많이 들 것이라는 것이다.

문의나 의뢰를 받을 때 많이 받는 질문 중 하나가 파티식으로 행사를 만들면 비용이 예전보다 더 들지 않겠느냐 라는 것이다.

어찌보면 파티를 경험해 보지 않은 입장에서는 그럴듯하게 들리기도 할 것이다.

그러나 이벤트형 행사의 경우 공연의 비중이 파티에 비해 상대적으로 높다. 행사에서 공연이 차지하는 비중이 크다는 것은 공연을 위한 부수적인 비용이 추가된다는 것을 의미한다. 그래서 많은 이벤트 행사에서는 음향이나 조명, 특수효과 등이 공연을 위해서는 필수적으로 포함되는 것이다.

이에 반해 파티는 테마를 설정하고 테마에 맞게 구성요소들을 설정하며 공연관람보다 참가자들간의 사교를 우선시하기 때문에 공연을 위한 음향, 조명, 특수효과등에 소요되는 비용을 절감할 수 있는 것이다. 대신 이렇게 발생한 여유자금을 참가자들의 사교를 돕기 위한 다양한 구성요소에 골고루 분배하면 되는 것이다. 그 중 대표적인 것이 스타일링이다. 스타일링은 단순히 보기 좋으라고 하는 것은 아니다. 스타일링을 통해 파티공간을 테마에 부합하도록 잘 구성하면 참가자들의 공감을 얻고 사교를 이끌어내는 데 효과적이다.

결론적으로 이벤트형 행사는 공연 등 관람 위주의 프로그램 때문에 섭외비는 물론 음향, 조명, 특수효과 등의 시스템 비용이 많이 들지만 파티는 이러한 예산을 참가자들의 공감과 사교를 위한 구성요소(스타일링, 식음, 프로그램 등)에 할애하기 때문에 전체적인 비용에서는 별차이가 없다.

■ 시스템 비용을 다른 구성요소들(프로그램, 식음, 스타일링 등)에 할애함으로써 참가자들의 사교를 이끌어내는 데 도움을 준다

(2) 개인

돌, 환갑, 결혼식, 생일, 발표회 등의 행사를 말한다. 무엇보다 개인의 경사를 축하하는 분위기와 손님간의 사교, 주최와 참가자간의 교류를 중시하는 기획이 요구된다.

✠ 유의사항

• 주체와 객체

파티에는 주체와 객체의 개념은 없다. 주최자를 축하하는 자리이기는 하나 주인공을 의미하지는 않는다. 파티플래너라면 파티공간 내의 모든 사람은 주인공이라는 인식을 갖고 기획해야 한다.

• 참가자(손님)의 정체성

참가자는 남의 잔치 박수나 쳐주는 단순 관람객이 아니다. 참가자 모두 파티의 주체이며 파티를 구성해 나가는 인적 요소들이다. 개인파티 참가자는 혈연, 지연, 학연 등으로 이어진 지인들이 대부분이다. 따라서 참가자간에 얼마든지 공유하고 공감할 것이 많다. 이를 잘 짚어내 프로그램으로 승화시켜 참가자간의 사교를 유도한다면 진정한 개인파티가 될 것이다.

• 주최자를 향한 과도한 스포트라이트 금지

기업파티와 마찬가지로 너무 노골적으로 관심을 집중시키는 것은 참가자에게 불쾌감을 주고 오히려 역효과가 생길 수 있음을 기억해야 하며 기억에 남고 소중한 추억으로 남기기 위해서 무엇보다 참가자의 진심어린 축하를 이끌어 낼 수 있어야 한다는 것을 명심해야 한다.

• 주최와 참가자간 교류

최근의 개인 행사를 참석하다 보면 정작 축하도 못하고 식사만 하고 오는 경우가 허다하다. 이러한 행사는 기획자는 물론 주최자에게도 책임이 있으며 차라리 안 하느니만 못한 효과를 가져올 수밖에 없다. 기계로 찍어내는 듯한 행사가 참가자들에게 좋은 기억으로 남을리 만무하며 행사로 인한 주최와 참가자간의 사교는커녕 서로 서운한 감정만 안겨줄 뿐이다.

(3) 학교

축제, 동문회, 홈커밍데이 등 학교가 주최하는 행사를 말하며 구성원간의 교류와 학교측과의 협력, 외부로의 홍보가 행사의 목표다. 이 중 특히 학교행사에서 빼놓을 수 없는 것이 축제인데 최근 새로운 형식으로의 변화가 감지되고 있다. 예전의 대학 축제는 동아리와 학생회가 주축이 되어 젊음과 패기가 넘치는 그야말로 축제였다. 학생들의 창의력과 단결력은 축제의 원동력이었으나 지금의 대학 축제는 연예인들의 각축장이 되어버렸고 축제의 주인공인 학우들은 수동적인 관람객이 되어버렸다. 총학생회는 연예인 섭외 대행사가 되었고 단위 학생회와 동아리들은 술장사하는 데 혈안이 되어 있다.

얼마 전 학교 축제를 제작하면서 진정한 대학 축제로서의 파티를 만들 수 있다는 희망을 보았다. 학생이 주체이자 주인공이고, 학생들과 함께 만들고 운영하는 파티는 이제 먼 미래의 이야기가 아니다.

✽ 유의사항

• 학교측과의 교류, 학우들간의 교류

학교 축제의 주된 목적은 구성원간의 단합, 화합과 학교를 알리는 것이다. 하지만 지금의 학교 축제는 안타깝게도 연예인들의 각축장으로 전락했다. 가수공연과 주점만으로 축제의 목적을 달성할 수는 없다.

학교 관계자와 학우들과의 교류 그리고 학번, 학과, 학교를 초월한 학우간의 교류가 축제 기획의 첫 번째 목표가 되어야 한다.

• 테마의 차별화

패기와 낭만, 그리고 열정은 빼놓을 수 없는 젊은이들의 상징이다. 자신의 학교 축제조차 관심없는 학생들을 비난해서는 안 된다. 참여를 막고 있는 근본적인 원인은 '재미'와 '감동'그리고 '보람'을 이끌어 낼 수 없는 천박한 기획에 있다.

학생만이 할 수 있는 독특하고 겁 없는 기획으로 학우들의 발길을 돌려놓길 바란다.

• 자긍심 고취 위한 프로그램

축제는 소속감을 통한 자긍심을 드높이는 계기가 되어야 한다. 구성원간의 교류가 제1의 목표이기는 하나 타 학교 학생들과 지역주민과의 소통도 고려해야 한다. 자긍심은 내부에서 스스로 느끼는 것과 외부의 반응을 통해 느껴지는 것이 있다. 따라서 학교에 대해 다시 한 번 생각하게 하고 외부에 보여줄 수 있는 효과적인 프로그램을 개발해야 한다.

(4) 국가, 지자체, 공공기관

✽ 유의사항

• 보여주기 절제

이벤트, 파티는 겉으로 보여지는 시각적 효과 때문에 활용가치가 높다. 오프라인 행사는 각종 미디어와의 연계를 통해 참가자의 범위를 극대화시킬 수 있기 때문에 효과적인 툴이다. 그러나 최근 전시행정을 위해 이벤트, 파티가 무분별하게 이용되는 것을 보면서 씁쓸한 마음 감출 수가 없다. 실질적 내용보다 보여주기에 급급한 전시행정의 도구로서의 이벤트, 파티는 절대로 그 효과를 발휘할 수 없다.

• 노골적인 홍보 자제

언제부터인가 이벤트는 정책홍보의 장이 되어 버렸다. 다양한 감각 사용을 유도한다는 이벤트의 특성을 적극 활용한 결과이다. 하지만 눈살을 찌푸리게 하는 노골적 홍보와 논리적 이해와 공감대 형성과는 무관한 눈가리고 아웅식의 홍보 덕분에 정책의 이미지에 오히려 손상을 입히는 경우도 많다.

주입시키고 학습시키는 홍보방식은 더 이상 효과없다. 진정성 있는 이벤트, 파티로 국민과 교감해야 할 때다.

• 안전한 식음

국가, 지자체, 공공기관의 이미지에 중대한 타격을 줄 수 있으므로 유의해야 하며 야외에서 진행하는 경우도 많아 위생에 각별히 신경써야 한다.

파티와 이벤트의 협력과 조화

앞서 언급한 바와 같이 파티와 이벤트시장은 최근 활발한 교류를 통해 서로의 장점들을 받아들이는 등 많은 변화가 일어나고 있다. 이 중 리얼플랜 광주와 제주지사 대표님들의 생생한 현장 이야기를 소개한다. 다양한 이벤트 행사부터 파티까지 직접 경험한 행사들을 토대로 솔직담백한 이야기를 들을 수 있기에 파티플래너를 준비하는 분들에게 소중한 정보가 될 것이다.

✠ 리얼플랜 광주 김성환 대표

사전적 의미처럼 '사교하며 즐기는 모임'에 초점을 두며, '춤만 추며 노는 파티', '특출난 상위 클래스들만 즐기는 고품격 파티'는 지양해 왔다. 참가자들이 모두 즐겁고, 친목의 기분이 든다면 이것이 바로 우리가 말할 수 있는 '파티'라 생각한다.

그동안 제작해온 행사 중에는 파티도 있고 이벤트도 있다. 그간 경험을 통해 느낀 것은 더 많은 사람들에게 즐거움을 주고 더 좋은 효과를 내면 굳이 파티와 이벤트 행사를 구분하려 하지 않아도 된다는 것이다.

만들었던 모든 파티와 이벤트 행사를 열거할 수는 없겠지만, 이 책을 읽은 많은 독자들에게 '이런 것도 가능하구나!'와 '파티플래너가 이런 것도 할 수 있구나!'라는 느낌을 심어주고자 한다.

고사

대한민국 전통 파티에는 어떤것 들이 있을까?

'판굿(넓은 마당에서 갖가지 풍물들을 갖추고 순서대로 기예를 구성하여 노는 농악)', '굿(무당이 신에게 제물을 바치고 노래와 춤으로 길흉화복 등의 인간의 운명을 조절해 달라고 비는 원시적인 종교 의식)', '고사(계획하는 일이나 집안이 잘되게 해 달라고 음식 등을 차려놓고 신령에게 제사를 지냄)' 등이 있다.

평소 거래가 많던 기업에서 사무실 이전 파티를 의뢰해 와서 저자는 전통행사인 '고사'를 추천하였고, 제안서를 제출하여 성사하게 되었다.

차례는 테이프컷팅→국악공연→사회자 인사→축문낭송 및 절→임원진 절 및 인사→마무리 및 음복 순으로 제안했고, 예산의 이유로 약식으로 처리하기로 하고 국악공연은 제외되었다.

항상 제안하는 대로 진행되면 깔끔하겠지만, 항상 담당자는 본인의 위치 때문인지 제안대로 진행하기보다는 한 번 수정되길 원한다.

고사상 업체 선정시 고려할 점은 얼마나 깔끔한 상차림을 해주느냐도 중요하지만, 검증된 업체이냐도 중요하다. 다른 곳에서 사용된 음식을 다시 가져오는 업체도 몇 번 보았다.

국내에는 상당히 많은 제사, 고사 상차림을 대행해 주는 업체들이 존재한다. 스케줄을 잘 확인하고, 제시간에 올 수 있는지, 어디까지 준비 가능한지 등을 체크하여 중복 및 빠지는 준비물이 없도록 기획해야 한다.

고사상 차림시 돼지머리가 가장 중요한 역할을 한다. 조금은 재미있지만 고사상 업체에게 '웃고 있는 돼지머리'를 준비해줄 것을 요청해야 한다.

더불어 평소 많이 써보지 않은 '축문(신명(神明)에게 고하는 글)'은 인터넷에 많이 배포되 있으므로 참고하면 좋겠다.

✻ 축문 예시

유 세 차

갑오년 2월 24일
000 해외사업부 대표 000는
만물을 살피시는 천지신명과 삼성동 터주대감님과 00빌딩 신령님께 삼가 고하나이다.

오늘 사무실을 이전개업하여 고운 술과 음식을 정성껏 준비하였사오니 부디 흠향하시고,
땀맺힌 정성으로 이루어진 회사의 발전과 번영뿐만 아니라 저희를 찾는 손님들의 건강과
행복을 기원하오니 부디 큰 결실 있도록 보우하여 주시옵소서.

상향(尙饗)

2014년 2월 24일 000 해외사업부 대표 000 외 직원 일동

✠ 고사 사진 예 (정관장 해외사업부 이전식)

이렇게 고사가 마무리되면 돼지머리의 돈봉투의 행방에 대해 궁금해들 한다.

미리 고시를 하는 선으로 하여 '좋은 곳에 사용됨'을 공표함이 파티를 마무리하기에 적합할 듯 하다.

워크샵

전국에는 다양한 종류의 브랜드샵이 존재한다.

이를 총괄하는 기업 측에서는 1년에 1번 이상씩 이 브랜드샵의 점주님들 및 직영점 직원분들에게 '힐링'과 '정보전달', '브랜드 가치 및 비전전파'등의 이유로 워크샵을 진행한다. 작게는 국내 펜션부터 리조트, 심지어 해외관광까지 규모는 다양하다.

이 중 저자가 진행한 리조트 워크샵을 열거해 보겠다.

즐거움과 단합심을 기본으로 기획된 이 워크샵파티는 약 400여명의 전국 매장 직원들로 구성이 되어 있었다.

기획은 참가자들의 집합하는 버스 대절부터 시작된다. 전국에 펴져있는 참가자를 모집하기 위해서는 각 도의 가장 많은 매장이 있는 광역시 이상의 집결지를 소집하고, 각 집결지마다 staff 및 선도 직원을 구성하여 인도하게 해야 한다.

급작스런 이유로 참석하지 못하는 인원 파악까지 필요한 상황이 발생하게 된다. 이런 전국단위 파티는 보통 2박 3일 정도의 일정으로 2part로 나누어 진행된다. 한번에 전국 매장이 전부 오프를 하면 매출에도 차질이 생기는 이유로 보인다. 이런 리조트 파티는 학창시절 수학여행이나 수련회 등으로 경험을 해보았겠지만, 숙박과 식사장소 및 메뉴섭외가 중요하다.

대한민국 정서상 어딜가든 맛있는 밥은 먹어야 '내가 대접받고 있구나'라는 생각을 하게 된다. 그렇기 때문에 기획자 입장에서는 어떻게 해서든 편안한 잠자리 및 숙박인원 배치와 매 끼니 겹치지 않으며 많은 사람을 포용할 수 있는 메뉴선정이 필수라 하겠다. 가끔 채식주의자가 발생하면 이 또한 신경을 쓰지 않을 수 없다.

또한 워크샵의 단체복과 기념품에도 신경을 써야 한다. 단체복의 경우 size확인은 필수다. 항상 교체를 원하는 참가자들이 발생하며 이를 예방하기 위해 단체복 업체에 미리 size별로 여벌을 더 준비하여 이 사고를 미연에 방지하는 방법이 가장 현명하다 하겠다.

이 밖에도 숙박시설 카드키를 최대한 분실하지 않도록 사전 교육을 철저히 해야 한다. 이런 기초사항 교육은 각 지방의 집결지에서 리조트로 이동시 차 안에서 주로 이루어진다. 아무리 교육을 해도 발생하는 것이 사고인지라, 분실시 마이너스되는

혜택을 공지하는 방법도 하나이겠다.

인쇄물도 중요한 역할을 하는데 이름을 모르는 상태에서 모집되는 경우가 대부분인 관계로 'Name Tag'이 큰 역할을 한다. 'Name Tag'의 용도는 단순히 이름만 표기하는 목적이 아니다. 그림을 보면 알겠지만 파티슬로건, 타이틀, 차량번호, 객실번호, 프로그램 조 등이 표기되고 뒷면에는 보통 일정을 표기해 놓는다. 알아야 할 정보와 알고 싶은 정보를 항상 목에 지니고 다니며 주기적으로 확인할 수 있는 아주 중요한 역할이라 하겠다.

■ Name Tag 예시

일반적인 소규모 커뮤니티 파티에는 이보다 간략한 정보가 표기되어 있고 재치있게 활용하는 방법도 여러 가지이다.

인쇄물에는 'Name Tag'이외에도 무대현수막, title banner, 위치표시 banner, Bus Tag 등이 존재한다. 이 인쇄물이 파티 기획시 담당자들과 가장 많은 사소한 마찰을 유발하는 요소이니 오타 하나하나 일일이 눈으로 확인해야 사고를 방지할 수 있다.

워크샵에서 빼놓을 수 없는 볼거리는 '장기자랑'이라 하겠다. 팀간에 단합과 화합을 위해 이보다 더 효율적인 수단은 없다. 우승팀에게는 상금 및 어마어마한 부상이 주어지게 되는 워크샵의 하이라이트라 할 수 있겠다.

장기자랑을 위해 가발, 의상, 인형탈, 조명, 음악 및 기타 소품까지 마치 하나의 콘서트를 준비하는 기분으로 하나하나 준비해야 한다. 심지어 행사를 위해 '댄스강사'를 섭외하여 1달 전부터 레슨을 시켜줘야 하는 경우도 발생을 한다. 이 가요제의 하이라이트는 이 워크샵의 주최사 대표님 등장씬이다.

한 외국계 기업 대표님은 국내 최정상 일루전 마술사를 섭외하여 직접 가르침을 받아 무대에 갑자기 등장하는 마술을 선보인다거나, 무대가 갈라지며 등장하는 것은 기본, 하늘에서 떨어지시기까지 하며 열의를 보이셨다.

마지막으로 혹시 모를 비상사태를 대비하여 야간근무조는 항상 준비되어 있어야 하며, 근처 병원 및 기상상황을 확인해야 한다. 더불어 다음날 사용될 무전기 충전도 잊지말아야 한다.

이처럼 담당자 및 참가자의 오감을 만족시켜줘야만 비로소 워크샵 파티는 마무리된다. 또한 이 순간순간을 촬영으로 기록하여 결과보고하는 것도 잊으면 안 된다.

국제올림피아드

40개국이 참가하는 국제생물올림피아드를 진행한 적이 있다.

올림피아드 대회 기간은 7박 8일의 일정이었으나 준비단계에서 1달 이상 TFT (Task Force Team)가 조직되어 운영되었다.

40개국이나 참가하는 어마어마한 규모가 규모이니만큼 경시, 숙박, 물자, 영접, 프로그램 팀으로 구성되어 이를 운영하는 각 팀장의 인솔하에 준비하는 모든 인원들이 바삐 움직였다. 지금까지 진행한 행사 중 가장 큰 행사였다고 해도 무방하다.

7박 8일의 일정 중 시험은 필기, 실기 각 1번씩 단 두 번, 나머지 시간은 국내 투어하는 프로그램을 진행하였기 때문에 빡빡한 일정 안에 너무나 잘 짜여진 기획이 있어야만 가능한 행사였다.

첫째 날 40명의 각국 통역 자원봉사자와 약 100명의 Staff으로 구성된 전체 인원으로 구성된 운영진의 첫 미팅이 있었다. 이후 각 팀별 회의가 진행되었다.

창원의 한 대학교를 방학기간 동안 통채로 빌려서 운영되는 행사이니만큼 회의실 및 강의실 임대도 수월하게 진행되었다. 14명으로 구성된 프로그램팀 staff은 각 지역의 대학생을 사전에 지원받아 엄격한 면접을 통해 구성되었으며, 아르바이트의 개념보다는 상당한 매력이 있는 방학기간 좋은 경험에 초점을 두었다.

어느 파티나 마찬가지 겠지만 staff을 운영하는 데 있어서 중요한 것은 마음가짐인 것 같다.

기획자의 통솔에 의해 움직이는 staff은 분명 보지 못하는 곳에서 손발이 되어줘야 하는 존재이기 때문에 인성, 협동심, 희생능력 등이 staff 선발의 핵심조항이라 본다.

둘째 날은 공항 영접이 프로그램의 전부였다.

아무래도 참가자들의 국가가 40개나 되기 때문에, 그리고 집결지로 도착하는 방식들이 전부 다르기 때문에 사전에 조율이 많이 필요한 단계였다.

IBO 프로그램팀 교육 현장

집결지인 창원에서 가까운 김해공항으로 대부분 도착을 하나 김해공항도 인천을 경유하는 국내선 도착과 아시아 지역은 직접 김해공항으로 오는 국제선, 인천공항에서 버스로 이동하는 경우, 부산에 배로 도착하여 버스로 이동하는 경우 등 각양각색의 인종인 만큼 첫날 도착하는 방법부터 참 달랐다.

공항영접 중 벨라루스 참가자 & 교수단

피켓을 들고 대기하다가 도착하면 각국의 통역요원이 접선하여 기념사진촬영 및 안내를 도맡았기 때문에 프로그램팀은 옆에서 써포트 역할을 진행하였다.

갑자기 도착이 지연되거나 몇 명은 따로 도착하는 나라, 심지어 비행기 값이 없어서 못오는 나라도 있었다.

이 또한 기획자가 전부 책임지고 컨트롤해야 할 부분이다.

일반적인 클럽파티의 경우에도 해외 유명 DJ 섭외시 영접, 숙박, 식사, payment 등을 전부 책임져야 하듯이 말이다.

약 반나절의 시간 동안 속속들이 참가자들이 도착을 했다. 도착 및 휴식이 전부였던 이 날, 또 하나 당황스러웠던 것은 Vegetarian들이 상당히 많다는 것이다. 이 때문에 식사팀이 애를 많이 썼던 기억이 생생하다.

또한 이슬람 문화권 참가자를 위해 1일 6회의 기도시간을 체크해야 한다는 것도 재미있는 부분이었다.

셋째 날은 Opening Ceremony가 있었다. 각국의 참가자들이 각자의 나라에 맞게 전통의상이나 인상깊은 의상을 준비하여 입장하며 인사하는 세레모니를 진행했다.

이 파티를 위해 무대가 제작되고, 연출팀까지 동원되는 작지 않은 수준의 파티였다. 파티가 끝나고 전통의상을 입은 채로 차량으로 이동하는 참가자들에서 흡사 올림픽 개막식을 보는듯한 감동을 받았다.

오프닝세레모니 중 Denmark

오프닝세레모니 중 Latvia

축하공연 (오고무)

차량으로 이동하는 참가자들 모습

새만금관광단지 기공식

아무래도 국가 행사이고 규모도 상당히 큰 만큼 만반의 준비를 거쳐야만 가능한 행사였다.

대부분의 행사가 그러하듯 단 2~3시간을 위해 몇 달을 준비하는 기간을 거치는 기획자의 역할은 이번에도 마찬가지였다.

국무총리까지 참가하는 행사이기 때문에 동선 하나하나 신경쓰지 않을 수 없었다. 마치 군시절 사단장님 방문을 방불케 하는 기분으로 준비하였다.

행사를 낙찰받기까지는 많은 준비과정도 필요하지만 가장 중요한 것은 제안서의 내용이기 때문에 10번 넘는 현지답사를 통한 약 80장의 제안서를 제작하게 되었고, 다행히 실행할 수 있게 되었다.

어째든 약 10명으로 구성된 우리팀은 전북개발공사에 조직위원회를 구성하고 약

1달 동안 모텔생활을 하며 파티를 준비해야 했다.

중간중간 변화하는 과정을 지켜보고 실행하며 '국가행사는 이렇게 많은 준비가 필요하구나'라는 생각을 다시 한 번 하게 되었고, 비록 지역방송이지만 전주방송에 우리가 만든 CF가 방영 되었을 때 팀원 모두가 환호하던 순간을 잊을 수가 없다.

이렇게 야외에서 진행되는 행사에서 가장 마음 졸이는 것은 역시 날씨이다. 물론 예산이 상당히 많은 기업은 야외행사시 대형텐트를 준비하여 진행하지만 렌탈료도 무시할 수 없기 때문에 어떻게 할 수 없던 처지였다. 안타깝게도 파티 당일 추적추적 비가 내렸고, 우리는 500명의 Guest들에게 우의를 전달할 수밖에 없었다.

참고로 이전 '새만금 산업단지 기공식'에서는 무서운 강풍으로 무대벽이 뒤로 넘어지는 아주 크나큰 사고가 있었다고 한다.

이처럼 기획자들에게 야외행사란 '모 아니면 도'다. 날씨가 좋으면 정말 분위기가 좋고 나쁘면 모든 책임을 져야 하기 때문이다.

또하나 재미있는 사건은 행사 전날 알게 된 '터다지기'팀의 흙 준비 건이었다.

터다지기는 기공식 파티시 많이 등장하는 프로그램으로 풍물패가 악기를 치며 원을 그리는 동선을 만들면 그 안에 몇 명이 들어가 끈을 연결하여 위아래로 올렸다 내렸다를 반복하며 방아를 연상시키는 장면을 연출한다.

문제는 커뮤니케이션의 문제로 흙이 준비되지못한 것이다. 지역행사라 무보수로 도와주시는 분들과, 대부분 노인분들로 구성된 터라 흙까지 준비시키기에는 무리였다.

행사 전날 흙을 준비하는 것은 내 몫이었고 열정적인 나는 행사 전까지 흙과 싸워야만 했다.

또한 많은 주민들이 모이는 자리이니만큼 위생과 청결도 우선시 되어야 한다.

또 하나 특이한 점은 이런 지역행사를 진행하기 위해서는 '지역경제 활성화'에 맞춰 반드시 '지역업체'들과 협동을 해야 한다. 애초에 입찰 공고시 지역업체 협력이라는 제안사항이 주어진다. 앞으로 업체선정시 '지역제한'이라는 조건이 많아질 것으로 보인다. 모든 지역행사를 서울업체가 진행한다면 지역경제불균형이 우려되기 때문이다.

상황이 이렇기에 서울 업체들도 점점 지역 지점 설립에 앞다투고 있고, 리얼플랜도 마찬가지로 지방

새만금 관광단지 기공식 중 지역 고등학생의 행시낭독

'터다지기' 장면

지역민들의 손소독제 봉사활동

지점을 두고있는 실정이다.

강남패션페스티벌

이번에는 강남문화재단에서 주최한 '강남패션페스티벌'을 소개한다.

4일 동안 야외에서만 이루어지는 이 페스티벌은 아무래도 문화재단의 특성상 상당히 손이 많이 가는 행사이다.

이 또한 약 30여 명의 Staff로 이루어져 있으나 다양한 spot에서 이루어지는 이벤트들 때문인지 30명의 staff 도 모자라다는 생각이 들었다.

패션은 남녀노소 누구나 관심있는 분야라는 점을 어필한 이번 기획은 어린아이들에게도 오픈된 프로그램이 존재했다.

강남일대 소재한 어린이집 약 1,400명을 모집하여 진행한 '키즈 드로잉전'은 시간대별로 진행되는 프로그램보다는 각 구역별로 나누어서 진행한 프로그램이었다.

대형 걸게그림, 티셔츠에 그림그리기, 바람개비 만들기, 삐에로 & 캐릭터 공연 등 정말 어린이날에 있을 법한 프로그램을 진행하였다.

■ 키즈 드로잉전 중 걸게그림(핸드프린팅) 제작 장면

'강남 패션페스티벌'의 순서 중 하나인 '스트리트 마켓 & 패션쇼'는 평소 패션인들이나 젊은 층에게 많은 핫 플레이스로 입에 오르내리는 강남의 패션집결지 '신사동 가로수길'에서 하루 동안 진행된 행사다.

차들이 오가는 도로를 막고 진행하는 파티이니만큼 파티 전 현수막 등을 활용하여 미리 '행사 당일 주차금지'를 계속 언급해야 했고 당일이 되면 어쩔 수 없이 견인차를 이용하여 이동을 시켜야 했다.

■ 강남패션페스티벌 스트리트

스트리트마켓 동안 루키 디자이너 패션쇼, 버스킹 공연, 패션디자이너 이상봉 에코백 판매, 강남출신 화가 그림전시 등과 패션&뷰티 관련 기업들의 홍보부스운영까지… 이날 신사동 가로수길은 말 그대로 축제의 장이 되었다.

■ 강남패션페스티벌 중 루키패션쇼 런웨이

전 직원 연말선물 프로젝트

이번 프로젝트는 정말 말 그대로 '산타클로스'가 되는 것이었다.

'전 직원 출근했을 때 각 Desk에 선물이 올려져 있으면 된다'라는 말만 들으면 쉬워보이지만 직원이 1,400명, 4개층, 5종의 제작품, 작업가능시간은 전 사원이 사무실에 없는 저녁 10시에서 새벽 4시라는 조건이면 이야기가 달라진다.

대한민국 최고의 온라인 쇼핑몰 포털사이트 회사이니만큼 규모도 컸고, 직원 복지에도 신경을 많이 썼다. 담당자의 안목도 글로벌해서 웬만한 상품으로는 만족을 못했고 결국 선물을 모두 제작하는 것으로 진행하였다.

사진에 나와있지만 머니클립과 카드지갑, 키링 2종을 제작하였고 더불어 box와 리본까지 제작을 하였다.머니클립과 카드지갑은 남대문시장의 가죽공장에 가서 직접 소가죽을 떼다 제작공장에 배송하였으며 키링은 잘 녹슬지 않는 재질인데 색을 입히는 과정도 쉽지 않고 금형 제작비가 실제품 제작비보다 비싸 애로사항이 많았다.

대행을 받아 수행하는 역할인 대행사는 까다로운 광고주의 성격도 상황에 맞게 피팅해야 하며 결국 만족할 때까지 계속 제안을 해야 한다.

선물을 받고 즐거워하는 직원들의 모습에서 이 일의 뿌듯함을 다시 한 번 느끼게 되었다.

어느 프로젝트든 완성은 된다. 그 과정에서 힘들다고 포기하면 어떤 것도 이룰 수 없다.

■ 전직원 크리스마스 선물

커플매칭파티

저자가 기획하고 진행한 신한은행 PB(Private Banker) 2세 커플매칭 파티를 소개하겠다.

순서는 'Ice breaking → 부장님 인사말씀 → 강의1(유명인사) → 강의2(이미지메이킹) → 식사 및 커플매칭파티'이런 식으로 진행되는 아주 간단한 절차였다.

순서 중 Ice breaking과 마지막 커플매칭프로그램이 이번 파티의 관건이었는데, 처음보는 청춘 남녀들에게 최대한 이성에게 어필할 수 있는 기회를 주어야 하기 때문에 신경이 많이 쓰였다.

평소 리셉션파티에서 진행되는 샴페인, 카나페 정도로는 부족하다 생각하여 보드게임을 준비하고, 말솜씨 좋은 Staff들을 배치하여 대화를 이끌어 내었다.

보드게임 중 활기찬 모습들을 촬영하여 식사시간에 슬라이드쇼로 상영하였더니 조금 더 화기애애한 분위기를 이끄는 데 성공하였다.

물론 참가자들의 기분 좋은 분위기도 중요하지만 파티를 의뢰해준 광고주분들에게 좋은 자료를 남겨줘야 하기 때문에 사진의 뒷 배경은 꼭 주최측 로고 및 행사명이 들어간 베너를 나오게끔 촬영해야 한다.

커플매칭파티시에는 전문 사회자를 섭외하여 게임진행을 의뢰했는데 주의할 점은 행사의 퀄리티에 맞게 너무 가벼운 게임이나 말투를 사용하는 사회자는 배제해야 한다는 점이다.

사회자 컨택시 미리 어떤 식으로 진행하는 사회자인지, 프로필을 잘 확인하고 조인하는 노하우가 중요하겠다.

가끔 외부에 사회자를 의뢰하여 운영하기 힘든 파티도 발생을 한다. 이럴 경우 주최측 실무진을 미리 섭외하거나 파티플래너가 직접 사회를 보는 역량도 필요하다.

■ 은행 PB2세 커플매칭파티 중

카지노선상맥주파티

파티와 술은 떼려야 뗄 수 없는 관계이고 파티를 유용한 프로모션 행사라고 인식하는 주류업체가 많아 술과 관련된 다양한 파티를 찾아볼 수 있다.

Off-Line으로 사람을 만날 수 있고, 사진자료 및 홍보용으로 파티는 참 좋은 아이템이기 때문이다. 주류회사에서 주관하는 파티에 가보면 상당히 많은 브랜드 기념품 들이 있는데 주류회사의 영업방식 중에 하나이다.

Off-line으로 많은 홍보를 해야 '입소문 마케팅'이 효과를 볼 수 있고 브랜드 이미지 강화에 도움을 줄 수 있기 때문이라 생각된다.

싱가폴 대표맥주 타이거맥주 국내 수입업체인 수석무역에서 의뢰한 이 파티는 전국의 맥주전문점 WABAR에서 타이거맥주 SET를 구입시 파티초대권을 증정하는 획기적인 이벤트로 전 언론사의 구미를 당겼다.

예상인원 500명으로 준비를 하였으나 너무 홍보가 많이 되는 바람에 1,400명이라는 어마어마한 인원유입을 시킨 이 파티는 시작부터 끝까지 눈을 뗄 수 없을 만큼 화려함을 자랑했다.

한강에 떠있는 건물(당시 마리나 제페)에서 진행한 이 파티는 유입인원이 너무 많아서 건물 주인이 파티를 중단시키려는 사태까지 갔으나 다행히 담당자와 협약이 잘 이루어져 큰 무리없이 마무리되었다. 한강에 떠있는 건물이라 접근성이 쉽지 않아 지하철 역에서 셔틀버스를 운행하였고, 안전사고를 대비해 Guard를 곳곳에 배치시켰다.

순서는 '입장 → Catering & Beer → DJing, 카지노 playing, 축하공연 → 시상식'

순으로 진행되었고, 곳곳에서 발생되는 이벤트들이 많아 손이 상당히 많이 가는 파티였다.

Staff 수만 해도 3시간 파티에 30여 명이 투입된 제법 큰 파티였다. 입장시 주어진 손목밴드는 특별히 다른 파티에서 볼 수 없는 '3Free'제도를 도입했다.

어렵게 오신 손님들이니만큼 후한 응대를 해야한다는 주최측의 결정에 따랐고 간단한 식사까지 준비하여 출출함까지 달래주었다.

아무래도 컨셉이 카지노이니만큼 입장시 주머니에 카지노칩을 충분히 선물하여 파티를 즐기게 하는 방법을 선택했다.

입장 후 손님들에게는 마술사들이 돌아다니며 Standing Magic을 선보였고, 1층에서는 음식이 제공되었고, 2층에는 카지노게임이 시작되었다.

물론 도박의 의미는 담지 않고 있기 때문에 건전하게 이용 가능한 카지노이다.

2층에 고가의 15대의 카지노테이블을 설치해 파티의 퀄리티를 높였고 카지노 게임은 총 5가지 게임(룰렛, 바카라, 다이사이, 블랙잭, 빅휠)을 진행했다.

'불우이웃돕기 성금'의 의미로 'Donation zone'을 설치하고 현금과 칩을 교환하는 사회적인 프로그램도 추가했다.

축하공연은 레이싱걸로 구성된 퓨전현악팀이었다.

공연팀을 섭외할 시 유의할 점 몇 가지는 마이크 개수(Standing, PIN, 무선, 유선마이크 등), 파티장 도착 가능시간(리허설 시간 유념), 무대 동선, 대기실확인 등이 있다. 더군다나 연예인을 섭외할 시에는 대기실 및 다과 준비가 필수이다.

복층으로 이루어진 파티장 구조상 시상식이 다가왔음을 알리는 안내방송 후 바로 카지노아카데미에서 섭외한 딜러분들을 철수시켰다. 아무래도 시상식 때는 객석이 많이 차 있어야 축하하는 분위기를 유도할 수 있기 때문이다.

시상식을 끝으로 귀가하는 손님들에게 선물도 증정했고 파티는 알차게 마무리되었다.

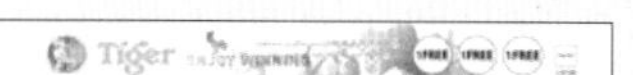

손목밴드 시안

카지노칩 주머니를 정리하고 Guest를 기다리는 Staff

카지노파티장 모습 (도박성 X)

✠ 리얼플랜 제주 대표 이동환

파티를 만드는 과정에서 수많은 이벤트를 경험하며, 이벤트의 경험을 살려서 이벤트를 기획하는 이벤트플래너(현재 해외에서는 파티플래너라는 직함보다 이벤트플래너로 활동함)로 활동할 수 있다. 파티플래너로서, 활동을 시작한 대부분의 사람들은 기존의 식상한 이벤트에서 벗어나고자 하는 생각에서 파티플래너로 전향하는 경우가 많지만, 파티와 이벤트를 함께 할 수 있는 파티이벤트도 근사하지 않은가?

제주도는 파티와 MICE 산업이 혼합된 형태로 발전하고 있다

마이스(MICE)는 기업회의(Meeting), 인센티브 관광(Incentive Travel), 국제회의(Convention), 전시회(Exhibition)의 영문 첫 알파벳을 딴 용어이다.

현재는 국내뿐만 아니라 해외기업과 나라를 초청하여 국제회의를 유치하고 있는 실정이며, 마이스 산업으로 인하여 파티라는 새로운 바람을 일어났다고 해도 과언이 아니다.

마이스 산업에서 종사하려면 컨벤션기획사 자격증을 취득하여야 하며, 주요 업무내용은 국제회의의 유치, 기획, 준비, 진행 등 제반 업무운영과 회의목표 설정, 예산관리, 등록기획, 계약, 협상, 현장관리, 회의평가 등이 있다.

저자가 앞서서 이야기했던 것처럼 파티플래너는 파티만 만드는 사람이 아닌, 자신이 가지고 있는 강점을 활용하여 파티이벤트 영역을 확장시켜나갈 수 있는 길 중에 하나라고 생각한다. 마이스 산업 분야에 공부를 하던 학생이 마이스 여행사를 창업하여, 기존의 여행사와 차별화된 사업을 진행되는 것을 본 기억이 있다.

이와 같이 기존의 틀에서 자신의 색깔을 덧씌워서 참신한 새로운 것을 만들어내는 것 또한 자신이 하고 싶은 일을 위해 필요하다는 것을 참고하였으면 한다.

■ JDC 국제회의 만찬

1. 주니어 마술캠프

마술은 프로마술사만이 하는 것이 아닌 누구나 쉽게 배울 수 있으며, 많은 초등학생들이 배우고 있는 것을 착안하여, 주니어 마술캠프를 기획하게 되었다. 기존에 학원에서 많이들 활용하는 캠프프로그램을 살펴본 바로는 그 취지와 맞게 진행되는 프로그램이 많지 않다는 것을 느꼈기에 학생들이 마술을 보다 친근하게 다가설 수 있으며, 일반적인 캠프와 다른 추억을 만들 수 있는 프로그램이 주니어마술캠프인 것이다.

제주도 도내 20여 개 초등학교에서 교육마술 프로그램이 운영되고 있기에 교육

마술선생님들과 함께 힘을 합쳐 주니어 마술캠프 프로그램을 만들고 마술캠프에 참여할 학생 설문조사를 한 결과 300여 명 학생들이 참여의사를 밝혔다. 이렇게 주니어마술캠프는 기존에 있던 캠프 프로그램과 마술을 접목한 새로운 캠프를 기획하게 된 것이다.

주니어 마술캠프의 목적은 초등학생들의 자발적인 참여와 더불어 자신이 마술사가 되어서 남들 앞에서 발표할 수 있다는 자신감 심어주는 것이 목적이었다. 처음으로 시작된 캠프여서 우리 아이가 캠프에 참여하여 과연 친구들과 어울릴 수 있을지 모르겠다는 문의를 많이 받았지만, 그러한 부모님의 걱정과 반대로 아이들은 캠프에서 누구보다 자신의 끼를 표출하며, 서로가 어울릴 수 있는 시간이었다. 초등학생들의 폭발적인 인기에 마술캠프를 성공리에 끝나게 되었다. 주니어 마술캠프를 성공리에 마치고 참여를 못 했던 많은 학생들이 겨울에도 캠프를 했으면 좋겠다는 문의가 많았지만, 급작스런 기획으로 만들어진 캠프로 실망을 하게 될 것을 우려하여 1년 후를 기약하며, 캠프의 막을 내렸다.

SBS '스타킹'이 배출한 김민형 마술사가 게스트로 참여

주니어 마술캠프에 참여하여 즐거운 마술공연과 아이들 한 명 한 명에게 따듯한 격려를 해준 김민형 마술사에게 다시 한 번 감사의 말씀을 전한다.

2. 제주도어린이마술대회

주니어 마술캠프에서 보여줬던 아이들의 발표력과 자신감은 저자가 어렸을 때 느꼈던 그 당시의 나이에 비해 대단해 보였다. 수많은 사람들 앞에 나서서 발표를 하는 자신감을 보여주는 것이 쉽지 않았을텐데 요즘 초등학생들은 전혀 거리낌없는 모습이 나에게는 또 다른 기획을 하게 만들어준 것이다. 바로 어린이마술대회를 기획하여, 2013년 제1회 제주도어린이마술대회를 기획/주최하게 되었다.

주니어캠프에 참여하였던 학생들 대상으로 설문조사를 실시하고, 과연 마술대회

제1회 어린이마술대회 대상을 받은 박민우군

제1회 제주도 어린이마술대회 참가어린이마술와 함께

에 참여를 하고 싶어하는 학생이 어느 정도가 될지 예상이 되지는 않았지만, 설문조사를 통해 놀라운 사실을 알았다. 처음에는 기껏해봐야 20~30명 정도가 참여할 것이라고 다들 예상을 했지만, 무려 신청자가 70명의 학생이 참여의사를 밝힌 것이다.

마술대회 프로그램 내용상 그 많은 참가자를 수용할 수 없어서 참가신청 순서대로 50명 정도로 줄이게 된 것이다.

이러한 참가의사를 통해 도교육청과 각 학교 교육마술지도사 선생님 그리고 도내 이벤트회사의 협조를 구해서 제1회 어린이마술대회는 준비하게 되었다.

초등학생들의 폭발적인 반응은 마술대회의 인기를 실감하게 되었다. 많은 학부모님들께서 아이들이 열정적으로 참여하는 모습에 우리 아이를 다시금 보게 되었다고 할 정도로 반응이 좋았다.

마술대회는 많은 사람들의 관심 속에서 개막을 하고, 대회참가자 학생들의 기량을 뽐내면서 사람들 앞에서 자신감 있게 멋진 마술을 발표 할 수 있다는 모습을 보여줘서 제2회 어린이마술대회도 벌써부터가 기대된다.

마술대회는 많은 관심을 불러왔으며, 마술사가 아닌 어린이마술사들이 참여한 대회인지라 부모님들께서 우리 아이들을 보며 기뻐하는 모습이 아직도 생생하다.

마술대회는 'KBS 제주가보인다'에도 소개되어서 화제가 되기도 하였다.

3. 제주 할로윈 파티

저자가 당시 제주도에서 최초로 기획한 할로윈파티이다.

제주도에서는 할로윈 파티가 기획된 적은 단 한번도 없었기에 많은 애로사항도 있었지만, 막상 파티가 시작되자, 많은 사람들에게 호응을 얻게 되어서 보람이 있었다.

이처럼 대중들은 식상한 이벤트에서 벗어나고 좀 더 자유롭고, 좀 더 많은 사람들과 커뮤니티가 가능한 파티를 선호함을 알 수 있는 것이다.

리파+제주 커뮤니티파티 할로윈파티

4. 탐라대전 축제

2012년 탐라대전 축제에서는 '천년의 사랑'이라는 테마로 신랑신부를 위한 결혼식이 이뤄졌다. 축제를 보고 즐길 수 있으며, 도민을 위한 자리를 마련할 수 있었으나, 태풍으로 인해 많은 사람들이 참석을 하지는 않았지만, 야외결혼식은 무사히 마칠 수 있어서 다행일 뿐이었다.

제주도에서는 현재까지도 제주도 풍습에 맞춰 결혼

탐라대전 축제 '천년의 사랑'결혼식 신부대기실

식을 앞두고 3일 잔치를 하고 있다. 결혼식 하루 전날을 '가문잔치'라 하고, 결혼식 다음날을 '사돈잔치'라 하여, 신랑 신부 각자의 집에 가문(家門)인 친척만 모여서 음식을 나누어 먹고 잔치를 벌인다. 많은 사람들이 결혼을 축하하기 위해서 한 자리에 모여 음식을 먹고 윷놀이도 하는 한국식 파티가 되는 것이다.

■ 탐라대전 축제 '천년의사랑' 결혼식

제주도는 관광도시로 유명하며, 대부분의 사람들이 전망 좋은 푸른바다를 떠올릴 것이다. 하지만 현제 제주도는 엄청난 변화의 물결을 타고 있으며, 세계적인 관광도시로 발전하기 위한 관광산업의 발전은 단순히 바다여행지에서 벗어나 세계자연유산 한라산 등반, 제주 올레길 도보, 힐링도시 서귀포 휴양지 등으로 다각화되고 있다.

한라산 등반은 국내뿐만 아니라 전 세계적으로 알려지면서, 많은 외국인 관광객과 국내 관광객들이 등반을 즐기고 있다. 도보여행의 상징 올레길은 제주방언으로 '좁은 골목을 뜻하며, 통상 큰길에서 집의 대문까지 이어지는 좁은 길이다. 제주 올레길은 언론인 서명숙 씨에 의해서 개발되어서 해외로 수출까지 할 정도로 선풍적인 인기를 얻고 있다. 매우 빠르게 변화하는 현대인들에게 느리게, 천천히 걷는 문화를 만들어주었다.

이처럼 제주도는 힐링여행의 선두주자가 되기 위해 많은 변화가 시작되고 있고 이러한 여행의 수요자가 많아짐에 따라 여행사와 이벤트회사들은 고객유치에 열을 올리고 있지만, 정작 수요자들이 원하는 신선하고, 자유로운 상품은 개발되지 않고 있는 실정이다. 항상 남들이 갔던 코스와 남들이 하던 이벤트의 반복일 뿐이다.

저자에게 파티 의뢰가 들어올 때는 대부분의 사람들은 이러한 이야기를 한다.

'항상 하던 이벤트 말고 뭔가 새롭고 모두가 즐겁게 할 수 있는 이벤트는 무엇이 있을까요?'라는 질문을 항상 받는다. 저자는 이러한 고객들에게 여러 가지 제안을 하지만 결국에는 항상 하던 이벤트로 돌아간다. 그 이유는 무엇일까?

본인은 변화하길 원하지만 정작 새로운 것을 받아들이기 쉽지 않기 때문에 평소 하던 이벤트를 하고 있는 모습들을 종종 볼 수 있는 것이다.

제주도에서의 파티문화는 이제 개척해야 할 숙제이며, 이러한 파티문화의 정착을 위한 파티플래너 양성도 절실히 필요한 실정이다.

앞으로 제주도 파티문화는 변화의 물결 속에서 좀 더 자유롭고, 좀 더 신선하며, 좀 더 창의적으로 거듭나길 바랄 뿐이다.

(5) 단체, 협회 및 동호회 자체행사

✠ 유의사항

• 참가자들간의 사교

기존 구성원끼리의 사교는 물론이거니와 새로운 구성원 또는 현재 활동하지 않는 회원과의 사교도 염두해 두어야 한다. 단체는 과거와, 현재 그리고 미래가 공존한다. 과거를 되살리고 현재를 보여주고 미래를 설정하는 파티 분위기가 성립되어야 한다. 역사, 연혁은 과거 현재 미래의 구성원, 사람 없이는 존재할 수 없다.

• 공통의 목표설정

어떤 단체든지 목표가 있기 마련이다. 소박한 목표에서 원대한 목표까지 다양한데 파티에서 참가자들이 공감할 수 있도록 프로그램으로 승화시키는 것이 중요하다. 단순히 보여주는 것보다 참여형 프로그램을 활용해 자연스럽게 공동의 목표를 인지하도록 하는 것이 좋다.

• 경축 프로그램

축하할 만한 것이 있다면 함께 공유한다. 개인에 대한 축하보다는 구성원 모두가 축하할 만한 일이라면 더욱 좋다. 분위기를 고조시키고 소속감을 주는 데 효과적이다.

(6) 커뮤니티 파티

✠ 유의사항

• 컨셉과 테마

컨셉과 테마의 중요성이 다른 어떠한 파티보다 크다. 사전 홍보시 파티가 얼마나 참가자들의 공감을 얻고 호기심을 불러일으키냐가 파티의 성패를 가르기 때문이다. 명확한 컨셉과 테마는 온라인 포스터와 설명으로 커뮤니티 회원들의 참여를 유도한다. 많은 커뮤니티 회원들이 파티 내용을 이해하고 참가에 대한 욕구가 생겨야 한다.

• 예산 책정

파티 참가자들의 회비가 파티진행 비용이며 예산이다. 예산은 파티에 얼마나 많은 참가자들이 참여할 것인가를 예측하여 책정해야 한다. 최소 집객에 따른 비용에 70% 정도를 예산으로 책정하는 것이 위험을 피할 수 있는 방법이다.

• 친목, 사교 우선

커뮤니티 파티는 1개 이상의 커뮤니티가 모여 친목을 다지기 위해 개최한다. 모든 구성요소들은 참가자들의 친목과 사교를 위해 기획하고 운영된다. 참여를 유도하는 프로그램이 효과적이며 단순히 보기만 하는 공연은 피하는 것이 좋다.

(7) 코프로모션

✠ 유의사항

• 시즌고려

성격이 다른 두 개 이상의 업체가 공동으로 만드는 파티이기 때문에 각 기업이 원하는 참가자 타깃이 다를 수가 있다. 따라서 참가자를 폭넓게 수용할 수 있는 테마가 필요하다.

테마를 결정하는 트렌드 이슈, 시즌 중 가장 집객률이 높으며 다양한 참가자의 공감대를 형성하는 데 용이하다.

• 규모의 확대

앞서 말한 대로 파티 비용상의 부담이 적어 참가자의 규모를 확대하기 유리하다. 어떠한 면에서 규모는 곧 홍보의 범위가 넓어진다는 것을 의미하며 이에 따라 파티 효과도 커진다는 것을 말한다. 소규모의 코프로모션 파티는 참여하는 업체에게나 참가자들에게 별다른 매력을 주지 못한다.

• 주최간의 협력

말 그대로 둘 이상의 업체가 함께 프로모션을 한다는 의미다. 이는 주최가 여럿이 된다는 것이다. 파티를 운영하고 책임지는 단체가 다수라는 것은 자신들의 이익을 위해 서로 마찰이 생길 수도 있다는 말이다.

기획과 운영을 맡은 파티플래너 또는 파티업체가 분쟁소지를 잘 관리하고 조율해야 한다.

홍보/집객 루트

기존 미디어

아직까지는 이벤트나 파티에 있어서 미디어의 역할은 대단히 중요하다. 특히 이벤트에 있어서 미디어의 활용은 퍼블리시티(publicity: 기사화, 방송화)라는 하나의 학문적 용어로서 구체적이고 심도있게 다루는 주제이다. 그만큼 이벤트 성공의 열쇠가 미디어에 있다는 소리이다.

하지만 파티는 다양한 기존의 미디어(인쇄, 영상, 전파 등)와 함께 뉴미디어(인터넷미디어)와도 밀접한 연관이 있기 때문에 이벤트 분야보다는 기존 미디어에 대한 의존도가 낮다고 할 수 있다.

파티와 미디어의 결합은 인쇄매체 등을 통한 제휴 이벤트, 보도자료 배포 등으로 파티 전 노출이 가능하고 파티 후에 기획기사 등으로 2차 노출을 하는 경우가 있다. 이는 영상, 전파 미디어와노 동일하게 적용 할 수 있다.

기존 미디어 중 방송 미디어 촬영 및 노출

뉴미디어

뉴미디어는 파티를 알리고 모객하는 데 있어 가장 효과적인 수단이다. 인터넷 정보의 파급효과와 확산속도는 실로 엄청나다. 인프라가 잘 갖춰져 있는 우리나라에서의 뉴미디어는 기존 미디어의 상당부분을 대체하고 있으며 이는 여론형성과 소비가 집중된다는 것을 의미한다. 따라서 파티는 뉴미디어를 구성하는 콘텐츠에 주목해야 하는 것이다.

부록

회사소개

(주)리얼플랜 (r-plan.co.kr)

진심으로 승부하는 Real Consulting Group REALPLAN

Total Party, Event, Promotion, Wedding

리얼플랜은 파티, 이벤트, 프로모션, 웨딩 분야 최다 주최 · 주관을 자랑하는 컨설팅 업체로서 최고의 서비스와 전문성을 자랑하는 젊은 감각의 Creative 집단입니다.

리얼플랜은 이미 대한민국 파티문화를 선도하며 그 가치를 인정받고 있습니다.

또한 리얼플랜은 자체 아카데미를 통해 전문가를 양성하고 있으며 수료자들은 리얼플랜 및 전국 각지의 관련업체에서 종사하며 리얼플랜의 파티철학을 전파하고 있습니다.

(주)리얼플랜 사업 영역

1. 파티/이벤트/프로모션/파티웨딩 분야

1) 기업

- 사내파티: 송년, 신년, 워크샵, 축하, 기념(~주년) 등
- 사외파티: 매장, 브랜드 등의 런칭
영화, 음반, 출판 등의 쇼케이스
VIP 초청 등의 고객감사 파티

2) 개인

- 파티웨딩, 발표회, 개인 리사이틀, VIP 초청 등

3) 협회, 재단, 커뮤니티 자체 행사

4) 학교

- 축제, 기념행사 등 학교 내부 행사 및 동문회

5) 국가, 지자체, 공공기관

- 지역축제, 이벤트, 캠페인 및 공공기관 내부 행사

6) 직접 주최

- 커뮤니티 파티

• 코프로모션 파티

2. 아카데미 분야

• 리얼플랜 파티플래너 아카데미(파티플래너 전문가 양성과정)

국내에서 가장 많은 파티 주최/주관, 파티플래너 강연(대학, 문화센터, 각종 세미나)의 노하우를 바탕으로 창업, 취업, 이직, 프리랜서 활동을 위한 실전적인 강의와 현장 실습 기회를 제공합니다.

수료 후 리얼플랜만의 체계적이고 효율적인 관리정책을 통해 최고의 창업, 취업, 이직, 프리랜서 활동률을 기록하고 있습니다.

현재 파티 시장의 각 분야에서 리얼플랜 아카데미 출신 파티플래너들이 활약중입니다.

파티&이벤트 컨설팅, 파티플래너 아카데미 문의

홈페이지: www.r-plan.co.kr

리얼플랜 서울/경기: 02-589-2744 / 070-8755-2744 / realplan1@naver.com

리얼플랜 광주: 064-674-8421

리얼플랜 제주: 064-723-8632

아카데미 소개

1. 교육일정

- 개 강: 연 2회.

  1학기(3월 개강, 2월 설명회 및 오리엔테이션)

  2학기(9월 개강, 8월 설명회 및 오리엔테이션)

- 교육기간: 30시간(주1회 3시간 * 10주) + 실습 1회 이상. 총 3~4개월 소요
- 교육시간: 매주 목요일 19:00~22:00 (학생, 직장인 배려)
- 강의장소: 2호선 강남역 (등록자에 한해 장소 안내)
- 수강비용: 98만원 (별도비용 없음, 실습비용 포함, 분납가능)

2. 교육특징

대학교 겸임, 외래교수 전 수업 직강

취업, 이직, 창업, 프리랜서 활동을 위한 철저한 지원, 노하우 제공

리얼플랜과 지속적인 파티 제작 및 프리랜서 활동 기회 부여

성적 우수자 기업체 및 교육기관 취업 추천

취업, 이직시 추천 및 파티 이력 공유

취업 면접, 창업시 1: 1커리어 코칭

시뮬레이션 방식을 병행한 실전 강의

자체형 파티 실습을 통한 현장능력 함양

리얼플랜 컨설팅 파티 실습

파티 현장 답사 기회 제공

리얼플랜 수료증 발급

3. 교수진

- 이우용

(주)리얼플랜 대표

(주)리얼푸드 이사

현 서울문화예술직업전문학교 외래교수(파티이벤트 콘텐츠 분석과 개발)
전 오산대학교 이벤트 연출과 겸임교수, 외래교수(파티플래닝, 파티실무)
전 한국관광대학 관광이벤트 학과 외래교수(파티실무, 호텔경영)
국내 최초 파티 전문서적 '파티&파티플래너'(눈과마음) 저자
국내 최다 파티 총괄, 미디어 출연

- 한양여대 초청강연 (2005)
- 광명 YMCA 초청강연 (2006)
- 성산이화복지관 초청강연 (2006)
- 리파+ 세미나 강사 (2006)
- 동아문화센터 강사 (2007)
- 경동대학교 초청강연 (2007)
- 오산대학 초청강연 (2007)
- 삼성문화센터 강사 (2007)
- 현대백화점 강연 (2007)
- 리얼플랜 대표강사 (2007~현재)
- 오산대학 이벤트학과 평생교육원 강사 (2008~2009)
- 서울 은광여자고등학교 CA 교사 (2008~2009)
- 동아사회교육원 대표강사 (2009~현재)
- 한국관광대학 관광 이벤트학과 외래교수 (2009~2010)
- 만성중학교 직업 특강 (2009)
- 오산대학 이벤트학과 외래교수 (2009~2010)
- 포항공과대학교 특강 (2011)
- 사리울중학교 직업특강 (2011)
- 오산대학 이벤트학과 겸임교수 (2011~2013)
- 제주관광공사 MICE 과정 교수 (2012)
- 대진대학교 특강 (2013)
- 서울문예전문학교 외래교수(2014~)

4. 강의교재

자체 제작 교재 (파티전략실무, 와인, 음악)

파티&파티플래너 (눈과마음, 이우용)

파티&파티플래너 실전편 (박영사, 이우용)

5. 교육대상

20세 이상, 40세 이하 성인남녀(학생, 직장인, 주부 등)

파티/이벤트 관련 취업, 창업, 이직을 하고자 하는 분

파티/이벤트를 통한 판촉(프로모션) 및 마케팅에 관심이 있는 분

기업체 오프라인 홍보, 마케팅관련 부서 근무자

기업체 오프라인 관리자(장소 업체 관리자 등)

6. 수강혜택

리얼플랜 수료증 수여

성적 우수자 기업체 및 교육기관 취업 추천

취업, 이직 면접시 1:1커리어 코칭 및 면접 코칭

취업/이직/창업/프리랜서 상담, 컨설팅

이력 및 각종 자료 공유, 제공

리얼플랜 컨설팅 파티 실습

파티 현장 답사 기회 제공

7. 등록기간

- 신청기간: 상시
- 등록기간: 1학기(3월 개강, 2월 등록시작, 설명회 및 오리엔테이션)
  2학기(9월 개강, 8월 등록시작, 설명회 및 오리엔테이션)
- 유의사항: 소수 정예로만 교육을 실시합니다.

등록하신 분 중 원하시는 분에 한해 개별 미팅 상담이 가능합니다.

8. 커리큘럼

1주: 파티&파티플래너 분석

- 파티의 개념, 특성, 요소
- 파티의 생성과 발전, 시장과 업계의 미래

2주: 파티&파티플래너 분석

- 파티플래너의 개념, 특성, 업무
- 파티플래너의 생성과 발전, 미래
- 마케팅, 프로모션 관점에서의 파티VS이벤트 비교, 분석

3주: 기획

- 파티 시장, 종류 분석
- 파티VS이벤트 차별화와 상생
- Ideation, B-storming
- 기본제안서 작성

4주: 기획

- 주문형 파티 기획과정
- 개별/팀별 프리젠테이션
- 담당자 미팅 및 비즈니스 매너

5주: 기획

- 제안형 파티 기획과정, 영업
- 자체형 파티 기획과정
- 개별/팀별 프리젠테이션

6주: 기획

- 종류별 기획안 작성
- 견적, 계약, 큐시트
- 교양수업(파티웨딩, 와인, 음악)

7주: 운영

- 기존/뉴미디어/SNS 마케팅, PR, 홍보

- 스폰서십, 제휴, 협력, 후원
- 섭외, 스타일링, 케이터링

8주: 운영
- 파티 전/시 운영
- 파티 콘텐츠 관리

9주: 관리
- 사후 콘텐츠, 리포팅 및 고객관리
- 콘텐츠 재배포, 사후 홍보

10주: 관리 외
- 뉴미디어 SEO, 커뮤니티 전략 운영
- 취업, 이직, 창업, 프리랜서 상담
- 실습 파티 프리젠테이션
- 수료 후 관리, 지원 안내

9. 실습

- 수료후 1회 이상
- 자체형 파티와 실제 고객을 상대로 실습파티 실시

〈최근 5년간 실습파티 리스트〉

12기 커플즈 쇼케이스파티, 기업송년파티 2회. 총 3회

13기 VX, 리한나, 랄리크 향수런칭파티, 웨딩파티 1회. 총 2회

14기 브레이킹던 쇼케이스파티, 기업송년파티 2회. 총 3회

15기 사내파티 1회, 자체형 사교파티 1회, 웨딩파티 2회. 총 4회

16기 영화진흥위원회, 문화예술위원회. 기업송년파티 2회. 총 4회

17기 월드컵파티, 파티박람회. 총 2회

■ 아카데미, 대학강의 모습

커뮤니티 소개

1. 대한민국 대표 파티 커뮤니티 '리파+(real party plus)'

클럽: club.cyworld.com/repaplus

페이지: facebook.com/repaplus

리파+ 는 2004년 9월에 만들어진 대한민국 최대의 '파티'전문 클럽이다.

'파티를 진정으로 즐길 줄 아는 사람들의 모임'이라는 타이틀로 국내 커뮤니티로는 유일하게 10년간 꾸준히 자체파티를 만들어 오고 있다. 1만 명이 넘는 회원들과 함께 온-오프라인을 넘나들며 건전한 파티문화의 전파에 힘쓰고 있는, 대한민국 사교문화를 선도하는 클럽으로 자리 잡았다.

파티와 파티플래너에 대한 정보를 제공함은 물론 회원들을 '파티', '공연'등에 무료로 초대하고 함께 만들기도 한다. 또한 각종 세미나(와인, 매너, 라틴댄스, 마술, 파티플래너 등)를 주최해 회원들의 지적 호기심까지 충족시켜주는 커뮤니티로 유명하다.

대외적으로도 워낙 유명해서 공중파 3사는 물론 각종 인터넷 언론에 수차례 소개되기도 하였다.

2. 리얼플랜 파티플래너 커뮤니티 소개

대한민국 대표 파티플래너 커뮤니티 '리얼파티플래너 (real party planner)

까페: cafe.naver.com/realpartyplanner

페이지: facebook.com/realpartyplanner

리얼파티플래너는 리얼플랜이 운영하는 '파티플래너' 전문 커뮤니티로 파티와 파티플래너에 대해 좀 더 깊이 있는 정보를 전달하고 공유하는 파티플래너 전문 커뮤니티이다.

현직 파티플래너의 꾸준한 업데이트를 통해 실전적인 정보를 얻을 수 있어 많은 파티플래너와 예비 파티플래너들이 찾고 있다. 또한 페이스북 페이지와의 연동으로 회원끼리의 사교가 이루어지고 있다.

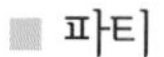

■ 파티

■ 정모, 번개

■ 엠티

■ 세미나

파티플래너 FAQ

1. 파티플래너가 되면 어떤 일들을 하나요?

기업이나 단체, 개인, 학교나 공공기관에 의뢰를 받아 파티를 만들거나 자체적으로 기획하여 파티를 주최하는 경우도 있습니다. 파티플래너는 파티를 기획, 운영, 관리하는 사람으로서 제작과정 전반을 책임지며 프로모션 성격이 있는 파티의 경우에는 홍보까지 도맡아 진행하기도 합니다.

흔히 파티플래너는 기능적인 업무(음식, 꽃, 풍선, 테이블데코 등)까지 하는 것으로 알고 계신 분들이 많은데 파티플래너는 기능적인 업무를 책임질 여유도 시간도 없습니다. 이러한 전문기술을 가진 업체나 전문가를 섭외, 관리, 배치하는 것이 파티플래너의 업무입니다.

2. 파티플래너가 되려면 필요한 것이 무엇인가요?

기획력, 프리젠테이션 능력, 문서작성능력, 비즈니스매너 등 여러 가지 능력을 필요로 하지만 역시 가장 중요한 것은 기획력의 저변을 책임지는 창의력입니다. 현실 가능하지만 특성을 가지고 호기심을 자극하는 동시에 공감대를 형성하는 테마를 설정하는 것은 파티플래너의 능력을 판가름 하는 가장 중요한 잣대입니다.

3. 필요한 자격증이 있나요? 그리고 '파티플래너'에 관련된 자격증이 있나요?

파티플래너를 하기 위해 반드시 필요한 자격증은 없습니다. 그러나 다방면에 다양한 지식과 트렌드를 수용할 수 있는 능력이 중요시 됩니다. 파티플래너 관련 자격증은 사설 기관에서 배포하는 자격증이 있기는 하나 국가공인 자격증은 없는 상태입니다.

4. 어떤 계기로 파티플래너가 되셨나요?

대학시절 학생회의 대표 또는 일원으로 많은 학교 행사들을 진행했습니다. 하지만 관성화 되어온 기획과 진행 덕에 창의력을 발휘하기 쉽지 않을 뿐더러 참여하는 학우들에게도 흥미나, 보람을 주지 못한다는 생각을 했습니다. 이벤트가 아닌 진일보한 시스템이 필요하다고 느꼈고 파티형식을 차용해 한국실정에 맞게 기획하다보니 지금까지 오게 되었습니다.

5. 이 일을 하면서 어떨 때 가장 보람을 느끼시나요?

파티라고 생각하면 흔히 화려함을 떠올리십니다. 화려함의 저변에는 파티를 즐길 수 있는 계층과 능력에 대한 오해가 숨어있죠. 이러한 선입견을 깨는 작업이 제가 파티를 기획하는 데 있어 가장 중요합니다. 파티를 통해 계층과 성별, 나이에 관계없이 함께 사교하고 즐길 수 있는 파티를 만들어야 합니다. 사회적 약자나 환경문제 등을 파티주제로 삼아 소기의 목적을 달성하였을 때 가장 보람을 느낀답니다.

6. 이 직업을 선택한 것을 후회한 적이 있나요?

생활이 불규칙하다는 게 흠이면 흠입니다. 사람들을 많이 접하다 보니 받는 상처도 사실 무시못합니다. 하지만 이러한 고충들은 누구나 겪게 되는 자본주의에 저당잡힌 현대인의 삶의 일부분입니다. 이겨내려 노력할 뿐 후회는 없습니다.

7. 파티준비 과정은 어떻게 진행되나요?

두 가지로 나뉩니다. 위에서 말씀드린 것처럼 의뢰를 받을 경우와 먼저 기획을 한 후 제안하는 과정이 있습니다.

의뢰를 받을 경우에는 전화, 인터넷으로 문의를 받고 관련 정보를 수집하여 기획안을 작성한 후 미팅을 통해 수정하게 되며 계약 후에 세부적인 기획안을 제출하게 됩니다. 파티에 필요한 요소(장소, 식음, 스타일링, 섭외, 제작, 구매 등)들을 준비하고 파티 현장을 운영합니다. 파티가 끝난 후에는 파티목적에 맞게 관리(리포팅, 콘텐츠 수집 및 배포)까지 하면 모든 파티제작과정이 마무리됩니다.

자체 기획 후 제안하는 경우에는 관련정보 수집 후 기획안 작성이 최우선되며 그 이후에는 의뢰받을 경우와 동일한 과정을 밟게 됩니다.

8. 한 번 파티를 준비하는 데 걸리는 시간과 드는 비용은 어느 정도인가요?

규모에 따라 천차만별입니다. 개인이 의뢰하는 50명 이하 소규모 파티부터 1,000명에 이르는 대규모 파티까지 다양합니다. 이에 따라 비용도 당연히 달라지겠죠? 그래도 파티를 하기 위한 최소금액을 항상 궁금해 하시기 마련인데요, 절대 딱 얼마라고 말씀드리기 힘든 부분이라는 점을 이해해 주셨으면합니다. 파티비용을 알아보는 방법은 직접 컨설팅 문의를 하는 것입니다. 기본적인 정보를 말씀해 주시면 대략적인 예산을 잡아드릴 것입니다.

9. 파티플래너를 하면서 기억에 남는 사연이 있나요?

역시 사회적인 테마를 파티에서 구현하고 그것을 게스트들이 잘 수용하여 즐겁고도 보람있는 파티가 만들어졌을 때입니다. '로하스'라는 파티였는데요. 로하스는 아시다시피 개인의 건강에서 머무르지 않고 이웃과 환경을 동시에 생각하는 웰빙보다 한 차원 높은 트렌드입니다. 로하스를 테마로 웰빙과 관련된 식음, 프로그램을 기획하였고 메인으로는 이웃을 생각하자는 의미에서 '각막기증'을 진행하였습니다. 당시가 2005년도였는데요, 파티 전에는 과연 사람들이 즐거운 파티에서 각막기증신청을 할까 걱정도 많이 했지만 50명이 넘는 분들이 한 시간 안에 신청해 주셔서 깜짝 놀란적이 있습니다. 파티 후에 눈물이 난 것은 처음이었죠. 당시 참가하신 분들의 각막기증 신청으로 미래 50~100분의 시력을 찾아줄 수 있다는 생각에 가슴이 벅차올랐습니다.

10. 처음 파티플래너로서 일을 했을 때 어떠셨나요?

2004년도 당시에는 파티문화가 태동할 시기였습니다. 사람들이 파티에 대해 모르기 때문에 당연히 힘들었죠. 기업에 제안을 하고 사람들에게 알려줘도 파티에 대한 이해 자체가 부족하기 때문에 역부족이었습니다. 초창기에는 수도 없이 거절당했습니다. 당시 담당자에게 제 기획안이 조금 비현실적으로 느껴졌을 수도 있고 책임자로서 조금 두려움도 있었을 것이라 생각합니다. 1년 정도 후에 비로소 파티다운 파티를 만들게 되었고 이 파티의 사진과 영상으로 설득하는 데 활용하고 난 뒤부터 많은 기업의 의뢰를 받을 수 있었습니다.

11. 인지도가 낮았을 때 사람들이 잘 알아주지 않아서 포기하려고 했던 적이 있나요?

인지도의 문제는 아니었습니다. 파티문화 저변의 문제였죠. 당시 파티문화는 홍대 힙합파티에 가려져 제대로 알려지지 못했습니다. 건전한 사교와 정보교류, 비즈니스의 장으로서의 파티는 찾기 힘들었습니다.

사람들에게 제대로 된 파티문화를 전파하기 위해서는 '파티다운 파티'를 만들어야 했습니다. 앞서 이야기한 것처럼 현실가능하지만 특성을 가지고 호기심을 자극하는 동시에 공감대를 형성하는 테마를 설정하여 이슈화시키는 것입니다. 제가 만든 몇몇 파티가 여러 미디어에 소개되면서 자연스럽게 제 존재가 알려지게 되었습니다.

12. 외국의 파티플래너와 국내 파티플래너의 차이가 있나요? 있다면 어떤 차이가 있는 건가요?

외국은 파티플래너 개념 자체가 다릅니다. 외국은 파티분위기(스타일링, 음악)에 초점을 맞추지만 우리는 기획과 프로그램, 파티효과 등에 더 신경을 써야 하지요. 이것은 역사적인 경험에서부터 생겨난 차이점입니다. 기독교문화권과 유교/불교 문화권의 차이 등, 다양한 환경과 경험으로 생긴 마음가짐에서 비롯된 복잡하고 미묘한 특성 때문입니다.

13. 국내보다 파티문화가 먼저 있던 외국은 파티플래너가 많은가요? 그리고 인지도도 더 높나요?

앞서 말한 것처럼 외국은 스타일링과 관련된 전문가가 파티플래너를 대신합니다. 용어 자체도 파티플래너란 말은 우리나라에서 우연히 또는 상업적인 목적으로 만들어진 것입니다. 파티플래너라는 용어로 외국과 우리를 비교하는 데에는 무리가 있는 것입니다.

14. 파티에도 여러 종류가 있나요?

흔히 파티 종류하면 와인파티, 파자마파티, 바비큐파티, 버블파티, 할로윈 파티 등을 쭉 나열하시는 분들이 많습니다. 하지만 이것은 테마나 컨셉에 따른 분류일뿐입니다. 즉 소멸되거나 만들어질 수도 있는 가변적인 방법이란 뜻입니다.

정확하게 파티를 분류하기 위해서는 '목적'별로 분류하는 것이 좋습니다. 기업이 의뢰하는 파티, 개인이 의뢰하는 파티, 학교나 국가가 의뢰하는 파티, 커뮤니티가 주체가 되는 파티, 이 중 커뮤니티 파티(입장료가 곧 예산)를 제외하고는 모두 '돈'을 받고 만드는 파티입니다. 기업이 의뢰하는 파티는 다시 사내에서 직원과 함께 하는 파티와 사외파티(런칭, 쇼케이스, 프로모션 등)로 나눠집니다. 개인이 의뢰하는 파티 또한 돌, 환갑, 생일, 기념일, 동문회, 향우회 등으로 나눠집니다.

이것은 가장 기본적인 분류이며 더욱 세분화된 파티들이 많습니다.

15. 파티플래너가 될려면 외국어를 잘해야 하나요?

대학진학을 앞둔 학생들에게서 자주 듣는 질문입니다. 전 영어와 관련된 학과를 졸업했지만 영어를 잘하는 편이 아닙니다. 파티에서 영어가 필요할 경우는 기업이나 단체의 담당자가 외국인일 경우인데 그리 흔한 경우는 아닙니다. 진행에 영어가 꼭 필요하다면 통역사를 섭외하는 방식으로도 얼마든지 진행이 가능합니다.

16. 이 직업의 매력은 무엇이라고 생각하시나요?

역시 자신이 상상하고 기획한 것들을 현실화시켜 내 눈 앞에서 확인할 수 있다는 점과 파티에 참석한 사람들이 즐거워하는 모습을 볼 때입니다.

그리고 모든 비즈니스의 영역을 홀로 해내다 보면 어떠한 업무나 사업에서도 자신감이 생긴다는 것입니다.

17. 파티플래너로서 성공하는 데 가장 중요한 요소가 있다면 어떤 것이라고 생각하시나요?

끊임없는 탐구입니다. 전 하루 중 많게는 10시간 정도를 지식, 트렌드, 이슈 수용에 투자합니다. 대학생 때보다 더 많은 책을 읽고 TV도 다양한 채널의 다양한 프로그램을 살펴봅니다. 그 밖에 영화, 음악, 미술 등 예술방면도 편식없이 최대한 다양하게 접하려 합니다. 이 모든 노력은 앞서 말한 창의력을 유지하기 위해서입니다. 어느 것 하나만 잘하면 성공한다는 말은 이미 지난 이야기 같습니다. 부담되는 이야기 일지 모르겠지만 어느 하나는 잘하는 정도로 남기고 나머지는 조금씩이라도 보고듣고 느껴서 감성과 감각이 쉬지 못하게 해야 합니다. 인간의 뇌는 이 모든 것을 수용할 수 있도록 설계되어 있으니 즐기면서 배우시기 바랍니다. 이는 단순히 파티 기획에만 도움이 되는 것은 아닙니다. 하다 못해 작은 장사를 하더라도 도움이 되는 무기가 될 것입니다.

18. '파티플래너'라는 직업의 향후 전망은 어떨 것 같나요?

파티플래너의 직업전망은 파티시장의 전망과 궤를 함께합니다. 즉 파티시장의 미래를 내다보는 작업이 필요합니다. 스포츠마케팅의 고속성장과 함께 20년이 넘는 역사를 가지고 있는 이벤트시장은 이제 달갑지 않은 변화를 맞이해야 할 것입니다. 대중들의 감성을 따라가기에는 다소 경직되어 있는 기획과 트렌드를 수용하기 버거운, 고착화되어 있는 체계 때문입니다. 파티시장은 이벤트시장의 상당부분을 수용하게 될 것입니다. 사람들은 이벤트와 파티를 선택하라고 했을 때 파티를 선택할 가능성이 훨씬 높습니다. 이는 파티가 더 좋다는 것을 알아서가 아니라 이벤트가 식상하다는 것을 느끼기 때문입니다. 이런 점에서 파티는 자신의 영역을 점차 구축해 나가는 동시에 이벤트와의 경계를 차츰 무너뜨릴 것으로 확신하고 있습니다. 따라서 파티플래너의 전망도 밝은 것입니다.

19. 파티플래너를 꿈꾸고 있는 이들에게 한마디 해주세요.

고민하는 순간을 두려워하거나 힘들어하거나 귀찮아 하지 말길 바랍니다.

읽으면 읽을수록 보면 볼수록 들으면 들을수록 우리 머리의 수용능력과 적응력은 빨라집니다. 자신의 가능성을 믿고 멀리보시기 바랍니다. 하나하나에 연연하지말고 늘 새로운 것에 도전하시길 바랍니다.

파티플래너 아카데미 FAQ

1. 리얼플랜 파티플래너 아카데미는 누구나 들을 수 있나요?

성인남녀라면 누구나 가능합니다. 허나 리얼플랜 파티플래너 아카데미는 수료 후 취업, 창업, 이직, 프리랜서 정책이 있어 20~40세 학생, 직장인 및 주부라면 누구나 가능합니다.

2. 리얼플랜 파티플래너 아카데미는 언제 개강하나요?

파티플래너 아카데미는 1년에 2번 소수정예로 진행됩니다.

1학기는 3월 초 개강이며 2학기는 9월 초 개강합니다. 2월과 8월에 무료 설명회 및 오리엔테이션이 진행되며 자세한 일정은 홈페이지를 통해 1월과 7월에 공지됩니다.

강사, 커리큘럼, 합리적 수강료, 무엇보다 중요한 수료 후 정책 등에서 비교할 수 없는 장점을 가지고 있고 소수정예(10명)로 진행되기 때문에 등록일부터 1주일 내에 마감이 됩니다. 이 점 유의하시기 바랍니다.

3. 수업을 다 듣고나면 정말 파티를 만들 수 있나요?

물론입니다. 파티플래너를 배우고 실질적으로 제작하는 데 필요한 교육은 실습을 포함해 3~4개월이면 충분합니다.

리얼플랜 파티플래너 아카데미에서는 실질적인(실제 고객을 대상으로 하는 파티) 실습을 1회 이상 실시하기 때문에 현장감각을 충분히 익힌 상태에서 파티 제작에 따른 두려움을 없애줍니다.

4. 수료 후에 어떤 도움을 주나요?

리얼플랜 수료 후 정책은 취업, 이직, 창업, 프리랜서활동으로 구분지어 지원합니다.

리얼플랜 파티플래너 아카데미 수료자 중 대학재학생을 제외하고는 취업, 이직, 창업에 성공하였으며 프리랜서로 활동하며 본업과 파티플래너를 겸업하시는 분도 계십니다.

✠ 취업 희망자 혜택

취업문의, 기업에 성적우수자 추천, 추천서 작성, 프리랜서/인턴활동 증명서 발급

(수료시 자동 프리랜서 활동 자격 수여), 이력서 및 자기소개서 코칭, 면접코칭, 리얼플랜 파티 이력공유 등의 방식을 통해 취업시 가장 관건으로 작용하는 행사 경력(이력)에 현실적인 도움을 드리고 있습니다. 이는 리얼플랜 파티플래너 아카데미의 높은 취업률의 비결입니다.

✠ 창업 희망자 혜택

리얼플랜 파티 이력공유, 리얼플랜 지사 창업코칭(별도 비용없음. 현재 제주, 광주 지사 설립), 창업 후 홍보/영업 코칭 및 지원

✠ 이직희망자 혜택

위 취업 희망자 혜택과 동일한 지원

✠ 프리랜서 희망자 혜택

수료 후 자동으로 프리랜서 자격취득, 취업/창업/이직 이전 경험을 쌓기 위해 리얼플랜 파티플래너 프리랜서로 활동하며 리얼플랜 수주 행사를 지속적으로 함께 기획, 운영, 관리하며 실질적인 경험과 노하우 축적. 겸직가능하며 추후 취업/이직/창업시 경력으로 인정되어 효과적으로 사용

5. 강사는 어떤 분인가요.?

✠ 이우용

(주)리얼플랜 대표

(주)리얼푸드 이사

현 서울문화예술직업전문학교 외래교수(파티이벤트 콘텐츠 분석과 개발)

전 오산대학교 이벤트 연출과 겸임교수, 외래교수(파티플래닝, 파티실무)

전 한국관광대학 관광이벤트 학과 외래교수(파티실무, 호텔경영)

국내 최초 파티 전문서적 '파티&파티플래너'(눈과마음) 저자

전수업 직강

6. 무엇을 배우게 되나요?

리얼플랜 파티플래너 아카데미는 파티플래너의 본연의 역할에 중심을 둔 커리큘럼을 제공합니다. 파티의 기획, 운영, 관리가 주 교육내용이며 '꽃, 풍선, 테이블세팅' 등의 외주업체의 업무에 해당하는 교육내용은 섭외와 관리 교육으로 대체합니다.

기획, 마케팅, 홍보, SNS, 고객관리, 현장 진행 능력등 파티플래너에게 꼭 필요한 강의만을 하며 이러한 강의는 앞으로 무엇을 하시든 정말 큰 도움이 될 것이라는 것을 자신합니다.

7. '꽃, 풍선, 테이블세팅' 은 배우지않나요?

수차례 말씀드리지만 꽃, 풍선, 테이블세팅, 푸드스타일 등의 업무는 파티플래너의 업무가 아닙니다. 파티플래너는 이러한 사람 또는 업체를 섭외하여 관리하는 사람이지 직접 꽃, 풍선, 테이블세팅, 푸드 등을 하지도, 할 시간적 여유도 없습니다. 리얼플랜 파티플래너 아카데미에서는 이러한 외주업체 섭외와 관리를 위한 기본적인 컨텍방법과 관리 노하우를 가르칩니다.

상식적으로 생각하면 간단합니다.

꽃, 풍선, 테이블, 푸드 등 기능적인 업무는 수년간 수십년간 공부한 스페셜리스트들이 수두룩합니다. 과연 수업시간 몇 시간을 할애해서 교육을 받는다고 해서 실질적으로 사용할 수 있을지 고민해야 합니다.

8. 다른 파티플래너 교육에 비해 저렴한 이유는?

저렴하다고 하기보다 합리적이라고 하는 것이 맞다고 생각합니다.

제대로 써먹을 수 있는 이론, 실습, 그리고 수료 정책을 고려한 합리적인 금액입니다. 다른 교육기관이 비싼 이유는 그만큼 불필요한 강의(꽃, 풍선, 테이블세팅 등)가 많이 포함되어 있기 때문입니다.

9. 기타

리얼플랜 파티플래너 아카데미는 가족적인 분위기로 정말 즐겁게 배우는 곳입니다. 수료하신 분들은 일주일 동안 수업시간을 기다리게 된다고 하더군요. 가장 중요한 것은 제대로 가르치고 제대로 배우고 제대로 써먹는 것입니다. 10주 동안의 수업을 통해 얻은 지식과 노하우와 아카데미를 수료한 선배님들과의 교류를 통해 현장을 학습하고 실질적인 고객을 통해 실습파티를 제작하며 수료 후에도 끈끈하게 지속적으로 관계를 유지하는 그룹입니다. 리얼플랜 파티플래너 아카데미는 인생의 전환점을 만들어 드릴 것입니다.

송년파티 FAQ

불과 몇 년 전만 해도 외국계나 금융계, 패션계 기업들이 송년파티를 해왔습니다. 하지만 최근 들어 기존 송년회에 식상함과 염증을 느낀 많은 기업들이 송년회를 파티 형태로 진행하고 싶어하며 이미 많은 기업들이 성공적인 송년파티를 경험했습니다.

이러한 추세는 비단 기업뿐아니라 각종 단체, 재단, 협회, 공공기관, 동문회 등의 송년파티 진행으로 이어지고 있습니다.

송년파티의 목적은 분명합니다.

한해 동안 수고한 구성원들의 노고를 치하하고 새로운 해를 맞이하여 한해를 잘 정리하기 위함입니다. 송년파티의 목적을 달성하려면 구성원간의 친목을 도모하는 것이 가장 중요하나 기존의 이벤트 형식의 '공연위주'의 행사로는 친목도모가 어렵다는 것을 느끼게 되었고 그로 인해 파티형식의 송년파티로 눈길을 돌리고 있는 것입니다.

매해 10월 11월이 되면 많은 송년파티 문의로 눈코 뜰 새 없이 바쁩니다. 이렇게 10년간 수많은 송년파티를 기획하다보니 행사 담당자들이 공통적으로 궁금해 하는 것이 어떤 것인지 알 수 있게 되었고 간단하게 정리해 보고자 합니다.

송년파티 의뢰 FAQ를 보고 더 행복한 송년파티를 만들어 보시길 바랍니다.

1. 송년파티는 화려한가요?

파티는 화려할 것이라는 생각이 파티에 대한 호감을 높이기도 하지만 파티를 주최하거나 참가하는 데 걸림돌이 되기도 합니다. 결론부터 말하자면 행사의 성격에 따라 화려하기도 그렇지 않기도 합니다. 파티의 주제를 고급스럽게 잡으면 전체적인 분위기가 럭셔리하겠지만 럭셔리가 곧 송년파티를 멋지게 만드는 것은 아닙니다. 파티의 테마를 잡아 일관성 있게 구성하는 것이 송년파티의 특징입니다. 송년파티의 테마는 구성원의 성향 등을 고려해 기획하게 되는 것입니다.

화려하지 않아도 심플하고 담백하게 기획해도 참가자들이 친목을 통해 즐거워하고 보람을 느낀다면 성공적인 송년파티인 것입니다.

2. 송년파티는 비용이 많이 드나요?

파티라고 하여 무조건 비용이 많이 드는 것이 아닙니다. 오히려 공연 위주의 기존 송년회가 공연 섭외비, 공연에 따른 음향, 조명 비용으로 인해 비용이 더 드는 경우가 많습니다.

송년파티는 이러한 비용을 절감하여 모두 즐겁게 참여하도록 프로그램, 음식, 스타일링 등에 더 주안점을 두기 때문에 결과적으로 별 차이가 없습니다.

3. 송년파티는 재미있나요?

기존의 멀뚱멀뚱하게 공연만 보고 술만 마시는 송년회와는 다릅니다. 모두가 부담 없이 참여하고 즐길 수 있으며 무엇보다 보람 있고 추억이 남도록 기획합니다.

4. 저희 직원(구성원)들이 송년파티를 잘 즐길 수 있을까요?

의뢰인의 대부분이 자신의 회사의 직원은 소심하고 수동적이라 생각하고 계십니다. 하지만 파티를 경험한 다음에는 담당자분들과 대표자 분들께서 제게 이렇게 이야기하십니다.

'우리 직원들이 이렇게 잘 즐기고 적극적인 줄 몰랐다'

구성원 분들은 즐겁고 보람있고 행복한 송년회를 원하고 있습니다. 다만 그렇게 만들어지지 않았기 때문에 즐기지 못 했을 뿐입니다.

5. 송년파티를 의뢰할 경우 어떤 것을 제공하나요?

먼저 송년파티 기획에 필요한 정보를 전화나 메일을 통해 알려주시면 그에 맞게 기획안을 두 가지 정도 드립니다. 기획안 안에는 몇 가지의 송년회 장소도 포함되어 있습니다. 물론 비용이 들지 않습니다.

송년파티 테마(주제)와 프로그램, 장소 등이 마음에 든다면 미팅을 요청해 주세요. 직접 찾아뵙고 자세하게 설명해드리면서 수정, 첨삭 작업을 하게 됩니다.

이후 계약이 되면 섭외, 운영, 송년회 후 사진 등의 콘텐츠까지 모두 관리하니 의뢰인 또는 의뢰사가 할 일이 거의 없다고 보시면 됩니다.

6. 송년회 장소는 어떻게 섭외하나요?

송년파티에서 장소가 차지하는 부분은 큽니다. 하지만 의뢰인(의뢰사)이 직접 장소와 컨텍하게 되면 전문 기업인 저희가 섭외하는 것보다 더 많은 비용이 듭니다. 파티 컨설팅 회사는 수많은 장소 제휴사를 가지고 있어 더 좋은 조건으로 대관을 할 수 있습니다. 또한 정가가 없는 장소들은 연말을 맞이해 대관료를 부풀리는 경우가 많기 때문에 더욱 조심하셔야 합니다.

7. 식상하더라도 하던 대로 하는 것이 담당자 입장에서는 안전하지 않을까요?

자고로 행사는 담당자에게 잘하면 본전 못하면 치명타라고 합니다. 전 이렇게 소극적인 담당자분들께 용기내라고 말씀드리고 싶습니다. 유사 파티의 콘텐츠(사진, 영상, 글)를 보시고 상세한 설명을 들으시면 안심이 되면서 왜 송년회를 파티식으로 만드는지 알게 될 것입니다.

한 번 송년파티를 경험하신 분들은 기존의 이벤트 형식의 송년회를 원하지않습니다. 파티가 구성원과의 친목, 목표 공유 등의 송년회의 목적을 확실히 달성해준다는 것을 알게 되기 때문입니다.

에필로그

교재이기도 하고 회고록이기도 했던 책을 마무리하며 그간 10년의 순간순간이 머릿속을 맴돈다. 수많은 사람과 사건 속에서 대한민국의 파티는 발전해 왔고 우리에게 행복을 주었다.

컴퓨터에 저장된 방대한 사진들을 하나하나 살펴보며 이 책을 모두가 써내려갔다는 생각에 잠시 깊은 감동에 빠지기도 했다. 함께 파티를 만들어갔던 가족과 제자들, 그리고 스스로가 대견하고 자랑스러웠다. 따라서 책의 마지막은 당연히 감사한 이들과 함께하고 싶다.

앞으로 대한민국 파티문화 20년, 30년을 정리할 수 있는 기회가 주어진다면 기꺼이 받아들이고 싶은 마음이다.

thanks to

지켜봐 주시고 격려해주신 사랑하는 아버지, 어머니 그리고 가족들
사랑이란 힘으로 지탱해주는 김수아 님. 그리고 처가 식구들
대한민국의 파티문화를 이끌어가는 리얼플랜 가족들
10년을 한결같은 순수함으로 함께한 리파+ 가족들
사람과 감성의 관계를 일깨워주는 알럽베어스 곰가족들
함께 고민하고 미래를 책임져 줄 리얼플랜, 오산대, 한국관광대, 서울문예전문학교, 동아사회교육원 제자들
자주는 못봐도 멀리서 서로 응원해주고 기도하는 봉은초등학교 동창들
상처와 영광을 함께했던 가톨릭대 선배, 후배, 동기님들
초창기 파티문화를 이끌어 뿌리내린 파티즌 대표님과 식구들
외 친구들과 동생, 선배님들, 교수님들.
마지막으로 이 책을 위해 애쓰신 박영사 대표님과 임직원 분들.

감사드립니다.

찾아보기

저자 소개

*국내 최다 파티 주최, 주관
*국내 최다 미디어 소개
*국내 최다 강의, 강연
*국내 최대 파티 커뮤니티 운영
*국내 최초 '파티 & 파티플래너'(눈과 마음) 출간

주요경력

현 (주)리얼플랜 (r-plan.co.kr) 대표이사
현 (주)리얼푸드 마케팅이사
현 국내 최대 파티 커뮤니티 리얼파티플러스(리파+)대표
club.cyworld.com/repaplus
facebook.com/repaplus
현 서울문예전문학교 '파티 비즈니스 학부' 외래교수
현 리얼플랜 '파티플래너 전문가 양성과정' 대표강사
현 동아사회교육원 '이벤트 마케팅' 대표강사
전 오산대학 '이벤트연출과' 겸임, 외래교수
전 한국관광대학 '관광이벤트학과' 외래교수

미디어 소개

04.09.17 SBS 이경규 굿타임 출연
05.03 KTF 웹진 인터뷰
05.05 한경 와우 TV 인터뷰
05.05 이벤트 TV 인터뷰
05.06 KTF 웹진 인터뷰
05.06.27 YTN 뉴스 출연
05.06.28 파란파티 소개

05.06.28 이벤트 TV 인터뷰
05.10.29 다음미디어 소개
05.12 XTM 출연
05.12.12 싸이월드 메인 인터뷰
06.03 앙앙 소개
06.04.28 MBC 아주특별한 아침 인터뷰
06.05.02 KBS 2TV 시사투나잇 출연
06.08.17 신디더퍼키 인터뷰
06.08.24 조선일보 파티소개
06.10.02 추석특집 무비위크 인터뷰
06.10.11 ETN 연예투데이 인터뷰
06.11.09 SBS 뉴스와 생활경제 인터뷰
06.12 여성동아 인터뷰
06.12.18 싸이월드 메인 소개
07.02.03 SBS 그것이 알고싶다 인터뷰
07.06 국내 최대 이벤트 연합 서프라이즈 취재
07.07 스포츠 한국 기사
07.09 MBC 동호회 2.0 집중취재
07.09 연세대학교 학보 '연세춘추' 인터뷰
07.10 가톨릭대학교 학보 인터뷰
07.10 한국경제wow TV 휴먼스토리 명인 200
07.10 헤럴드 경제 신문 취재
07.12 남성 잡지 '루엘' 칼럼
07.12 한겨레 신문 칼럼
07.12 대우건설 사보 칼럼
07.12 삼성그룹 홈페이지 칼럼
08.02 EBS 라디오 출연
08.03 YTN
08.03 네이버 영화 뉴스
08.03 연합뉴스
08.06 패션웹진 'it'
08.08 한국직업능력 개발원
08.09 신한 VIP 매거진
08.11 동아일보 칼럼
08.12 한국경제TV 생방송 '일하는 대한민국' 출연
09.04 뉴스웨이21 대한민국 CEO 인터뷰
09.05 TVN 리얼스토리 '묘' 인터뷰
09.06 동아일보 소개
09.07 쿠키TV 뉴스 출연
09.09 동아일보 소개

09.10 대학내일 인터뷰
09.11 씨앤비 뉴스 소개
10.04 가톨릭대학교 학보 인터뷰
10.04 평책대학교 학보 인터뷰
10.06 아이티뉴스, 이티뉴스, 게임메카 이슈
10.08 한겨레일보 소개
10.08 동아일보 소개
10.08 경기방송. 정환의 한밤나라 라디오 출연
10.10 한국경제TV 백수잡담
10.12 현대상선2010 사보
10.12 가톨릭대학교 가대이야기
11.05 포항공대 포스텍타임즈
11.07 KT&G 상상 UNIV.
11.09 연합뉴스
11.10 한겨레 매거진 esc
11.10 경국경제TV 와우뉴스
11.12 서울시립대 사보
11.12 SNB 뉴스
12.12 신한은행 화제의 인물
13.07 한겨레 매거진
13.07 머니투데이 '개성만점 송년회'
13.11 대상그룹 사보

강의, 강연

- 한양여대 초청강연 (2005)
- 광명 YMCA 초청강연 (2006)
- 성산이화복지관 초청강연 (2006)
- 리파+ 세미나 강사 (2006)
- 동아문화센터 강사 (2007)
- 경동대학교 초청강연 (2007)
- 오산대학 초청강연 (2007)
- 삼성문화센터 강사 (2007)
- 현대백화점 강연 (2007)
- 리얼플랜 대표강사 (2007~현재)
- 오산대학 이벤트학과 평생교육원 강사 (2008~2009)
- 서울 은광여자고등학교 CA 교사 (2008~2009)
- 동아사회교육원 대표강사 (2009~현재)
- 한국관광대학 관광 이벤트학과 외래교수 (2009~2010)
- 만성중학교 직업 특강 (2009)
- 오산대학 이벤트학과 외래교수 (2009~2010)
- 포항공과대학교 특강 (2011)
- 사리울중학교 직업특강 (2011)
- 오산대학 이벤트학과 겸임교수 (2011)
- 제주관광공사 MICE 과정 교수 (2012)
- 대진대학교 특강 (2013)
- 서울문예전문학교 외래교수(2014~)

이동환

(주)리얼플랜 제주지사 대표
제주도 지역 최다 파티 주최/주관
리얼플랜 '파티플래너전문가양성과정' 수료
현 제주도관광대학 '항공컨벤션학과' 외래교수
현 설문대문화여성센터 파티플래너 강사
전 제주도관광대학 평생교육원 파티플래너 강사
전 제주대학교 평생교육원 파티플래너 강사
전 제주여성인력개발센터 파티플래너 강사
전 나눔평생교육원 파티플래너 강사
전 제주도 YWCA 파티플래너 강사

김성환

(주)리얼플랜 광주지사 대표
광주, 대전지역 최다 파티 주최/주관
문화체육관광부 '아시아문화아카데미' 수료
대전문화재단 '국제문화교류아카데미' 수료
현 (주)리얼플랜 광주지사 대표
전 (주)파티즌커뮤니케이션즈, 파티플래닝과 기본 Service Mind 인성 교육 및 홍보 기획 영업을 담당
전 (주)넥스트모션, BTL 분야 전략 기획 및 행사장 운영, 연출
전 (주)에프엠커뮤니케이션즈, 광고대행업무

파티 & 파티플래너 실전편 –대한민국 파티 10년의 기록–

초판인쇄 2014년 8월 5일
초판발행 2014년 8월 10일

지은이 이우용 · 이동환 · 김성환
펴낸이 안상준

편 집 김선민 · 전채린
표지디자인 최은정
기획/마케팅 이영조
제 작 우인도 · 고철민

펴낸곳 (주)박영story
서울특별시 금천구 가산디지털2로 53
등록 2014.2.12. 제2014-000009호(倫)
전 화 02)733-6771
f a x 02)736-4818
e-mail pys@pybook.co.kr
homepage www.pybook.co.kr
ISBN 979-11-85754-29-1 93590

정 가 19,000원